Python 程式設計 從入門到進階應用

(第四版)(附範例光碟)

U0059543

黃建庭　編著

全華圖書股份有限公司　印行

本書範例檔案可用下列三種方式下載：

方法 1：掃描 QR Code

方法 2：連結網址 https://tinyurl.com/yfbh7r55

方法 3：請至全華圖書 OpenTech 網路書店
（網址 https://www.opentech.com.tw ），在「我要找書」欄位中搜尋
本書，進入書籍頁面後點選「課本程式碼範例」，即可下載範例檔案。

序言

　　Python 擁有簡潔與直覺的語法，比起 C 與 Java 更適合初學者。Python 有變數、運算子、條件判斷與迴圈等程式語言所需要的概念，且使用直譯器執行程式，執行一行程式就可以獲得一行程式的執行結果，獲得即時的回饋，不需要全部寫完才能執行，對初學者而言降低了進入程式設計的門檻。善用內建函式庫與第三方函式庫，實作出解決問題的程式，增加程式撰寫的效率。

　　想寫一本適合初學者學習 Python 的書籍，包含 Python 程式設計入門到進階的概念，讀者可以瞭解 Python 程式語言的概念與語法，以期讀者可以快速熟悉 Python 的撰寫技巧，並希望本書能成為讀者放在手邊隨時翻閱的工具書。

　　本書分成十五章，第一章到第八章介紹 Python 的基礎概念，分別是程式編輯器環境介紹、變數、運算子、儲存容器、選擇結構、迴圈與生成式、函式、模組與類別等，讓讀者可以熟悉 Python 的概念與語法；第九章到第十一章介紹 Python 所提供常用的內建函式庫，分成進階字串處理、檔案與資料夾處理、與其他常用內建函式庫等，讓讀者可以熟悉內建函式庫，如何使用內建函式庫撰寫程式；第十二到十四章介紹網頁資料擷取與分析函式庫、資料庫存取函式庫與第三方函式庫的介紹，讓讀者可以善用第三方函式庫，有效率地完成程式。最後第十五章簡單介紹資料蒐集與分析，從政府資料開放平台 (data.gov.tw) 下載台北 Youbike 資料，資料處理後加到資料庫，接著從資料庫讀取資料，使用 DataFrame 製作簡單的圖表。

　　若讀者想進一步學習 Python 的資料蒐集、分析、機器學習等內容，筆者此範圍的最新教學資料都放置於「黃建庭的教學網站」(https://sites.google.com/view/zsgititit/)，歡迎閱讀網站內容與指教。

　　最後，感謝全華圖書編輯們對於這本書的付出，希望讀者能夠經由這本書瞭解 Python 程式設計的概念與製作出心中所想要的程式。

黃建庭

2022.02

目錄

第 7 章　模組、套件與獨立程式

第 8 章　類別與例外

第 9 章　進階字串處理

第 10 章　資料夾與檔案

第 11 章 標準函式庫

第 14 章　第三方模組

第 15 章　資料蒐集與分析

Chapter

1

Python 簡介與
程式編輯器介紹

1-1　**Python** 簡介　✏ Jupyter Notebook 範例檔：ch1\ch1.ipynb

　　1989 年的聖誕節，Guido van Rossum 在阿姆斯特丹為了消磨假期，開發新的直譯式語言，命名為 Python，2000 年 10 月 16 日發布 Python 2.0，2008 年 12 月 3 日發布 Python 3.0，此版不完全相容於 Python 2.0，Python2.0 只到 Python 2.7 不會再推出 Python 2.8，所有新功能都加入到 Python 3.0 以後的版本，本書以 Python 3.10 進行開發。

　　Python 是支援程序導向、物件導向的動態語言，動態語言不需事先宣告變數的資料型別，**變數的資料型別可以在執行時再指定**，不像 C 語言屬於靜態語言，需事先宣告資料型別，宣告後就不能再更改，需要注意較多的細節。Python 使用直譯器執行程式，直譯器從頭到尾一行接著一行執行程式碼，又稱作腳本語言 (Scripting Language)，不需要編譯就可以執行。以執行效率而言，直譯器較編譯器差，還好大部分的程式並不需要很高的執行效率，Python 官方直譯器目前由 C 語言撰寫而成，又稱為 CPython。

　　Python 提供許多標準函式庫，並有許多第 3 方模組 (Third-Party Module) 可以使用，了解這些函式庫的功能，可以更有效率與更簡短的方式完成程式，提升工作效率。C 與 Java 使用大括號表示程式區塊，而 Python 使用縮排方式表達程式區塊，語法直覺而簡單。Python 常用於字串處理、數學運算、科學計算、系統管理、網頁框架、大數據分析與網頁分析等，都可以使用 Python 進行處理。

　　Python 具備垃圾回收 (Garbage Collection) 功能，會自動管理記憶體，回收沒有使用的記憶體。Python 中變數、數字、字串、函式、模組都是物件，完全支援物件導向的程式設計。Python 能夠結合 C 與 C++ 語言所撰寫的擴充程式，需要較佳執行效率與驅動硬體的部分就交給 C 與 C++ 語言。使用 Python 將 C 與 C++ 語言所撰寫的程式整合起來，因此 Python 又稱為膠水語言 (Glue Language)。

　　接著介紹 Python 直譯器與程式編輯軟體。

1-2　**Python** 開發環境

　　本單元介紹 Python 直譯器的下載與安裝，IDLE 為官方的程式開發環境，提供基本功能。PyCharm 為編輯、除錯與執行的整合開發環境，會自動找出可能的錯誤，社群版本可以免費下載使用。Anaconda 整合許多軟體與內建許多第 3 方模組，可以直接使用。其實網路上有很多 Python 開發環境，嘗試看看不同的開發環境，找到自己喜歡的 Python 開發環境。

◇ 1-2-1　Python 下載與安裝

STEP 01　使用瀏覽器到 https://www.python.org/，下載 Python3.x.x 最新版本，版本會隨時間更新。

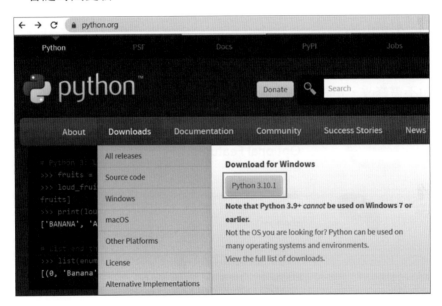

STEP 02 點選剛剛下載的檔案「python-3.10.1-amd64.exe」安裝 Python 程式，內含官方 IDLE 編輯程式，❶ 勾選下方的「Add Python 3.10 to PATH」，將指令加入到系統變數 PATH，才能夠讓「命令提示字元」軟體執行「python」時，執行程式「python.exe」可以被找到。因為預設安裝路徑過長，所以 ❷ 選擇「Customize installation」自訂安裝路徑。

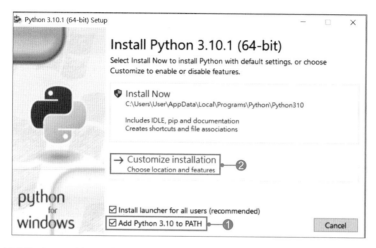

依照預設值不需修改，預設安裝所有程式，點選「Next」。

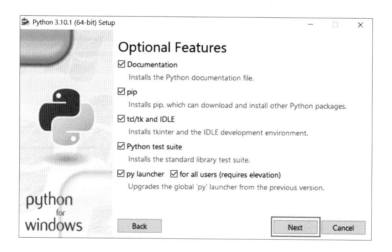

可以 ❶ 勾選「Install for all users」，❷ 點選下方「Browse」選擇安裝 Python 的路徑，最後 ❸ 點選「Install」進行安裝。

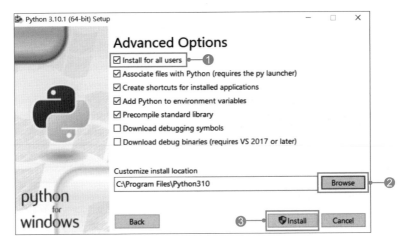

安裝中，如下圖。

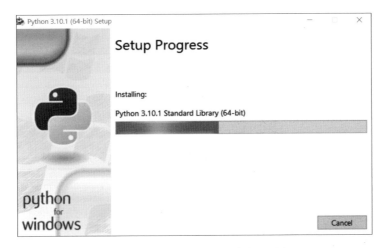

點選「Disable path length limit」取消資料夾路徑長度限制。

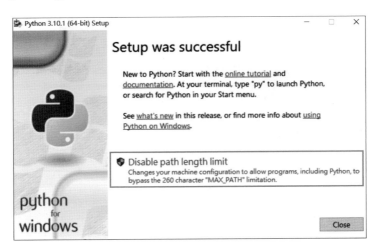

出現以下畫面表示安裝完成，點選「Close」。

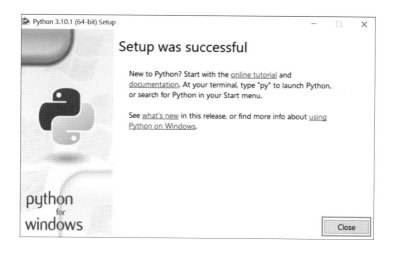

◇ 1-2-2　使用 Python 編輯與執行程式

執行 Python 直譯器，點選「開始」→「所有應用程式」→「Python3.10」→「Python 3.10(64-bit)」。

出現以下畫面，可以輸入「print('Hello')」會輸出「Hello」到螢幕上，輸入「1+1」，會輸出計算結果「2」到螢幕上。

◇ 1-2-3　使用官方 IDLE 編輯與執行程式

Python 除了命令列輸入外，IDLE 提供簡單的編輯環境，以下介紹執行 IDLE 的步驟。

STEP 01　「開始」→「所有應用程式」→「Python3.10」→「IDLE(Python 3.10 64-bit)」。

出現以下畫面，可以直接輸入指令獲得結果。

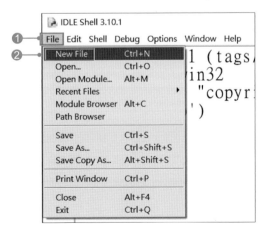

STEP 02　點選「❶ File → ❷ New File」開啟新的 Python 檔案。

輸入「print('Hello')」。

點選「❶ File → ❷ Save As…」另存檔案，選擇儲存的資料夾與指定檔案名稱，例如
「1-2-3.py」。(輸出結果可以參考檔案 ch1\1-2-3.py)

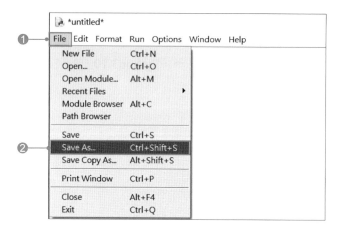

儲存後，上方顯示檔案所在資料夾與檔案名稱。

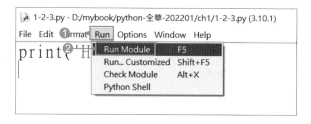

STEP 03 點選「❶ Run → ❷ Run Module」，執行 Python 檔案 1-2-3.py。

執行結果，如下。

也可以使用「命令提示字元」程式執行 Python 檔。

STEP 01 ❶ 以「cmd」搜尋程式，❷ 點選「命令提示字元」開啓程式。

STEP 02 使用「cd」變換到 Python 程式所在資料夾，在「命令提示字元」程式，輸入「python 1-2-3.py」，表示使用「python」直譯器執行 Python 檔「1-2-3.py」，輸出「Hello」，結果如下。

◇ 1-2-4 使用 PyCharm 編輯程式、執行與安裝第 3 方模組

安裝 PyCharm 程式

STEP 01 使用瀏覽器到 https://www.jetbrains.com/pycharm/，下載 PyCharm 安裝程式，接著點選「DOWNLOAD」。

點選 Community 的「Download」，下載 PyCharm 最新社群版本，版本會隨時間更新。

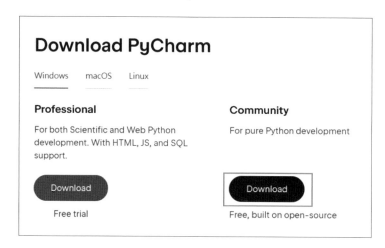

STEP 02 執行安裝程式「pycharm-community-2021.3.1.exe」，點選「Next」安裝 PyCharm。

選擇安裝的路徑，可以依照預設值，點選「Next」。

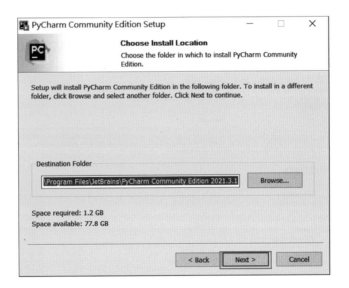

若 ❶ 勾選「PyCharm Community Edition」，則會在桌面新增捷徑可以開啟 PyCharm；若 ❷ 勾選「Add "bin" folder to the PATH」，則會在系統 PATH 內新增 PyCharm 的執行檔資料夾；若 ❸ 勾選「.py」，預設使用 PyCharm 開啟副檔名為 py 的檔案，最後 ❹ 點選「Next」。

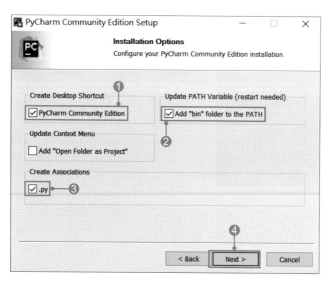

程式集的資料夾名稱，預設使用 JetBrains，可以不用修改，點選「Install」開始安裝。

安裝完成後出現此畫面，點選「Finish」，到此安裝完成。

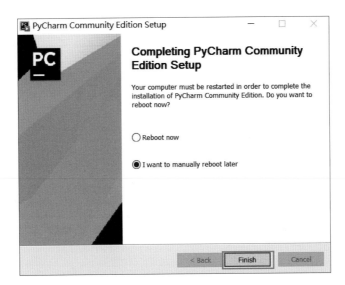

使用 PyCharm 編輯與執行程式

STEP 01 點選「所有應用程式」→「PyCharm Community Edition 2021…」執行
PyCharm。

同意 PyCharm 的版權宣告，版權宣告閱讀到最後一句，點選「Continue」接受版權。

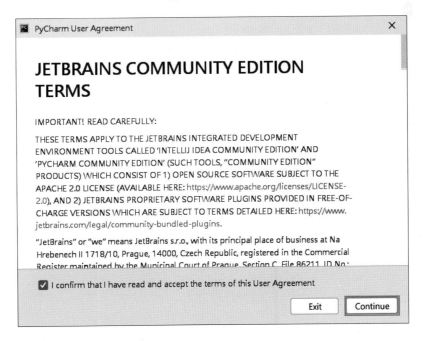

選擇是否將使用資訊匿名上傳 JetBrains，如果同意點選「Send Anonymous Statistics」，否則點選「Don't Send」。

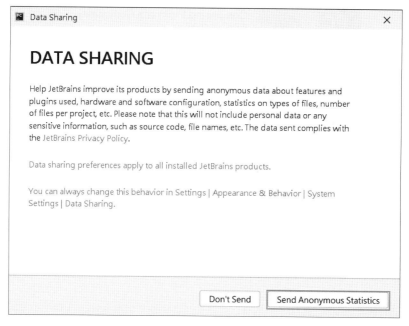

第一次開啟「PyCharm Community Edition 2021.3.1」，畫面預設為黑底白字，亦可更改為白底黑字。❶ 點選「Customize」後，在「Color theme」選擇 ❷「IntelliJ Light」即可變更背景顏色為白底黑字。

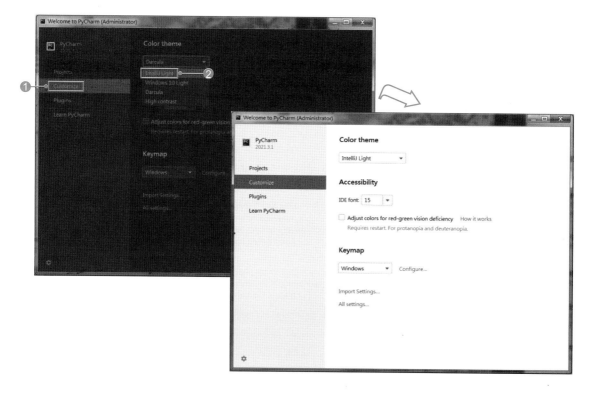

❶ 點選「Projects」，❷ 點選「Open」設定 PyCharm 工作資料夾。

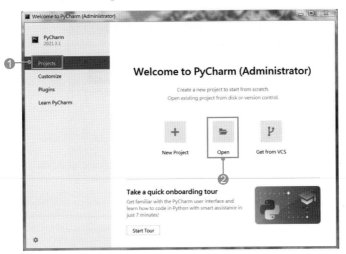

❶ 選取資料夾，例如：C:\ pycharm(可自行新增資料夾)，最後 ❷ 點選「OK」。

是否信任此資料夾的所有檔案，點選「Trust Project」。

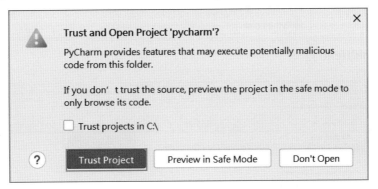

STEP 02 點選「❶ File → ❷ New...」，新增 Python 檔案。

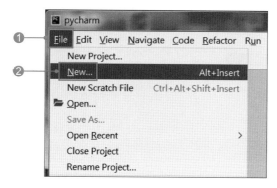

接著點選「Python File」新增 Python 檔案。

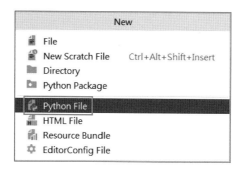

輸入檔案名稱，例如：hello，點選 Enter 鍵，就會新增一個 hello.py 的檔案。(輸出結果可以參考檔案 ch1\hello.py)

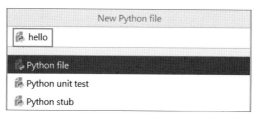

輸入程式「print('Hello')」。

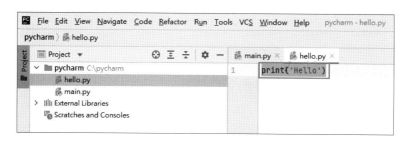

STEP 03 設定 PyCharm 的 Python 直譯器，點選「❶ File → ❷ Settings」。

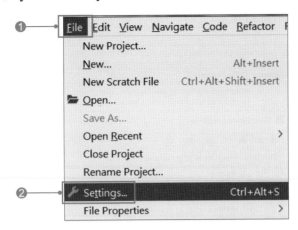

❶ 點選「Project:pycharm → Project Interpreter」，接著 ❷ 點選「🔧」可以選擇直譯器。如果預設的 Python 直譯器沒有問題，這步驟可以略過。

接著點選「Add ...」，從本機選擇已安裝的 Python 直譯器。

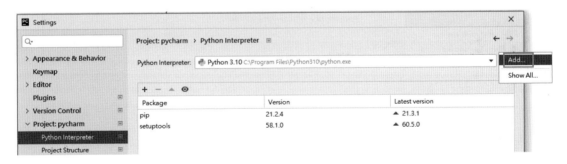

❶ 點選「System Interpreter」，❷ 選擇直譯器所在資料夾下的檔案，檔案名稱為 ❸「python.exe」，最後 ❹ 點選「OK」。

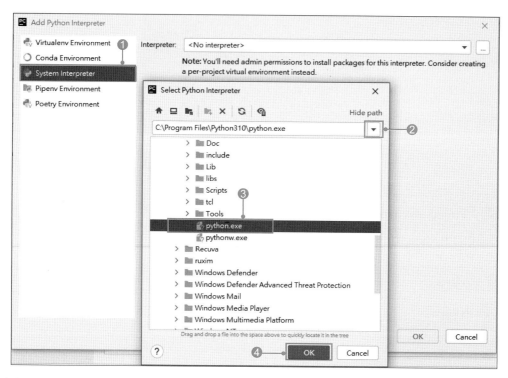

就會切換到指定的直譯器，最後點選「OK」。

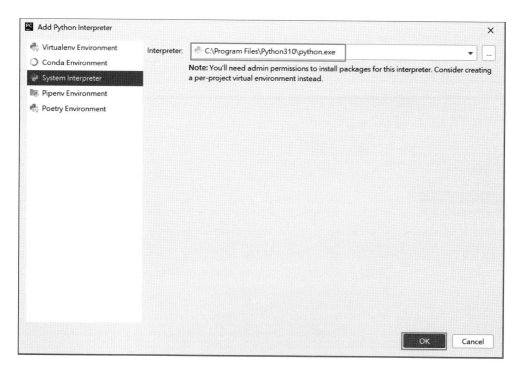

STEP 4 ❶ 點選標題 hello.py 按下滑鼠右鍵，接著 ❷ 點選「Run 'hello'」，表示以
設定的直譯器執行 hello.py。

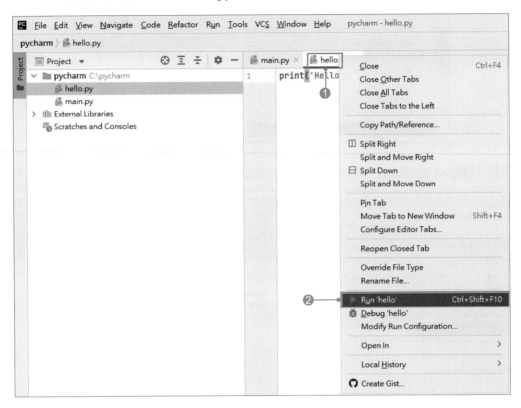

下方為執行的結果。

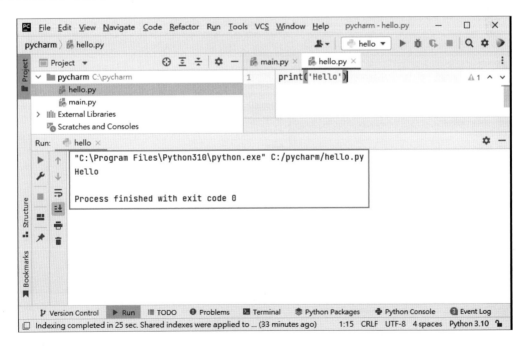

STEP 5 安裝新套件，點選「❶ File →❷ Settings」。

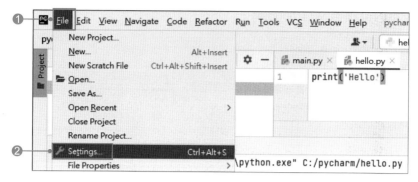

❶ 選取「Project:pycharm → Project Interpreter」，❷ 點選「+」安裝新套件。

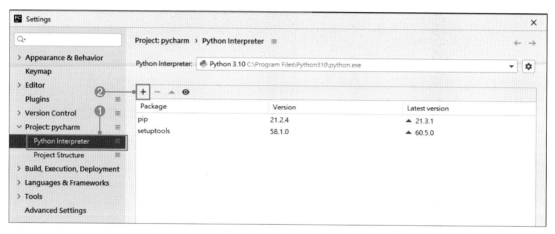

以套件requests為例，❶ 輸入「requests」搜尋套件，❷ 點選「Install Package」安裝套件。

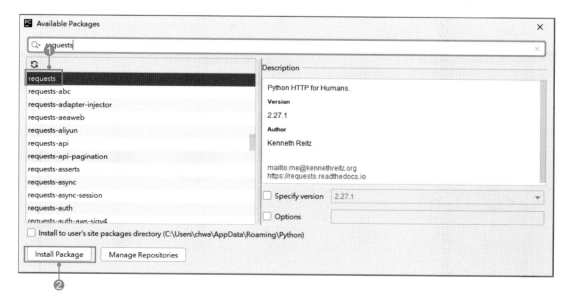

安裝完成會出現「Package 'request' installed successfully」，點選右上角的「x」關閉
「Available Packages」視窗。

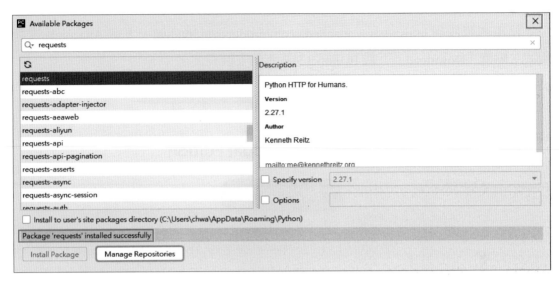

回到前一個畫面會多出套件 requests，表示套件 requests 已經安裝完成，最後點選
「OK」。

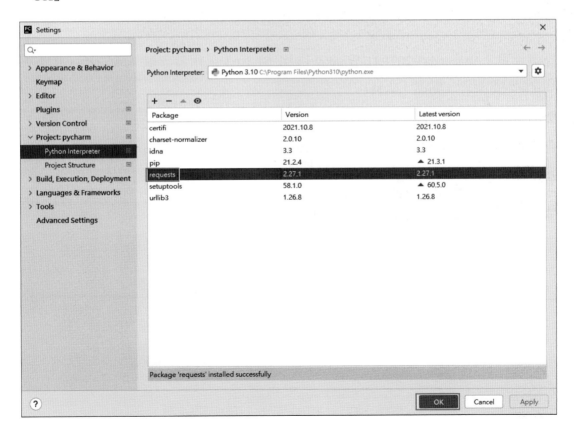

◇ 1-2-5 使用 Anaconda 編輯程式與執行

安裝 Anaconda

使用瀏覽器到 https://www.anaconda.com/products/individual，下載 Anaconda 安裝程式。點選「Download」下載 Python 3.9 版本的安裝程式。

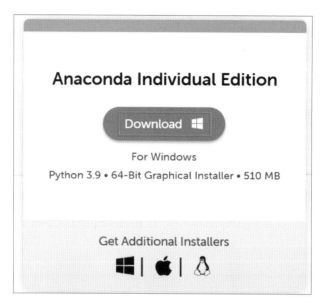

點選檔案「Anaconda3-2021.11-Windows-x86_64.exe」，用於安裝 Anaconda，檔案名稱會隨時間更新，點選「Next」。

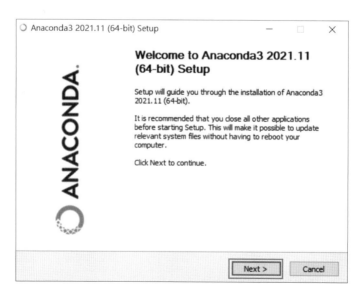

出現版權宣告畫面，點選「I Agree」。

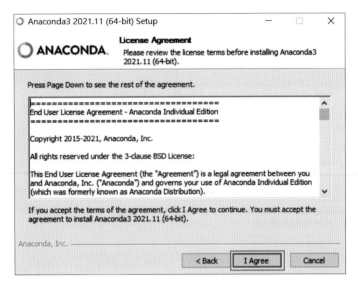

對於安裝給哪位使用者，可以 ❶ 點選「Just Me」，不需要特別權限就可以安裝，❷ 點
選「Next」。

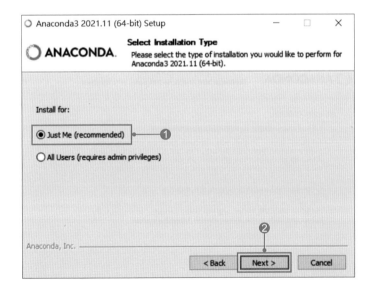

安裝路徑可以使用預設值，點選「Next」。

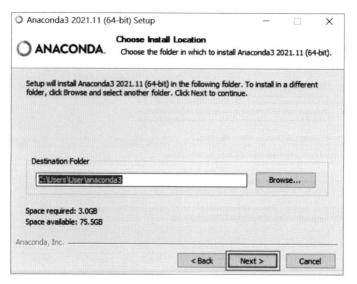

預設勾選「Add Anaconda3 to my PATH environment variable」，系統才能找到 Anaconda 的執行程式，與勾選「Register Anaconda3 as my default Python 3.9」，以 Anaconda 處理 Python 3.9 程式，點選「Install」開始安裝 Anaconda。

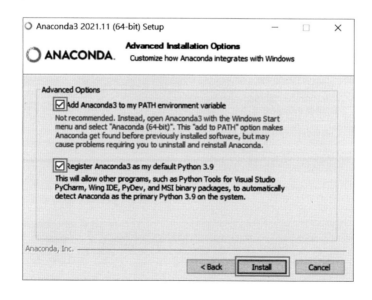

安裝完成後，點選「Next」。

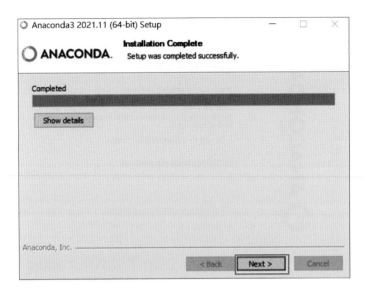

點選「Next」。

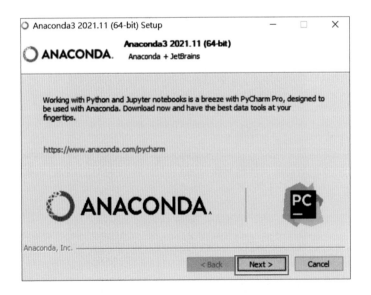

最後點選「Finish」，到此完成安裝 Anaconda。

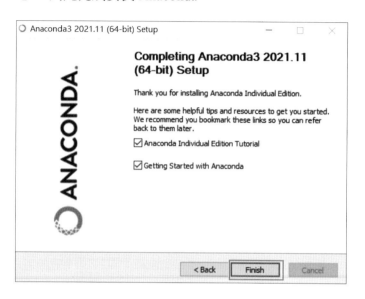

使用 Anaconda Spyder 編輯與執行程式

STEP 01 點選「所有應用程式」→「Anaconda3」→「Spyder」執行 Spyder。

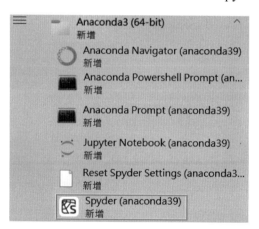

第一次開啓「Spyder」，畫面預設爲黑底白字，亦可更改爲白底黑字。點選「❶ Tools → ❷ Preferences」後，在「Syntax highlighting theme」選擇 ❸「Spyder」即可變更背景顏色爲白底黑字。

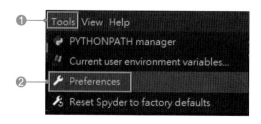

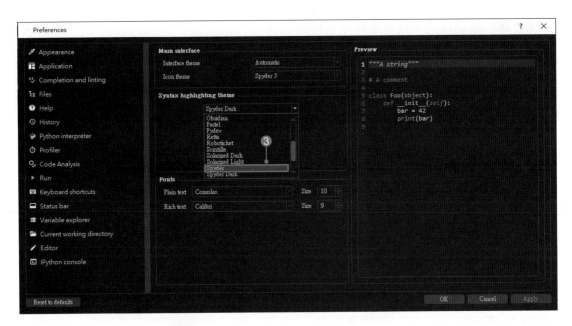

開啟 Spyder 後，點選「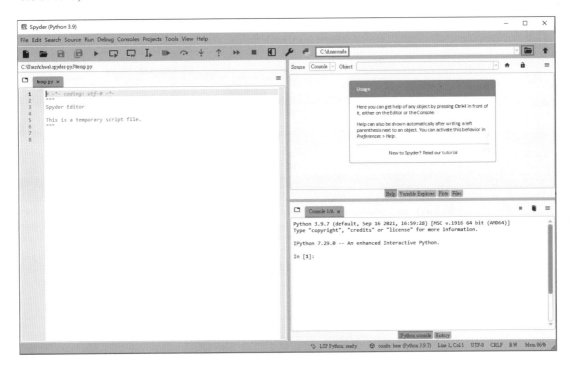」修改 Spyder 的工作目錄，例如：C:\Anaconda(可自行新增資料夾)。

STEP 02 編寫程式，接著重新命名檔案名稱。

點選「❶ File → ❷ New file...」，新增檔案。

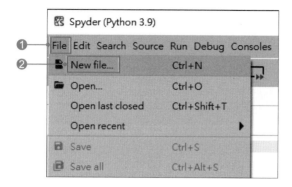

編寫程式「print('Hello')」。

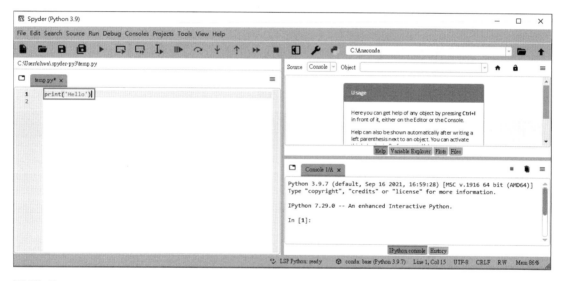

點選「❶ File → ❷ Save as...」，將檔案另存為其他檔名。

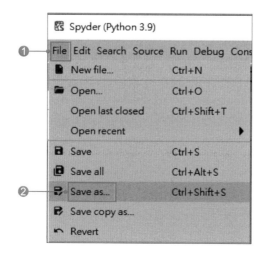

預設會儲存在剛剛設定的工作目錄 (C:\Anaconda)，接著命名檔案名稱，例如：hello.py，點選「存檔」。

儲存後檔名改成「hello.py」。

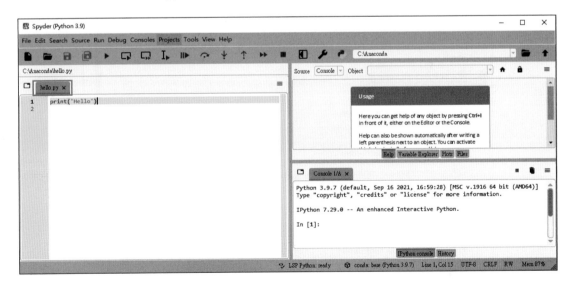

STEP 03 執行程式

設定執行環境，點選「❶ Run → ❷ Configuration per file ...」。

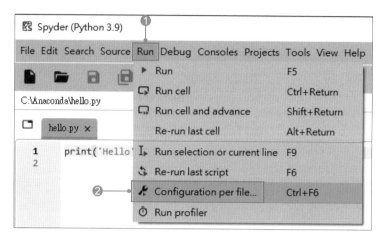

選取執行的方式，例如：想要在目前視窗右下角的 IPython console 執行程式，就 ❶ 點選「Execute in current console」，也可以重新選擇工作目錄，❷ 點選「📂」選擇新的工作目錄，最後 ❸ 點選「OK」。

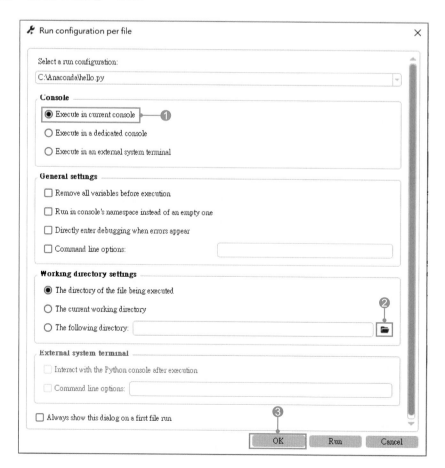

點選「▶」執行程式，右下角為執行的結果。

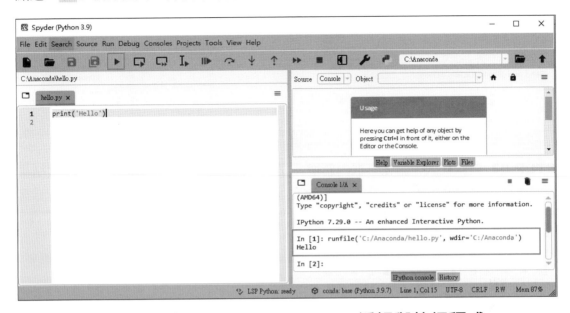

使用 Anaconda 內的 Jupyter Notebook 編輯與執行程式

　　Jupyter Notebook 是以區塊方式執行程式，每個區塊都是獨立的 Python 程式，並顯示執行結果於區塊的下方，也可以依序執行所有區塊，程式可以分階段開發再一起執行，讓程式開發更有彈性。目前數據分析與機器學習領域程式大都以 Jupyter Notebook 環境進行開發，本書所有章節都會提供 Jupyter Notebook 的範例檔，讓讀者提早適應 Jupyter Notebook 開發環境。

STEP 01 開啓 Jupyter Notebook，點選「❶ Anaconda3 → ❷ Jupyter Notebook」。

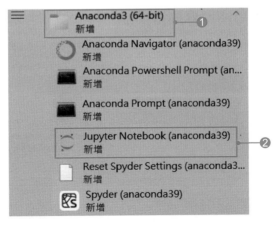

自動開啓瀏覽器，使用網頁方式執行 Jupyter Notebook，預設的家目錄為系統使用者帳號資料夾，筆者使用帳號 user 登入 Windows10 作業系統，資料夾為「C:\Users\User」，所有 Jupyter Notebook 的檔案都會儲存在此資料夾下。

在 Jupyter Notebook 內新增一個 Python 的記事本，點選「❶ New → ❷ Python3」。

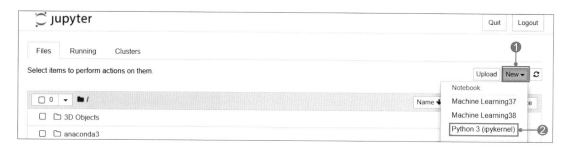

STEP 02 編輯程式，請在方框內新增「print('Hello')」，點選「Run」執行程式結果顯示於下方。

STEP 03 重新命名記事本的檔案名稱，點選「Untitled」。

輸入檔案名稱，例如：ch1，後點選「Rename」。

重新命名後，檔案名稱改爲「ch1」。

在筆者家目錄資料夾「C:\Users(使用者)\User」，多出了 ch1.ipynb 檔案，只要使用
Jupyter Notebook 點選此檔案就會開啓本範例程式碼。

1-3　**Python** 的輸入與輸出

　　Python 提供輸入與輸出的內建函式，適合第一次學習程式設計的讀者，本書的輸
入輸出皆使用 Python3，Python3 語言中最常用輸入與輸出的函式爲 input 與 print，函
式 input 與函式 print 使用方式如下。

表 1-1　函式 print 使用方式

函式 print	說明	範例與執行結果
print(*objects)	將 objects 顯示在螢幕上，* 表示可以顯示一個以上的 object。若沒有指定間隔字元與結束字元，預設間隔字元 (sep) 使用一個空白鍵，一行的結束字元 (end) 爲「\n」表示換到下一行。	print(' 學習 ', 'Python', ' 眞有趣 ') **說明** 預設 sep 使用一個空白鍵，所以每一句話之間都有一個空白鍵。 **執行結果** 學習 Python 眞有趣

函式 print	說明	範例與執行結果
print(*objects, sep=' ', end='\n')	將 objects 顯示在螢幕上，* 表示可以顯示一個以上的 object。預設間隔字元 (sep) 爲一個空白鍵，一行的結束字元 (end) 爲「\n」表示換到下一行，sep 與 end 都可以依照使用者需求而重新定義。	print(' 學習 ', 'Python', ' 眞有趣 ',sep='\t') **說明** 修改 sep 使用「\t」，「\t」表示 tab 鍵，所以每一句話之間使用一個 tab 鍵，間隔就改成 tab 鍵。 **執行結果** 學習　　Python　眞有趣

表 1-2　函式 input 使用方式

函式 input	說明	範例與執行結果
input([prompt])	顯示 prompt 在螢幕上，等待使用者輸入資料，資料會以字串回傳。	name = input(' 請問貴姓大名？ ') print(' 你好，', name) **說明** 因爲函式 input 將輸入的資料使用字串回傳，姓名是字串型別所以不用修改，變數 name 參考到此輸入字串。使用函式 print 顯示「你好」與變數 name 在螢幕上。變數 name 與運算子「=」的概念將於下一章介紹。 **執行結果** 請問貴姓大名？ John 你好，John

1-4　第一個 Python 程式

範例 1-1 輸入與輸出範例 — 基本資料調查

(💿 : ch1\1-4- 基本資料調查 .py)

問題敘述

寫一個程式，螢幕輸出「請問貴姓大名？」，等待使用者輸入姓名，顯示輸入的姓名在螢幕上。螢幕輸出「請問年紀？」，等待使用者輸入年紀，顯示輸入的年紀在螢幕上。螢幕輸出「請問體重？」，等待使用者輸入體重，顯示輸入的體重在螢幕上。

解題想法

這個程式需要使用 input 與 print 兩個函式，函式 input 用於輸入資料，函式 print 用於顯示資料到螢幕。

```
1   name = input(' 請問貴姓大名？ ')
2   print(' 你好，', name)
3   y = int(input(' 請問年紀？ '))
4   print(' 原來你 ', y, ' 歲 ')
5   w = float(input(' 請問體重？ '))
6   print(' 體重為 ', w)
```

執行結果

```
請問貴姓大名？ John
你好，John
請問年紀？ 16
原來你 16 歲
請問體重？ 64.4
體重為 64.4
```

程式解說

● **第 1 行**：在螢幕上顯示「請問貴姓大名？」，等待使用者輸入，輸入的資料指定給物件 name，物件 name 與運算子「=」的概念將於下一章介紹。

● **第 2 行**：輸出「你好，」與物件 name 在螢幕上。

- 第 3 行：在螢幕上顯示「請問年紀？」，等待使用者輸入，輸入的資料經由函式 int 將字串轉換成整數指定給物件 y。
- 第 4 行：輸出「原來你」、物件 y 與「歲」在螢幕上。
- 第 5 行：在螢幕上顯示「請問體重？」，等待使用者輸入，輸入的資料經由函式 float 將字串轉換成浮點數指定給物件 w。
- 第 6 行：輸出「體重為」與物件 w 在螢幕上。

充電時間

1. 若想要知道函式的功能可以使用函式 help，以函式名稱為輸入，找出該函式的說明。例如：help(input)，獲得函式 input 的解說，如下。

```
input(prompt=None, /)
    Read a string from standard input.  The trailing newline is stripped.
    The prompt string, if given, is printed to standard output without a
    trailing newline before reading input.
    If the user hits EOF (*nix: Ctrl-D, Windows: Ctrl-Z+Return), raise EOFError.
On *nix systems, readline is used if available.
```

2. 程式的註解

   使用井字號「#」之後的文字都會被視為註解，使用註解讓後續維護程式的工程師，更容易了解程式，舉例如下，其中「# 輸入姓名到 name」為註解。

```
name = input(' 請問貴姓大名？ ')  # 輸入姓名到 name
print(' 你好，', name)
```

實作題

1. 請到網站 https://www.python.org/ 下載最新版 Python3.x 安裝程式,在電腦上安裝剛剛下載的 Python3.x 版本程式,安裝好後執行 Python 直譯器,在 Python 直譯器中使用函式 print 印出資料到螢幕上。

2. 在電腦上安裝 Python3.x 版本程式後,Python3.x 中有一個 IDLE 編輯程式軟體,編輯一個 Python 檔案,Python 檔案中使用函式 print 印出資料到螢幕上。

3. 練習下載與安裝 PyCharm 社群版本,使用 PyCharm 編輯 Python 輸入與輸出程式,並執行程式進行測試,並練習在 PyCharm 安裝第 3 方模組。

4. 練習下載與安裝 Anaconda,使用 Anaconda 的 Spyder 編輯 Python 輸入與輸出程式,並執行程式進行測試。

5. 使用 Jupyter Notebook 編輯 Python 程式並重新命名檔案。

6. 使用 Python 直譯器,在命令列輸入「help(input)」查看函式 input 的說明。

NOTE

Chapter

2

資料型別、變數與
運算子

🎧 Jupyter Notebook 範例檔：ch2\ch2.ipynb

2-1 Python 資料型別

Python 的資料型別可以分成布林值、整數、浮點數與字串，分別敘述如下。

▌布林值

布林值是只能表示對 (True) 或錯 (False) 的資料型別。

Python 會將下列物件視為 False。

表 2-1　Python 視為 False 的物件

符號	說明
False	布林值 False
0	整數 0
0.0	浮點數 0.0
None	None
()	空 tuple
[]	空串列
{}	空字典
''	空字串，兩個單引號
""	空字串，兩個雙引號
註：tuple、串列與字典將於下一章介紹。	

可以使用函式 bool 產生布林值物件，說明如下。

表 2-2　函式 bool 的介紹

函式	功能
bool()	根據輸入的資料決定結果是 True 或 False，例如：bool(1) 會輸出 True，bool(0) 會輸出 False。

程式 (🕐 : ch2\2-1-bool1.py)	執行結果
print(bool(1)) print(bool(0)) print(bool(()))	True False False

█ 整數

Python 整數的數值範圍沒有限制，可以表示任意大的數字，只要能夠計算出來，例如：「googol=10**100」，「10**100」表示 10 的 100 次方。

表 2-3　函式 int 的介紹

函式	功能
int()	經由函式 int 可以將任何整數、浮點數與整數字串當作輸入，轉換成整數，其中只有整數字串的輸入可以指定整數字串的基底。

程式 (🕐 : ch2\2-1-int1.py)	執行結果
print(int(100)) print(int(3.14)) print(int('100',2))	100 3 4 說明：int('100',2) 表示 100 是二進位表示，轉換成十進位變成 4。

█ 浮點數

浮點數表示任何帶有小數點的數值。

表 2-4　函式 float 的介紹

函式	功能
float()	可以將任何整數、浮點數與浮點數字串轉換成浮點數。

程式 (🕐 : ch2\2-1-float1.py)	執行結果
print(float(1)) print(float(3.14)) print(float('3.1415'))	1.0 3.14 3.1415

字串

　　Python 字串是不可變的物件，需使用字串物件所提供的函式，將字串進行修改，產生新的字串，不能直接修改字串物件。

表 2-5　函式 str 的介紹

函式	功能
str()	將輸入的物件轉成字串。

程式 (🎧：ch2\2-1-str1.py)	執行結果
s= str('Python') s[0]='Q'	s 是字串，所以不能使用 s[0] 來修改字串 s 的第一個元素，會發生 TypeError 錯誤，錯誤訊息如下。 Traceback (most recent call last): 　File "H:/teach/python/ch2-vars-operator/str.py", line 3, in <module> 　　s[0]='Q' TypeError: 'str' object does not support item assignment

範例 2-1

(🎧：ch2\2-1-type.py)

使用函式 type，可以印出變數參考到物件的所屬類別，變數概念將在下一節說明。

```
1    b = True
2    print(b,type(b))
3    num = 20
4    print(num,type(num))
5    pi = 3.14
6    print(pi,type(pi))
7    s = "Hello"
8    print(s,type(s))
```

執行結果

```
True <class 'bool'>
20 <class 'int'>
3.14 <class 'float'>
Hello <class 'str'>
```

執行結果說明

變數 b 為布林物件，屬於類別 bool；變數 num 為整數物件，屬於類別 int；變數 pi 為浮點數物件，屬於類別 float；變數 s 為字串物件，屬於類別 str。

程式解說

● 第 1 行：變數 b 參考到布林物件「True」。

● 第 2 行：印出變數 b 的值，與印出變數 b 的類別。

● 第 3 行：變數 num 參考到整數物件「20」。

● 第 4 行：印出變數 num 的值，與印出變數 num 的類別。

● 第 5 行：變數 pi 參考到浮點數物件「3.14」。

● 第 6 行：印出變數 pi 的值，與印出變數 pi 的類別。

● 第 7 行：變數 s 參考到字串物件「Hello」。

● 第 8 行：印出變數 s 的值，與印出變數 s 的類別。

2-2　變數

◇ 2-2-1　何謂變數

　　在 Python 中任何整數、浮點數、字串、變數與函式都是物件，Python 的變數可以想像為標籤，可以使用「=」將標籤貼到物件上，例如：「x=2」，相當於有一個數字 2 的物件，將數字 2 物件上貼上一個 x 的標籤，讀取 x 就可取出數字 2，也就是變數 x 參考到數字 2 物件。

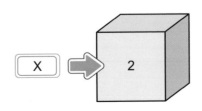

圖 2-1　將數字 2 的物件貼上一個 x 的標籤

　　變數是將標籤貼在物件上，就指向那個物件，程式在運算過程中，對資料進行處理與運算，就是對變數進行處理與運算，就是對變數所對應的物件進行處理與運算。

還記得數學中的方程式，如 x+y=12，x 與 y 是未知數，跟本章要介紹的變數有相同的概念，代表某個資料。程式中命名變數的方式通常有固定的規則，如成績就用 score 表示，加總就用 sum 等，再對變數進行運算，例如 sum=score1+score2，就是將 score1 加 score2 的結果儲存到 sum。這樣的變數命名規則沒有強制性，只是讓後續維護程式的人更容易閱讀。

圖 2-2　變數命名規則示意圖

程式語言分成靜態語言與動態語言，C、C++ 與 Java 屬於靜態語言，變數在執行前需要宣告資料型別，變數宣告了資料型別後就不能更改成其他型別；Python 屬於動態語言，執行時才決定資料型別，不需要事先宣告變數的資料型別，也可以執行中改變變數的資料型別，使用「=」可以隨時改變變數所參考的物件。

Python 的物件有資料型別，但變數本身沒有資料型別，變數隨時可以參考各種資料型別的物件。Python 建立物件時，需要指定資料型別。Python 的資料型別分成可變 (Mutable) 資料型別與不可變 (Immutable) 資料型別。如果物件的資料型別屬於不可變資料型別，則不可以更改物件的內容；如果物件的資料型別屬於可變資料型別，則可以更改物件的內容。Python 不可變資料型別有 int(整數)、float(浮點數)、bool(布林)、string(字串)、tuple，而可變資料型別有 list(串列)、dict(字典) 與 set(集合)，而 int、float、bool、string 在本章介紹，tuple、list、dict 與 set 將在下一章介紹。

範例 2-2-1a

(🖉 : ch2\2-2-1a-var1.py)

程式碼解說

● 第 1 行：印出變數 a 所參考的物件內容。

執行結果

發生 NameError 錯誤。

```
Traceback (most recent call last):
  File "H:/teach/python/ch2-vars-operator/var1.py", line 1, in <module>
    print(a)
NameError: name 'a' is not defined
```

執行結果說明

印出變數 a 之前，變數 a 並未參考到任何物件，出現 NameError 表示變數 a 未定義。

範例 2-2-1b

(：ch2\2-2-1b-var2.py)

```
1   a=1
2   print(a, id(a))
3   a='Python'
4   print(a, id(a))
```

執行結果

```
1 500586224
Python 3136064
```

執行結果說明

變數 a 參考整數物件「1」時，id(a) 為 500586224，a 參考字串物件「Python」時，id(a) 為 3136064，表示變數 a 經由「=」參考到不同的物件，執行時決定變數參考到不同物件，變數不需要事先宣告資料型別就可以使用。

程式解說

● 第 1 行：設定變數 a 參考到整數物件「1」。

● 第 2 行：印出 a 的值與 id 函式以 a 為輸入的回傳值，id 函式回傳物件的記憶體位址，相同的記憶體位址指向相同的物件。

● 第 3 行：設定變數 a 參考到字串物件「Python」。

● 第 4 行：印出 a 的值與 id 函式以 a 為輸入的回傳值，id 函式回傳物件的記憶體位址，相同的記憶體位址指向相同的物件。

範例 2-2-1c

(✏ ：ch2\2-2-1c-var3.py)

```
1   x = 1
2   y = x
3   print(id(x),id(y))
4   print(x,y)
```

執行結果

```
493311728 493311728
1 1
```

執行結果說明

變數 x 參考整數物件「1」時，id(x) 為 493311728，變數 y 參考到變數 x 所參考物件時，id(y) 為 493311728，表示變數 y 經由「=」參考到變數 x 所參考的物件，變數 x 與變數 y 參考到相同物件。

程式解說

● 第 1 行：變數 x 參考整數物件「1」。

● 第 2 行：變數 y 參考到變數 x 所參考的物件，

● 第 3 行：印出 id 函式以 x 與 y 為輸入的回傳值，也就是印出 x 與 y 所參考物件的記憶體位址。

● 第 4 行：印出 x 的值與 y 的值。

◇ 2-2-2 變數的命名

變數的命名有一定的規則，好的變數命名可以讓程式更容易閱讀，其參考規則如下。

1. 變數的第一個字母一定只能是英文大小寫字母、Unicode 字元或底線 (_)，其後可以接英文大小寫字母、Unicode 字元、底線 (_) 或數字，也就是不能以數字開頭，Unicode 字元表示可以使用中文命名變數。

表 2-6　變數的命名範例

正確	不正確	不正確原因
SCORE_1	1_SCORE	無法使用數字開頭
成績	成績？	包含英文半形問號「?」，英文半形問號「?」不是英文字母

2. 大小寫英文字母視爲不同變數，A 與 a 視爲不同的變數。

3. Python 關鍵字無法命名爲變數名稱，例如：if、else、elif、for 等，不能使用這些名稱命名變數。

4. 變數名稱可以利用多個有意義的小寫單字組合而成，單字之間使用底線 (_) 串接，程式設計者較容易閱讀與瞭解，如表示數學成績的變數可以使用 math_score 來表示，這個規定並沒有強制性。

2-3　運算子

　　將數值或變數進行運算，需要使用運算子，運算子分成指定運算子、算術運算子、字串運算子、比較運算子與邏輯運算子等，以下就分別介紹並舉例說明。

2-3-1　指定運算子

　　用等號 (=) 表示，意思是等號右邊先運算，再將運算結果指定給左邊的變數，如 A=1+2，右邊的 1+2 先運算獲得 3，將數字物件「3」的參考指定給左邊的變數 A，相當於將變數 A 的標籤貼到數字物件「3」上。

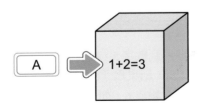

圖 2-3　指定運算子示意圖

2-3-2　算術運算子

　　算術運算子爲數學的運算子，例如：A-B 表示 A 減 B，減 (-) 爲算術運算子，可以結合指定運算子 (=)，讓變數 C 參考到此計算結果，C=A-B。以下介紹算術運算子。

表 2-7　算術運算子

運算子	說明	舉例	結果
+	加	A=5+2	A=7
-	減	A=5-2	A=3
*	乘	A=5*2	A=10
/	浮點除法	A=5/2	A=2.5
//	整數除法 (去除小數點)	A=5//2	A=2
%	相除後求餘數	A=5%2	A=1
**	次方	A=5**2	A=25

　　乘號在數學中可以不用加上，但在程式中乘號不可以忽略，先乘除後加減，使用小括號括起來的部分優先計算。程式中數學運算子範例，如下。

表 2-8　程式中數學運算子範例

運算式	結果
a = (2+3*2)*(4-1)	變數 a 的值為 24，因為左邊括弧內 3*2 先運算，結果為 6，再加上 2 得到 8，右邊括弧內 4-1，運算結果為 3，最後 8 乘以 3 得 24，獲得最後結果。

　　變數遞增或遞減，這部分與數學差異很大，主要是「=」等號的意義，在程式與數學定義是不同的。

表 2-9　變數遞增或遞減範例

分類	範例	範例說明
遞增 a = a+1	a = 5 a = a+1	變數 a 的值為 6。 首先變數 a 參考到數字 5，接著執行「a = a+1」，等號「=」右邊先計算，先執行「a+1」，結果為「6」，變數 a 經由等號「=」參考到數字 6，變數 a 的數值就會變成 6，如此達成變數 a 遞增的效果。
遞減 a = a-1	a = 5 a = a-1	變數 a 的值為 4。 首先變數 a 參考到數字 5，接著執行「a = a-1」，等號「=」右邊先計算，先執行「a-1」，結果為「4」，變數 a 經由等號「=」參考到數字 4，變數 a 的數值就會變成 4，如此達成變數 a 遞減的效果。

　　當等號的左右兩邊使用到相同變數，可以將運算子與等號結合縮短程式碼，達成相同效果，這類運算子，先運算再指定，稱為擴展型指定（Augmented Assignment）運算子。例如：「a＝a+1」也可以寫成「a += 1」，不只加法 (+) 可以如此縮寫，其他算術運算子也可以縮寫，如表 2-10 所示。

表 2-10　算術運算子範例

運算子	說明	範例	將範例進行縮寫
+=	加	A=A+2	A += 2
-=	減	A=A-2	A -= 2
*=	乘	A=A*2	A *= 2
/=	浮點除法	A=A/2	A /= 2
//=	整數除法 (去除小數點)	A=A//2	A //= 2
%=	相除後求餘數	A=A%2	A %= 2
**=	次方	A=A**2	A **= 2

◇ 2-3-3　比較運算子

表 2-11　比較運算子

比較運算子	說明	舉例
<	判斷是否小於	A=(5<2) 結果：A=False(False 表示條件不成立，結果為假)
<=	判斷是否小於等於	A=(5<=2) 結果：A= False (False 表示條件不成立，結果為假)
>	判斷是否大於	A=(5>2) 結果：A=True(True 表示條件成立，結果為眞)
>=	判斷是否大於等於	A=(5>=2) 結果：A=True(True 表示條件成立，結果為眞)
!=	判斷是否不等於	A=(5!=2) 結果：A=True(True 表示條件成立，結果為眞)
==	判斷是否等於	A=(5==2) 結果：A= False (False 表示條件不成立，結果為假)

2-3-4　邏輯運算子

邏輯運算子有三種運算子，且 (and)、或 (or)、非 (not)。

● (X and Y)：當 X 是 True，Y 也是 True，結果為 True；X 與 Y 只要其中一個為 False，結果為 False。

X and Y	Y=True	Y=False
X=True	True	False
X=False	False	False

● (X or Y)：當 X 與 Y 其中一個為 True，則結果為 True；當 X 是 False 且 Y 也是 False，則結果為 False。

X or Y	Y=True	Y=False
X=True	True	True
X=False	True	False

● (not X)：若 X 為 True，not X 結果為 False；若 X 為 False，not X 結果為 True。

	not X
X=True	False
X=False	True

充電時間

可以使用邏輯運算子（且 (and)、或 (or)、非 (not)）連結多個條件，若要多個條件須同時為 True 運算結果才為 True，就使用「and」運算子結合這些條件；若只要其中之一條件為 True 運算結果就為 True，就使用「or」運算子結合這些條件；若要取相反的結果就使用「not」運算子置於該條件前面，邏輯運算子結合多個條件運算舉例如下。

舉例	X 值	結果	說明
((X>60) and (X<80))	70	True	條件 (70>60) 為 True， 而條件 (70<80) 為 True，經由 and(且) 運算結果為 True。
((X>60) and (X<80))	60	False	條件 (60>60) 為 False，只要有一個條件 False，經由 and(且) 運算結果就為 False。
((X>60) or (X<80))	60	True	條件 (60<80) 為 True，經由 or(或) 運算只要有一個條件為 True，結果就為 True。
not(X>60)	60	True	條件 (60>60) 為 False，取 not(非) 運算，結果變成 True。

2-3-5　in 與 is 運算子

「x in y」用於判斷 x 是否為 y 其中一個元素，若是則回傳 True，否則回傳 False。「x is y」用於判斷兩物件的 id 是否相同，若變數 x 與變數 y 指向相同物件，則回傳 True，否則回傳 False。

表 2-12　in 與 is 運算子

運算子	說明	舉例	結果
in	是否包含	x = 1 y = [1, 2, 3] print(x in y)	True 註：[1, 2, 3] 為串列，下一章會介紹。
not in	是否不包含	x = 1 y = [1, 2, 3] print(x not in y)	False
is	是否為相同物件	x = [1, 2, 3] y = [1, 2, 3] print(x is y)	False

運算子	說明	舉例	結果
is not	是否不為相同物件	x = [1, 2, 3] y = [1, 2, 3] print(x is not y)	True

運算子「is」與是否相等運算子「==」兩者不相同，「x == y」只要 x 與 y 數值相同就回傳 True，而「x is y」要 x 與 y 需要參考到相同物件才回傳 True。運算子「is」與「==」的比較，範例程式如下。

範例 2-3-5

(🖊 : ch2\2-3-5-is.py)

```
1  x = [1,2,3]
2  y = [1,2,3]
3  print(id(x),id(y))
4  print(x is y)
5  print(x == y)
```

執行結果

```
5192360 5156576
False
True
```

執行結果說明

變數 x 參考整數串列「1, 2, 3」時，id(x) 為 5192360，變數 y 參考到整數串列「1, 2, 3」時，id(y) 為 5156576。使用 id 函式分別輸入 x 與 y，所獲得回傳值並不相同，表示 x 與 y 所參考串列「1, 2, 3」的記憶體位址不相同，x 與 y 並沒有參考到相同物件，所以「x is y」的結果為 False。因 x 與 y 都是串列「1, 2, 3」，所以「x == y」的結果為 True。

程式碼解說

● 第 1 行：變數 x 參考整數串列「1, 2, 3」。

● 第 2 行：變數 y 參考另一個整數串列「1, 2, 3」。

● 第 3 行：印出使用 id 函式分別輸入 x 與 y，所獲得回傳值。

● 第 4 行：印出「x is y」的結果。

● 第 5 行：印出「x == y」的結果。

◆▶ 2-3-6　位元運算子

Python 先將數值轉換成二進位表示，從右到左將數字的每個位元進行位元運算，獲得最後的結果。

表 2-13　位元運算子

運算子	說明	舉例	結果
&	位元且運算，當兩個都 True，才將該位元設定 True，其他都設定爲 False。	A=5&4	5 的二進位爲 0101 4 的二進位爲 0100 0101&0100=0100 A=4
|	位元或運算，當兩個都 False，才將該位元設定 False，其他都設定爲 True。	A=5|4	5 的二進位爲 0101 4 的二進位爲 0100 0101|0100=0101 A=5
^	位元互斥或運算，當一個爲 True，另一個爲 False，才將該位元設定爲 True，其他都設定爲 False。	A=5^4	5 的二進位爲 0101 4 的二進位爲 0100 0101^0100=0001 A=1
~	位元取相反	A=~5	5 的二進位爲 0101 ~(0101)=1010，開頭是 1 表示爲負數，所以獲得「A=-6」
<<	位元左移運算，左移指定的位元個數。	A=5<<2	5 的二進位爲 0101 101 << 2 = 10100 A=20
>>	位元右移運算，右移指定的位元個數。	A=5>>2	5 的二進位爲 0101 0101 >> 2 = 0001 A=1

◆▶ 2-3-7　運算子優先權次序

F=2+3*5-14/7，這是一個計算公式，有加減乘除四種運算子，乘除先運算或加減先運算會有不同的結果，而運算子的運算先後順序是有規則的，這些規則定義在程式語言裡，以下是 Python 運算子的優先權規定。

表 2-14　運算子優先權次序

優先權	運算子	說明
高	( ) [] { 鍵 : 值 } {}	建立 tuple 運算子 建立串列運算子 建立字典運算子 建立集合運算子 這些資料容器將於下一章會進行介紹。
	**	次方
	+x、-x、~x	取正號、取負號與取位元相反
	*、/、//、%	乘法、浮點除法、整數除法、求餘數
	+、-	加法、減法
	<<、>>	位元左移與位元右移
	&	位元且運算
	^	位元互斥或運算
	|	位元或運算
	< <= > >= == != in not in is is not	判斷是否小於 判斷是否小於等於 判斷是否大於 判斷是否大於等於 判斷是否相等 判斷是否不相等 是否包含 是否不包含 是否是 是否不是
	not	邏輯運算子的非
	and	邏輯運算子的且
	or	邏輯運算子的或
	if elif else	條件判斷
低	lambda	匿名函式

範例一	乘除先運算	接著加減運算
F=2+3*5-14/7	F=2+15-2	F=15

範例二	括號先運算	接著求餘數運算
F=(2+3)%4	F=5%4	F=1

2-4　字串

　　使用單引號「'」與雙引號「"」所包夾的文字，在 Python 會被視為字串，字串內文字可以儲存 Unicode 編碼的文字，支援中文。單引號內使用雙引號，可以正確顯示雙引號，雙引號內也可以使用單引號，也可以正確顯示單引號。

範例 2-4

(：ch2\2-4-string1.py)

程式碼	執行結果
s1 = ' 作者 " 孟浩然 " 詩名 " 春曉 "' print(s1) s2 = " 作者 ' 孟浩然 ' 詩名 ' 春曉 '" print(s2)	作者 " 孟浩然 " 詩名 " 春曉 " 作者 ' 孟浩然 ' 詩名 ' 春曉 '

　　使用三個單引號「'''」或三個雙引號 (""") 可以用於顯示多行文字，且每行前面的空白也會正常顯示，連換行字元也會被保留。

程式碼	執行結果
s3 = '''　春眠不覺曉，處處聞啼鳥。 夜來風雨聲，花落知多少。 　作者 " 孟浩然 " 詩名 " 春曉 " ''' print(s3)	春眠不覺曉，處處聞啼鳥。 夜來風雨聲，花落知多少。 作者 " 孟浩然 " 詩名 " 春曉 "

◇ 2-4-1 字串運算子

字串運算子用於處理字串，可以串接字串、存取字串、複製字串與切割字串。

範例 2-4-1

(🖱 ：ch2\2-4-1-string2.py)

1. 串接字串

　　使用「+」串接字串，可以將兩個字串合併成一個字串。

程式碼	執行結果
s1 = '01234' s2 = '56789' s3 = s1 + s2 print(s3)	0123456789

2. 複製字串

　　使用「*」複製字串，執行「字串 * 2」會產生一個新字串，該字串複製字串一份串接原來字串的後面，執行「字串 * 3」會產生一個新字串，該字串複製字串兩份串接原來字串的後面，依此類推。

程式碼	執行結果
s1 = '01234' s2 = s1 * 2 print(s2)	0123401234

3. 取出字串元素

　　使用「[]」取出字串元素，s[0] 取出字串 s 的第 1 個元素，s[1] 取出字串 s 的第 2 個元素，s[-1] 取出字串 s 的最後 1 個元素，s[-2] 取出字串 s 的右邊數過來第 2 個元素。

程式碼	執行結果
s1 = '0123456789' print(s1[0]) print(s1[1]) print(s1[-1]) print(s1[-2])	0 1 9 8

4. 切割字串

　　使用「[開始 : 結束 : 間隔]」切割字串，從「開始」到「結束」(不包含結束的字元) 每隔「間隔」個字元取一個字元出來。

● s[:] 表示取字串 s 的每一個元素。

● s[開始 :] 表示取字串 s[開始] 元素開始到字串 s 結束的所有元素。

● s[: 結束] 表示取字串 s[0] 元素到 s[結束] 所指定元素的前 1 個元素為止的所有元素。

● s[開始 : 結束] 表示取字串 s[開始] 元素到 s[結束] 所指定元素的前 1 個元素為止的所有元素。

● s[開始 : 結束 : 間隔] 表示取字串 s[開始] 元素到 s[結束] 所指定元素的前 1 個元素為止的所有元素中，每隔「間隔」個元素取一個元素。

● s[::-1] 表示反轉字串，反轉字串為字串的第 1 個字元與最後 1 個字元互換，第 2 個字元與倒數第 2 個字元互換，第 3 個字元與倒數第 3 個字元互換，一直到只剩下一個字元或沒有字元可以互換為止。

　　若「開始」沒有指定數值，以字串最開始的元素開始，也就是預設使用 0；若「結束」沒有指定數值，以字串最右邊的元素結束 (包含該字元)。若「間隔」大於 0，表示由左到右取出元素；若「間隔」小於 0，表示由右到左取出元素。

程式碼	執行結果
s = '0123456789' print('s=', s, 's[:]=', s[:])	s= 0123456789 s[:]= 0123456789
print('s=', s, 's[5:]=', s[5:])	s= 0123456789 s[5:]= 56789
print('s=', s, 's[-2:]=', s[-2:])	s= 0123456789 s[-2:]= 89
print('s=', s, 's[:5]=', s[:5])	s= 0123456789 s[:5]= 01234
print('s=', s, 's[:-2]=', s[:-2])	s= 0123456789 s[:-2]= 01234567
print('s=', s, 's[7:9]=', s[7:9])	s= 0123456789 s[7:9]= 78
print('s=', s, 's[-4:-1]=', s[-4:-1])	s= 0123456789 s[-4:-1]= 678
print('s=', s, 's[5:-2]=', s[5:-2])	s= 0123456789 s[5:-2]= 567
print('s=', s, 's[2:10:2]=', s[2:10:2])	s= 0123456789 s[2:10:2]= 2468
print('s=', s, 's[::-1]=', s[::-1])	s= 0123456789 s[::-1]= 9876543210
print('s=', s, 's[-1::-1]=', s[-1::-1])	s= 0123456789 s[-1::-1]= 9876543210

程式解說

● s[:] 表示取字串 s 的每一個元素，如下圖，輸出「0123456789」到螢幕上。

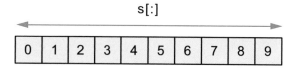

● s[5:] 表示取從字串 s[5] 元素到字串 s 結束的所有元素，如下圖，輸出「56789」到
螢幕上。

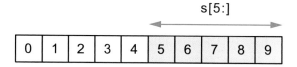

● s[-2:] 表示取從字串 s[-2] 元素 (倒數第 2 個元素) 到字串 s 結束的所有元素，如下圖，
輸出「89」到螢幕上。

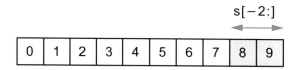

● s[:5] 表示取從字串 s[0] 元素到 s[5] 所指定元素的前 1 個元素為止的所有元素，如
下圖，輸出「01234」到螢幕上。

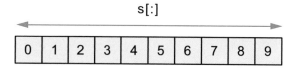

● s[:-2] 表示取從字串 s[0] 元素到 s[-2] (倒數第 2 個元素) 所指定元素的前 1 個元素
為止的所有元素，如下圖，輸出「01234567」到螢幕上。

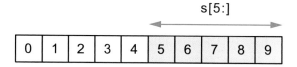

● s[7:9] 表示取從字串 s[7] 元素到 s[9] 所指定元素的前 1 個元素為止的所有元素，如
下圖，輸出「78」到螢幕上。

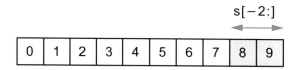

- s[-4:-1] 表示取從字串 s[-4]（倒數第 4 個元素）元素到 s[-1]（倒數第 1 個元素）所指定元素的前 1 個元素為止的所有元素，如下圖，輸出「678」到螢幕上。

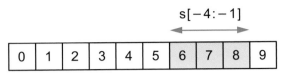

- s[5:-2] 表示取從字串 s[5] 元素到 s[-2]（倒數第二個元素）所指定元素的前 1 個元素為止的所有元素，如下圖，輸出「567」到螢幕上。

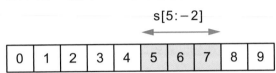

- s[2:10:2] 表示取字串 s[2] 元素到 s[10] 所指定元素的前 1 個元素為止的所有元素中，每隔 2 個元素取一個元素，如下圖，輸出「2468」到螢幕上。

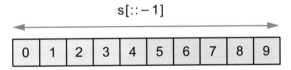

- s[::-1] 與 s[-1::-1] 都表示反轉字串，如下圖，輸出「9876543210」到螢幕上。

s[::-1]

5. 串接多行

　　使用「\」串接多行，若在 python 中同一行的程式碼過長，在該行最後使用「\」當最後一個字元，就可以寫到下一行，這兩行會被視為同一行。以下範例中，單引號「'」表示的字串只能在一行內，可以經由「\」串接多行成為一行，範例中變數 s 的字串橫跨三行，經由「\」會被視為一行，而「\n」表示換行，「\t」表示按下 tab 鍵，會空出 8 個半形字元自動對齊。

程式碼	執行結果
s = ' 春眠不覺曉，處處聞啼鳥。\n\ 夜來風雨聲，花落知多少。\n\ \t 作者 " 孟浩然 " 詩名 " 春曉 "' print(s)	春眠不覺曉，處處聞啼鳥。 夜來風雨聲，花落知多少。 　　　作者 " 孟浩然 " 詩名 " 春曉 "

◇ 2-4-2　字串的內建函式

字串類別內建許多函式，只要是 Python 字串就自動擁有這些函式，以下介紹常用的內建函式。

範例 2-4-2

(💿：ch2\2-4-2-string3.py)

字串 .split(切割字元)

將字串以「切割字元」進行分割，回傳切割後的串列，串列於下一個單元介紹。

● 範例

```
s1=' 春眠不覺曉，處處聞啼鳥，夜來風雨聲，花落知多少。'
list1=s1.split('，')
```

● 執行結果

```
[' 春眠不覺曉 ', ' 處處聞啼鳥 ', ' 夜來風雨聲 ', ' 花落知多少。']
```

連結字串 .join(要串接的串列)

使用「連結字串」將「要串接的串列」串接起來，回傳串接後的字串。

● 範例

```
list1=[' 春眠不覺曉 ', ' 處處聞啼鳥 ', ' 夜來風雨聲 ', ' 花落知多少。']
s2='，'.join(list1)
print(s2)
```

● 執行結果

```
春眠不覺曉，處處聞啼鳥，夜來風雨聲，花落知多少。
```

字串 .replace(原始字串 , 取代字串)

將字串中的「原始字串」以「取代字串」取代，回傳取代後的字串。

● 範例

```
s1=' 春眠不覺曉，處處聞啼鳥，夜來風雨聲，花落知多少。'
s3=s1.replace(' 春 ',' 冬 ')
print(s3)
```

● 執行結果

> 冬眠不覺曉，處處聞啼鳥，夜來風雨聲，花落知多少。

字串 .find(要找的字串)

回傳從左邊開始找到第一個出現「要找的字串」的位置值，若找不到，回傳 -1。

● 範例

```
s1=' 春眠不覺曉，處處聞啼鳥，夜來風雨聲，花落知多少。'
print(s1.find(' 花落 '))
```

● 執行結果

```
18
```

字串 .rfind(要找的字串)

回傳從右邊開始找到第一個出現「要找的字串」的位置值，若找不到，回傳 -1。

● 範例

```
s1=' 春眠不覺曉，處處聞啼鳥，夜來風雨聲，花落知多少。'
s1.rfind(' 處 ')
```

● 執行結果

```
7
```

字串 .startswith(要找的字串)

檢查字串是否以「要找的字串」開頭，若是則回傳 True，否則回傳 False。

● 範例

```
s1=' 春眠不覺曉，處處聞啼鳥，夜來風雨聲，花落知多少。'
print(s1.startswith(' 春眠 '))
```

● 執行結果

```
True
```

字串 .endswith(要找的字串)

檢查字串是否以「要找的字串」結尾，若是則回傳 True，否則回傳 False。

● 範例

```
s1=' 春眠不覺曉，處處聞啼鳥，夜來風雨聲，花落知多少。'
print(s1.endswith(' 多少。'))
```

● 執行結果

```
True
```

字串 .count(要找的字串)

找出字串中「要找的字串」出現的次數，回傳該字元出現次數。

● 範例

```
s1=' 春眠不覺曉，處處聞啼鳥，夜來風雨聲，花落知多少。'
print(s1.count(' 處 '))
```

● 執行結果

```
2
```

字串 .center(數值)

保留長度為「數值」字串空間，將字串置中擺放。

● 範例

```
s1=' 春眠不覺曉 '
print(s1.center(10))
```

● 執行結果

```
春眠不覺曉
```

字串 .rjust(數值)

保留長度為「數值」字串空間，將字串靠右擺放。

● 範例

```
s1=' 春眠不覺曉 '
print(s1.rjust(10))
```

● 執行結果

春眠不覺曉

字串 .ljust(數值)

保留長度為「數值」字串空間，將字串靠左擺放。

● 範例

```
s1=' 春眠不覺曉 '
print(s1.ljust(10))
```

● 執行結果

春眠不覺曉

英文 .capitalize()

將英文字串的字首轉成大寫。

● 範例

```
s1='an apple a day'
print(s1.capitalize())
```

● 執行結果

An apple a day.

英文 .title()

將英文字串的每個單字字首轉成大寫。

● 範例

```
s1='An apple a day'
print(s1.title())
```

● 執行結果

An Apple A Day.

英文 .swapcase()

將英文字串的大寫字母轉成小寫字母，小寫字母轉成大寫字母。

● 範例

```
s1='An apple a day'
print(s1.swapcase())
```

● 執行結果

```
aN APPLE A DAY.
```

英文 .upper()

將英文字串的所有字母轉成大寫字母。

● 範例

```
s1='An apple a day.'
print(s1.upper())
```

● 執行結果

```
AN APPLE A DAY.
```

英文 .lower()

將英文字串的所有字母轉成小寫字母。

● 範例

```
s1='An apple a day.'
print(s1.lower())
```

● 執行結果

```
an apple a day.
```

字串 .zfill(width)

將字串左側補 0 直到寬度為 width 為止。

● 範例

```
s1='123'
print(s1.zfill(5))
```

● 執行結果

```
00123
```

字串 .strip(chars)

字串的左右兩邊刪除 chars 所指定的字元，字元可以不只一個，若沒有指定預設移除空白字元。

● 範例

```
s1=' Hello,Mary. '
print(s1.strip())
```

● 執行結果

```
Hello,Mary.
```

【執行結果說明】移除左右兩邊的空白字元。

字串 .lstrip(chars)

字串的左邊刪除 chars 所指定的字元，字元可以不只一個，若沒有指定預設移除空白字元。

● 範例

```
s1=' Hello,Mary. '
print(s1.lstrip(' H'))
```

● 執行結果

```
ello,Mary.
```

【執行結果說明】移除左邊的空白字元與字元「H」。

字串 .rstrip(chars)

字串的右邊刪除 chars 所指定的字元，字元可以不只一個，若沒有指定預設移除空白字元。

● 範例

```
s1=' Hello,Mary. '
print(s1.rstrip(' .'))
```

● 執行結果

Hello,Mary

【執行結果說明】移除右邊的空白字元與字元「.」。

2-5 範例練習

範例 2-5-1 服裝訂購系統

(💿：ch2\2-5-1- 服裝訂購系統 .py)

假設上衣 300 元、褲子 350 元與背心 400 元，使用者可以自行輸入三種服裝的數量，請設計一個程式計算訂購服裝的總金額。

解題想法

將上衣、褲子與背心訂購數量依序指定到三個整數變數中，乘以對應的價格，再加總起來。本題會使用到運算子的乘法 (*)、加法 (+) 與指定運算子 (=)。

```
1   上衣 = int(input(' 請輸入上衣數量？'))
2   褲子 = int(input(' 請輸入褲子數量？'))
3   背心 = int(input(' 請輸入背心數量？'))
4   總金額 = 上衣 *300 + 褲子 *350 + 背心 *400
5   print(' 訂購服裝的總金額為 ', 總金額 )
```

執行結果

依序輸入上衣 2 件、褲子 3 件與背心 1 件，結果顯示在螢幕。

```
請輸入上衣數量？2
請輸入褲子數量？3
請輸入背心數量？1
訂購服裝的總金額為 2050
```

程式解說

● **第 1 行**：於螢幕顯示「請輸入上衣數量？」，允許使用者輸入上衣數量，並經由函式 int 轉換成整數物件，變數「上衣」參考到此整數物件。

- **第2行**：於螢幕顯示「請輸入褲子數量？」，允許使用者輸入褲子數量，並經由函式 int 轉換成整數物件，變數「褲子」參考到此整數物件。

- **第3行**：於螢幕顯示「請輸入背心數量？」，允許使用者輸入背心數量，並經由函式 int 轉換成整數物件，變數「背心」參考到此整數物件。

- **第4行**：計算訂購總金額，使用物品金額乘以對應的物品數量再加總，獲得訂購總金額，變數「總金額」參考到此計算結果。

- **第5行**：顯示「訂購服裝的總金額為」與變數「總金額」到螢幕上。

範例 2-5-2 計算圓面積與圓周長

(🖱️：ch2\2-5-2- 計算圓面積與圓周長 .py)

請設計一個程式計算圓面積與圓周長，依輸入的半徑計算圓面積與圓周長。

解題想法

將圓的半徑儲存到變數，再依照圓面積與圓周長公式進行運算，將計算結果儲存到變數「圓周長」與「圓面積」。本題會使用到運算子的乘法 (*) 與指定運算子 (=)。

```
1    半徑 = float(input(' 請輸入半徑？ '))
2    PI = 3.14159
3    圓周長 = 2 * PI * 半徑
4    圓面積 = 半徑 * 半徑 * PI
5    print(' 圓周長為 ', 圓周長 , ' 圓面積為 ', 圓面積 )
```

執行結果

執行後，輸入半徑「10」，按下「Enter」鍵，圓周與面積計算結果顯示在螢幕。

```
請輸入半徑？ 10
圓周長為 62.8318 圓面積為 314.159
```

程式解說

- **第1行**：於螢幕顯示「請輸入半徑？」，允許使用者輸入半徑，並經由 float 函式轉換成浮點數物件，變數「半徑」參考到此浮點數物件。

- **第2行**：定義 PI 為 3.14159。

- **第3行**：計算圓周長，使用半徑乘以 2 轉換成直徑，再乘以 3.14 獲得圓周長，變數「圓周長」參考到此計算結果。

- **第 4 行**：計算圓面積，使用半徑乘以半徑，再乘以 3.14 獲得圓面積，變數「圓面積」參考到此計算結果。

- **第 5 行**：顯示圓周長與圓面積到螢幕上。

範例 2-5-3 攝氏轉華氏

(💿：ch2\2-5-3- 攝氏轉華氏 .py)

請設計一個程式將輸入的攝氏溫度轉成華氏溫度，轉換公式如下。

$$華氏溫度 = 攝氏溫度 *9/5+32$$

解題想法

將攝氏溫度儲存到浮點數變數，再依照攝氏溫度轉華氏溫度公式進行運算，將計算結果儲存到另一個浮點數變數。本題會使用到運算子的加法 (+)、乘法 (*)、除法 (/) 與指定運算子 (=)。

```
1    c = float(input(' 請輸入攝氏溫度？ '))
2    f = c * 9 / 5 +32
3    print(' 華氏溫度為 ', f)
```

執行結果

輸入攝氏溫度「50」，按下「Enter」按鈕，結果顯示在螢幕。

```
請輸入攝氏溫度？ 50
華氏溫度為 122.0
```

程式解說

- **第 1 行**：於螢幕顯示「請輸入攝氏溫度？」，允許使用者輸入攝氏溫度，並經由 float 函式轉換成浮點數物件，變數 c 參考到此浮點數物件。

- **第 2 行**：計算華氏，使用「攝氏乘以 9 除以 5 加 32」轉換成華氏，變數 f 參考到此計算結果。

- **第 3 行**：顯示「華氏溫度為」與變數 f 的結果。

範例 2-5-4 複利計算

(　🎱　：ch2\2-5-4- 複利計算 .py)

寫一個程式協助使用者計算定存一筆錢，依照所輸入的利率，定存一年到三年的本金
與利息和，使用複利方式計算。

解題想法

將本金與利率指定到兩個變數，再依照複利公式計算前三年的本利和，將計算結果分
別儲存到三個浮點數變數。本題會使用到運算子的加法 (+)、乘法 (*)、除法 (/)、次方
(**) 與指定運算子 (=)。

```
1   money = int(input(' 請輸入本金？ '))
2   interest = float(input(' 請輸入年利率 (%)？ '))
3   y1 = money * (1 + interest/100)
4   y2 = money * ((1 + interest/100) ** 2)
5   y3 = money * ((1 + interest/100) ** 3)
6   print(' 第一年本利和為 ', y1)
7   print(' 第二年本利和為 ', y2)
8   print(' 第三年本利和為 ', y3)
```

執行結果

本金輸入「10000」，利率輸入「1.5」，計算結果顯示在螢幕。

```
請輸入本金？ 10000
請輸入年利率 (%)？ 1.5
第一年本利和為 10149.999999999998
第二年本利和為 10302.249999999996
第三年本利和為 10456.783749999997
```

程式解說

● **第 1 行**：於螢幕顯示「請輸入本金？」，允許使用者輸入本金，並經由 int 函式轉
換成整數物件，變數 money 參考到此整數物件。

● **第 2 行**：於螢幕顯示「請輸入年利率 (%)？」，允許使用這輸入年利率，並經由
float 函式轉換成浮點數物件，變數 interest 參考到此浮點數物件。

● **第 3 行**：計算第一年本利和，使用「本金乘以 (1 加上利率除以 100)」轉換成第一
年本利和，變數 y1 參考第一年本利和的計算結果。

- **第 4 行**：計算第二年本利和，使用「本金乘以 (1 加上利率除以 100) 的二次方」轉換成第二年本利和，變數 y2 參考第二年本利和的計算結果。

- **第 5 行**：計算第三年本利和，使用「本金乘以 (1 加上利率除以 100) 的三次方」轉換成第三年本利和，變數 y3 參考第三年本利和的計算結果。

- **第 6 行**：顯示「第一年本利和爲」與變數 y1 的結果。

- **第 7 行**：顯示「第二年本利和爲」與變數 y2 的結果。

- **第 8 行**：顯示「第三年本利和爲」與變數 y3 的結果。

範例 2-5-5 判斷迴文

(🖊 ：ch2\2-5-5- 迴文 .py)

寫一個程式協助判斷文字是否爲迴文，若一個字串反轉過來與原來字串相同，則稱作迴文，若是迴文，則回傳 True，否則回傳 False。

解題想法

使用 [::-1] 將字串反轉，再與原來字串比較是否相同，若是迴文，則回傳 True，否則回傳 False。

```
1  s = input(' 請輸入一個字串？ ')
2  print(' 迴文判斷結果爲 ', s == s[::-1])
```

執行結果

輸入「abvba」，判斷迴文結果顯示在螢幕。

```
請輸入一個字串？ abvba
迴文判斷結果爲 True
```

程式解說

- **第 1 行**：於螢幕顯示「請輸入一個字串？」，允許使用者輸入字串，變數 s 參考到此輸入字串。

- **第 2 行**：顯示「迴文判斷結果爲」與判斷 s 與 s[::-1] 是否相同的結果。

本章習題

實作題

1. 求三數總和與平均

   求第一次期中考、第二次期中考與期末考成績，成績皆爲整數，請計算分數的加總與平均。

預覽結果

第一次期中考輸入「75」，第二次期中考輸入「80」，期末考輸入「65」，計算結果顯示在螢幕如下。

```
請輸入第一次期中考成績？ 75
請輸入第二次期中考成績？ 80
請輸入期末考成績？ 65
總分爲 220 平均爲 73.33333333333333
```

2. 英制轉公制

   將身高由英制改成公制，例如 5 尺 8 吋換算成公制，1 尺等於 12 吋，1 吋等於 2.54 公分，轉換公式爲 (5*12+8)*2.54 等於 172.72 公分。

預覽結果

輸入「5」尺，輸入「8」吋，計算結果顯示在螢幕如下。

```
請輸入幾尺？ 5
請輸入幾吋？ 8
轉換成 172.72 公分
```

3. 分組報告

因為教學需求，全班 40 位同學要進行分組報告，每五位同學一組，老師規定依座號順序分組，也就是 1 號到 5 號一組，6 號到 10 號一組，請寫一個程式允許使用者輸入座號，輸出分組的組別。

預覽結果

輸入座號，例如「19」，計算結果顯示在螢幕如下。

```
請輸入座號？ 19
組別為 4
```

4. 賣場買飲料

為了刺激銷售量，賣場通常買一打會比買一罐便宜，假設一罐賣 20 元，一打賣 200 元，請設計一個程式計算買幾罐需花多少錢，若不足一打就個別買。

預覽結果

輸入購買飲料的罐數，如「30」，計算結果顯示在螢幕如下。

```
請輸入購買飲料的罐數？ 30
需花費 520
```

2-34

5. 電腦中資料儲存單位計算

電腦為二進位系統，最小儲存單位為位元 (bit)，8 個位元變成 1 個位元組 (byte)，2^{10} byte 組成 1KB，2^{20} byte 組成 1MB，2^{30} byte 組成 1GB，2^{40} byte 組成 1TB，2^{50} byte 組成 1PB，2^{60} byte 組成 1EB，2^{70} byte 組成 1ZB，2^{80} byte 組成 1YB，請寫出一個程式計算 2^{10}、2^{20}、2^{30}、2^{40}、2^{50}、2^{60}、2^{70}、2^{80} 的十進位數值。

預覽結果

```
1KB= 1024 Byte
1MB= 1048576 Byte
1GB= 1073741824 Byte
1TB= 1099511627776 Byte
1PB= 1125899906842624 Byte
1EB= 1152921504606846976 Byte
1ZB= 1180591620717411303424 Byte
1YB= 1208925819614629174706176 Byte
```

6. 字串處理

將輸入的英文句子依序進行以下幾個步驟的處理，並將每個步驟處理的結果輸出到螢幕上。

(1) 將輸入的字串使用空白字元進行字串切割，請找出句子中所有單字，顯示所有單字出來。

(2) 將 (1) 的結果以空白字元還原回原來的字串。

(3) 將輸入的字串的所有單字的字首大寫。

預覽結果

請輸入一行英文句子？ an apple a day keeps the doctor away

將英文句子以空白字元切割後，獲得單字為 ['an', 'apple', 'a', 'day',
'keeps', 'the', 'doctor', 'away']

以空白字元結合所有單字後，獲得句子為 an apple a day keeps the doctor away

將每個單字字首轉大寫後，獲得句子為 An Apple A Day Keeps The Doctor Away

Chapter

3

資料儲存容器
tuple-串列-字典-
集合

Python 的資料儲存容器，可以分為 tuple、串列 (list)、字典 (dict) 與集合 (set) 四種，每一種結構都有其適合使用的情況與使用限制。

表 3-1　Python 的資料儲存容器說明

Python 的資料儲存容器	說明
tuple	tuple 用於依序儲存資料，可以依照順序取出資料，但不能更改，是不可變的物件。
串列 (list)	串列(list)也是用於依序儲存資料，可以依照順序取出，可以更改。
字典 (dict)	字典 (dict) 儲存的資料為「鍵 (key)」與「值 (value)」對應的資料，使用「鍵」查詢「值」。字典也可視為關聯性陣列 (associative array)。
集合 (set)	集合 (set) 儲存沒有順序性的資料，要找出資料是否存在，儲存不需要鍵與值對應的資料，就很適合使用集合。

3-1　tuple

範例 3-1

(　：ch3\3-1-tuple1.py)

使用「( )」建立 tuple，tuple 在 Python 中表示連續資料元素串接在一起，且 tuple 是不可以更改。

使用「( )」建立 tuple。

程式	執行結果
t1 = () print(t1)	()

也可以使用「,」串接資料形成 tuple。

程式	執行結果
t2 = 1, 2 ,3 print(t2)	(1, 2, 3)

只使用「,」串接資料形成 tuple，但這樣不是很明確，一般而言會再加上 () 表示是 tuple。

程式	執行結果
t3 = (1, 2, 3) print(t3)	(1, 2, 3)

可以在 tuple 使用「[ ]」取出個別元素。

程式	執行結果
t3 = (1, 2, 3) print(t3[0])	1

我們可以使用變數取出 tuple 中的元素，稱作 unpacking(開箱)。

程式	執行結果
t3 = (1, 2, 3) a, b, c= t3 print('a=', a, ',b=', b, ',c=', c)	a= 1 ,b= 2 ,c= 3

可以使用 tuple 交換兩數。

程式	執行結果
a = 10 b = 20 print(' 交換前 ','a=', a, ',b=', b) a, b = b, a print(' 交換後 ','a=', a, ',b=', b)	交換前 a= 10 ,b= 20 交換後 a= 20 ,b= 10

可以使用函式 tuple 將串列轉換成 tuple，串列將於下一個單元介紹。

程式	執行結果
list1=[1,2,3,4] t4 = tuple(list1) print(t4)	(1, 2, 3, 4)

tuple 中元素可以是 tuple，內部的 tuple 會被視爲一個元素，存取內部 tuple 需要使用兩層中括號 [] 進行存取。

程式	執行結果
t4 = (1,2,3,4) t5 = (t4,5,6) print(t5) print(len(t5)) print(t5[0][0])	((1, 2, 3, 4), 5, 6) 3 1

若只有一個元素的 tuple 需在元素後面加上逗點「,」，沒有加上逗點「,」就不是 tuple。

程式	執行結果
t6 = ('z',) print(t6)	('z',)

3-2 串列 (list)

串列爲可修改的序列資料，可以修改元素資料、新增、刪除、插入與取出元素，使用 list 函式可以將資料轉換成串列，並可以使用 [::] 取出串列的一部分。

3-2-1 新增與修改串列

(✎：ch3\3-2-1-list1.py)

1. 使用「[]」建立新的串列。

程式	執行結果
shoplist = [' 牛奶 ', ' 蛋 ', ' 咖啡豆 ', ' 西瓜 ', ' 鳳梨 '] print(' 購物清單 shoplist 爲 ') print(shoplist)	購物清單 shoplist 爲 [' 牛奶 ', ' 蛋 ', ' 咖啡豆 ', ' 西瓜 ', ' 鳳梨 ']

2. 使用「[索引值]」讀取個別元素。

程式	執行結果
shoplist = [' 牛奶 ', ' 蛋 ', ' 咖啡豆 ', ' 西瓜 ', ' 鳳梨 '] print(' 顯示 shoplist[0] 爲 ',shoplist[0])	顯示 shoplist[0] 爲 牛奶

3. 使用「len 函式」讀取串列長度。

程式	執行結果
shoplist = [' 牛奶 ', ' 蛋 ', ' 咖啡豆 ', ' 西瓜 ', ' 鳳梨 '] print(' 購物清單 shoplist 的長度爲 ', len(shoplist))	購物清單 shoplist 的長度爲 5

4. 使用「串列 [索引值]= 元素值」修改個別元素。

程式	執行結果
shoplist = [' 牛奶 ', ' 蛋 ', ' 咖啡豆 ', ' 西瓜 ', ' 鳳梨 '] shoplist[1] = ' 皮蛋 ' print(" 執行 shoplist[1] = ' 皮蛋 ' 後 ") print(shoplist)	執行 shoplist[1] = ' 皮蛋 ' 後 [' 牛奶 ', ' 皮蛋 ', ' 咖啡豆 ', ' 西瓜 ', ' 鳳梨 ']

5. 使用「函式 index」取出指定元素的索引值。

程式	執行結果
shoplist = [' 牛奶 ', ' 蛋 ', ' 咖啡豆 ', ' 西瓜 ', ' 鳳梨 '] index=shoplist.index(' 咖啡豆 ') print(" 執行 index=shoplist.index(' 咖啡豆 ') 後 ") print('index=', index)	執行 index=shoplist.index(' 咖啡豆 ') 後 index= 2

6. 使用「函式 append」將元素增加到串列的最後。

程式	執行結果
shoplist = [' 牛奶 ', ' 蛋 ', ' 咖啡豆 ', ' 西瓜 ', ' 鳳梨 '] shoplist.append(' 麵包 ') print(" 執行 shoplist.append(' 麵包 ') 後 ") print(shoplist)	執行 shoplist.append(' 麵包 ') 後 [' 牛奶 ', ' 蛋 ', ' 咖啡豆 ', ' 西瓜 ', ' 鳳梨 ', ' 麵包 ']

7. 使用「函式 insert」將元素插入到串列的指定位置。

程式	執行結果
shoplist = [' 牛奶 ', ' 蛋 ', ' 咖啡豆 ', ' 西瓜 ', ' 鳳梨 '] shoplist.insert(4, ' 蘋果 ') print(" 執行 shoplist.insert(4, ' 蘋果 ') 後 ") print(shoplist)	執行 shoplist.insert(4, ' 蘋果 ') 後 [' 牛奶 ', ' 蛋 ', ' 咖啡豆 ', ' 西瓜 ', ' 蘋果 ', ' 鳳梨 ']

8. 使用「函式 remove」將指定的元素從串列中移除。

程式	執行結果
shoplist = [' 牛奶 ', ' 蛋 ', ' 咖啡豆 ', ' 西瓜 ', ' 鳳梨 '] shoplist.remove(' 蛋 ') print(" 執行 shoplist.remove(' 蛋 ') 後 ") print(shoplist)	執行 shoplist.remove(' 蛋 ') 後 [' 牛奶 ', ' 咖啡豆 ', ' 西瓜 ', ' 鳳梨 ']

9. 使用「函式 del」將串列中第幾個元素刪除。

程式	執行結果
shoplist = [' 牛奶 ', ' 蛋 ', ' 咖啡豆 ', ' 西瓜 ', ' 鳳梨 '] del shoplist[0] print(" 執行 del shoplist[0] 後 ") print(shoplist)	執行 del shoplist[0] 後 [' 蛋 ', ' 咖啡豆 ', ' 西瓜 ', ' 鳳梨 ']

10. 使用「函式 pop」將串列中第幾個元素刪除，若不指定元素則刪除最後一個元素。

程式	執行結果
shoplist = [' 牛奶 ', ' 蛋 ', ' 咖啡豆 ', ' 西瓜 ', ' 鳳梨 '] shoplist.pop(0) print(" 執行 shoplist.pop(0) 後 ") print(shoplist) shoplist.pop() print(" 執行 shoplist.pop() 後 ") print(shoplist) shoplist.pop(-1) print(" 執行 shoplist.pop(-1) 後 ") print(shoplist)	執行 shoplist.pop(0) 後 [' 蛋 ', ' 咖啡豆 ', ' 西瓜 ', ' 鳳梨 '] 執行 shoplist.pop() 後 [' 蛋 ', ' 咖啡豆 ', ' 西瓜 '] 執行 shoplist.pop(-1) 後 [' 蛋 ', ' 咖啡豆 ']

11. 使用「函式 sort」排序串列元素。

程式	執行結果
shoplist = ['milk', 'egg', 'coffee', 'watermelon'] shoplist.sort() print(" 執行 shoplist.sort() 後 ") print(shoplist)	執行 shoplist.sort() 後 ['coffee', 'egg', 'milk', 'watermelon']

12. 串列可以包含各種資料型別的元素。

程式	執行結果
list1 = [1,2.0,3,'Python'] print(" 串列可以包含各種資料型別的元素 ") print(list1)	串列可以包含各種資料型別的元素 [1, 2.0, 3, 'Python']

13. 使用「for 變數 in 串列」可以讀取串列所有元素到「變數」，將在第 5 章詳細介紹 for 迴圈的各種應用。

程式	執行結果
shoplist = ['milk', 'egg', 'coffee', 'watermelon'] for item in shoplist: 　　print(item)	milk egg coffee watermelon

◆ 3-2-2　串接兩個串列

(：ch3\3-2-2-list2.py)

使用「+」串接兩個串列

程式	執行結果
shoplist1 = [' 牛奶 ', ' 蛋 ', ' 咖啡豆 '] shoplist2 = [' 西瓜 ', ' 鳳梨 '] shoplist_all = shoplist1 + shoplist2 print(shoplist_all)	[' 牛奶 ', ' 蛋 ', ' 咖啡豆 ', ' 西瓜 ', ' 鳳梨 ']

◇ 3-2-3　產生串列

(🎧 ：ch3\3-2-3-list3.py)

1. 使用「函式 list」產生串列，函式 list 可以輸入字串或 tuple。

程式	執行結果
list1 = list('python') print(list1) tuple2 = ('a', 'b', 1, 2) list2 = list(tuple2) print(list2)	['p', 'y', 't', 'h', 'o', 'n'] ['a', 'b', 1, 2]

2. 使用「函式 split」也會回傳串列。

程式	執行結果
list3 = "2016/1/1".split('/') print(list3)	['2016', '1', '1']

◇ 3-2-4　使用「[開始 : 結束 : 間隔]」存取串列

(🎧 ：ch3\3-2-4-list4.py)

　　使用「[開始 : 結束 : 間隔]」切割字串，從「開始」到「結束」(不包含結束的字元) 每隔「間隔」個字元取一個字元出來。

1. list[:] 表示取串列 list 的每一個元素，若沒有指定結束元素，預設使用最後一個元素結束，若沒有指定開始元素，預設使用第一個元素開始。

程式	執行結果
a = list('abcdefghijk') print('a[:] 為 ', a[:])	a[:] 為 ['a', 'b', 'c', 'd', 'e', 'f', 'g', 'h', 'i', 'j', 'k']

2. list[開始 :] 表示取串列 list[開始] 到串列 list 結束的所有元素，若沒有指定結束元素，預設使用串列 list 最後一個元素，包含最後一個元素。

3. list[: 結束] 表示取串列 list 第一個元素到串列 list[結束] 所指定元素的前 1 個元素為止的所有元素，若沒有指定開始元素，預設使用串列 list 第一個元素開始。

程式	執行結果
a = list('abcdefghijk') print('a[:5] 為 ', a[:5]) print('a[5:] 為 ', a[5:]) print('a[:-5] 為 ', a[:-5]) print('a[-5:] 為 ', a[-5:])	a[:5] 為 ['a', 'b', 'c', 'd', 'e'] a[5:] 為 ['f', 'g', 'h', 'i', 'j', 'k'] a[:-5] 為 ['a', 'b', 'c', 'd', 'e', 'f'] a[-5:] 為 ['g', 'h', 'i', 'j', 'k']

4. list[開始 : 結束] 表示取串列 list[開始] 元素到串列 list[結束] 所指定元素的前 1 個元素為止的所有元素。

程式	執行結果
a = list('abcdefghijk') print('a[0:4] 為 ', a[0:4]) print('a[-5:-3] 為 ', a[-5:-3])	a[0:4] 為 ['a', 'b', 'c', 'd'] a[-5:-3] 為 ['g', 'h']

5. list[開始 : 結束 : 間隔] 表示取串列 list [開始] 元素到串列 list[結束] 所指定元素的前 1 個元素為止的所有元素，每隔「間隔」個元素取一個元素。

程式	執行結果
a = list('abcdefghijk') print('a[1:10:3] 為 ', a[1:10:3]) print('a[-1:-4:-1] 為 ', a[-1:-4:-1])	a[1:10:3] 為 ['b', 'e', 'h'] a[-1:-4:-1] 為 ['k', 'j', 'i']

6. list[::-1] 表示反轉串列 list，反轉串列為串列中第 1 個元素與最後 1 個元素互換，第 2 個元素與倒數第 2 個元素互換，第 3 個元素與倒數第 3 個元素互換，一直到只剩下一個元素或沒有元素可以互換為止。

程式	執行結果
a = list('abcdefghijk') print('a[::-1] 為 ', a[::-1])	a[::-1] 為 ['k', 'j', 'i', 'h', 'g', 'f', 'e', 'd', 'c', 'b', 'a']

綜合上述，若「開始」沒有指定數值，以串列最開始的元素開始，也就是預設使用 0；若「結束」沒有指定數值，以串列最右邊的元素結束 (包含該元素)。若「間隔」大於 0，表示由左到右取出元素；若「間隔」小於 0，表示由右到左取出元素。

◈ 3-2-5 拷貝串列

(🖉 ：ch3\3-2-5-list5.py)

　　使用「[:]」與函式 copy 拷貝串列，會將串列複製一份與原來串列不同，是兩個不同的物件，佔有不同的記憶體空間，而使用等號「=」只是貼上變數名稱的標籤，例如：「list1 = list2」，表示 list1 與 list2 指向相同的物件，以下程式介紹兩者的差異。

　　使用等號「=」，例如「list1 = list2」，表示 list1 與 list2 指向相同的物件，當串列 list1 或串列 list2 中元素有修改，list1 與 list2 都會改變。

程式	執行結果
list1 = [1, 2, 3, 4] list2 = list1 print('list1=', list1) print('list2=', list2) list1[2]=19 print('list1=', list1) print('list2=', list2) list2[2]=18 print('list1=', list1) print('list2=', list2)	 list1= [1, 2, 3, 4] list2= [1, 2, 3, 4] list1= [1, 2, 19, 4] list2= [1, 2, 19, 4] list1= [1, 2, 18, 4] list2= [1, 2, 18, 4]

　　使用「[:]」與函式 copy 拷貝串列，會將串列複製一份，是兩個不同的物件，占有不同的記憶體空間，修改時兩者不會互相影響。

程式	執行結果
list1 = [1, 2, 3, 4] list3 = list1[:] list3[2] = 19 print('list1=', list1) print('list3=', list3) list4 = list1.copy() list4[2] = 19 print('list1=', list1) print('list4=', list4)	 list1= [1, 2, 3, 4] list3= [1, 2, 19, 4] list1= [1, 2, 3, 4] list4= [1, 2, 19, 4]

3-3　字典 (dict)

字典 (dict) 儲存的資料為「鍵 (key)」與「值 (value)」對應的資料，使用「鍵」可以搜尋對應的「值」，字典中的「鍵」需使用不可以變的元素，例如：數字、字串與 tuple。字典可以新增、刪除、更新與合併兩個字典。

◇ 3-3-1　新增與修改字典

(💿 : ch3\3-3-1-dict1.py)

1. 使用「{}」建立新的字典，字典以「鍵 (key): 值 (value)」表示一個元素，在「鍵」與「值」的中間使用一個冒號「:」。

程式	執行結果
dict1={} print(dict1) lang={' 早安 ':'Good Morning', ' 你好 ':'Hello' } print(lang)	{} {' 你好 ': 'Hello', ' 早安 ': 'Good Morning'}

2. 使用「字典 [鍵]」讀取鍵 (key) 所對應的值 (value)。

程式	執行結果
lang={' 早安 ':'Good Morning', ' 你好 ':'Hello'} print('「你好」的英文為 ',lang[' 你好 '])	「你好」的英文為 Hello

若「字典 [鍵]」所讀取的鍵不存在字典內，會發出 KeyError 的例外 (exception)，程式無法執行完畢，所以此行以「#」進行註解，程式才能正確執行。若要執行此行則要將「#」去除，程式就會發出 KeyError 的例外。

程式	執行結果
lang={' 早安 ':'Good Morning', ' 你好 ':'Hello'} print('「你好嗎」的英文為 ',lang[' 你好嗎 '])	Traceback (most recent call last): 　File "G:\ch3\3-3-1-dict1.py", line 6, in <module> 　　print('「你好嗎」的英文為 ',lang[' 你好嗎 ']) KeyError: ' 你好嗎 '

3. 使用「函式 get」讀取「鍵」所對應的「值」，若「鍵」不存在字典內，則回傳 None，程式會繼續執行，若在 get 函式增加第二個參數，若「鍵」不存在字典內，則回傳第二個參數所輸入的資料。

程式	執行結果
lang={' 早安 ':'Good Morning', ' 你好 ':'Hello'} print(' 「你好」的英文為 ',lang.get(' 你好 ')) print(' 「你好嗎」的英文為 ',lang.get(' 你好嗎 ')) print(' 「你好嗎」的英文為 ',lang.get(' 你好嗎 ',' 不在字典內 '))	「你好」的英文為 Hello 「你好嗎」的英文為 None 「你好嗎」的英文為 不在字典內

4. 使用「字典 [鍵]= 值」修改個別元素與新增元素，若「鍵」存在字典內，則修改該鍵所對應的值；若「鍵」不存在字典內，則新增該鍵與值的對應。

程式	執行結果
lang={' 早安 ':'Good Morning', ' 你好 ':'Hello'} lang[' 你好 ']='Hi' print(lang) lang[' 學生 ']='Student' print(lang)	{' 早安 ': 'Good Morning', ' 你好 ': 'Hi'} {' 學生 ': 'Student', ' 早安 ': 'Good Morning', ' 你好 ': 'Hi'}

5. 使用「del 字典 [' 鍵 ']」會將字典中指定的「鍵」刪除，所對應的「值」也會刪除。

程式	執行結果
lang={' 早安 ':'Good Morning', ' 你好 ':'Hello'} del lang[' 早安 '] print(lang)	{' 你好 ': 'Hello'}

6. 使用「函式 clear」清空整個字典。

程式	執行結果
lang={' 早安 ':'Good Morning', ' 你好 ':'Hello'} lang.clear() print(lang)	{}

◇▶ 3-3-2 將 tuple 或串列轉換成字典

(💿 : ch3\3-3-2-dict2.py)

使用「函式 dict」將 tuple 或串列轉換成字典，可以串列中包含串列，串列中包含 tuple，tuple 中包含串列，tuple 中包含 tuple，內層的串列或 tuple 使用兩個元素對應，前者會轉換成「鍵」，而後者轉換成「值」。

程式	執行結果
a=[[' 早安 ','Good Morning'],[' 你好 ','Hello']] dict1=dict(a) print(dict1)	{' 早安 ': 'Good Morning', ' 你好 ': 'Hello'}
b=[(' 早安 ','Good Morning'),(' 你好 ','Hello')] dict2=dict(b) print(dict2)	{' 早安 ': 'Good Morning', ' 你好 ': 'Hello'}
c=([' 早安 ','Good Morning'],[' 你好 ','Hello']) dict3=dict(c) print(dict3)	{' 早安 ': 'Good Morning', ' 你好 ': 'Hello'}
d=((' 早安 ','Good Morning'),(' 你好 ','Hello')) dict4=dict(d) print(dict4)	{' 早安 ': 'Good Morning', ' 你好 ': 'Hello'}

◇▶ 3-3-3 使用「函式 update」合併兩個字典

(💿 : ch3\3-3-3-dict3.py)

使用「函式 update」將兩個字典合併成一個字典，例如：dict1.update(dict2)，若有重複的「鍵」，會將 dict2 的「鍵」與「值」取代 dict1 的「鍵」與「值」。

程式	執行結果
lang1={' 你好 ':'Hello'} lang2={' 學生 ':'Student'} lang1.update(lang2) print(lang1)	{' 學生 ': 'Student', ' 你好 ': 'Hello'}
lang1={' 早安 ':'Good Morning',' 你好 ':'Hello'} lang2={' 你好 ':'Hi'} lang1.update(lang2) print(lang1)	{' 早安 ': 'Good Morning', ' 你好 ': 'Hi'}

◆ 3-3-4 使用「函式 copy」複製字典

(：ch3\3-3-4-dict4.py)

使用「函式 copy」複製字典，例如：dict2=dict1.copy()，會複製 dict1 到 dict2，dict1 與 dict2 指向不同的字典物件，若更改字典 dict1 的元素，並不會修改字典 dict2；若使用「dict2=dict1」，則 dict1 與 dict2 指向同一個字典物件，修改字典 dict1 的元素，字典 dict2 也會更改。

程式	執行結果
lang1={' 早安 ':'Good Morning',' 你好 ':'Hello'} lang2 = lang1 lang2[' 你好 ']='Hi' print('lang1 爲 ', lang1) print('lang2 爲 ', lang2) lang1={' 早安 ':'Good Morning',' 你好 ':'Hello'} lang3 = lang1.copy() lang3[' 你好 ']='Hi' print('lang1 爲 ', lang1) print('lang3 爲 ', lang3)	lang1 爲 {' 你好 ': 'Hi', ' 早安 ': 'Good Morning'} lang2 爲 {' 你好 ': 'Hi', ' 早安 ': 'Good Morning'} lang1 爲 {' 你好 ': 'Hello', ' 早安 ': 'Good Morning'} lang3 爲 {' 你好 ': 'Hi', ' 早安 ': 'Good Morning'}

◆ 3-3-5 使用「for」讀取字典每個元素

(：ch3\3-3-5-dict5.py)

使用「for」讀取字典每個元素，配合字典的「函式 items」會回傳「鍵」與「值」兩個元素，配合字典的「函式 keys」會回傳「鍵」，而配合字典的「函式 values」會回傳「值」，詳細 for 迴圈的使用會在本書第 5 章。

程式	執行結果

lang={' 早安 ':'Good Morning',' 你好 ':'Hello'}
for ch, en in lang.items():
    print(' 中文爲 ', ch, ' 英文爲 ', en)
for ch in lang.keys():
    print(ch,lang[ch])
for en in lang.values():
    print(en)
	中文爲 你好 英文爲 Hello
	中文爲 早安 英文爲 Good Morning
	你好 Hello
	早安 Good Morning
	Hello
	Good Morning

3-4　集合 (set)

集合 (set) 儲存沒有順序性的資料，要找出資料是否存在，集合內元素不能重複，集合會自動刪除重複的元素。

◇ 3-4-1　新增與修改集合

(💾 : ch3\3-4-1-set1.py)

使用「set()」或「{}」建立新的集合，集合會自動刪除重複的元素，「set()」只能使用一個參數，這個參數可以是字串、tuple、串列或字典都可以建立集合。

程式	執行結果
s = {1,2,3,4} print(s) s = set(('a',1,'b',2)) print(s) s = set(['apple', 'banana', 'apple']) print(s) s = set({' 早安 ':'Good Morning', ' 你好 ':'Hello'}) print(s) s = set('racecar') print(s)	{1, 2, 3, 4} {1, 2, 'b', 'a'} {'apple', 'banana'} {' 早安 ', ' 你好 '} {'r', 'e', 'c', 'a'}

使用「函式 add」新增集合元素，使用「函式 remove」刪除集合元素。

程式	執行結果
s = set('tiger') print(s) s.add('z') print(s) s.remove('t') print(s)	{'g', 't', 'i', 'e', 'r'} {'g', 'i', 'z', 'e', 'r', 't'} {'g', 'i', 'z', 'e', 'r'}

◆ 3-4-2　集合的運算

(🔗 ：ch3\3-4-2-set2.py)

可以將任兩個集合進行聯集 (|)、交集 (&)、差集 (-) 與互斥或 (^) 運算，下表介紹這四種運算。

表 3-2　集合的運算說明

集合運算	說明	範例	結果
聯集 (|)	A|B 元素存在集合 A 或存在集合 B。	a = set('tiger') b = set('bear') print(a) print(b) a = set('tiger') b = set('bear') print(a | b)	{'r', 'i', 'g', 'e', 't'} {'r', 'a', 'e', 'b'} {'a', 'g', 'r', 'i', 'b', 'e', 't'}
交集 (&)	A&B 元素存在集合 A 且存在集合 B。	a = set('tiger') b = set('bear') print(a & b)	{'r', 'e'}
差集 (-)	A-B 元素存在集合 A，但不存在集合 B。	a = set('tiger') b = set('bear') print(a - b)	{'t', 'i', 'g'}
互斥或 (^)	元素存在集合 A，但不存在集合 B，或元素存在集合 B，但不存在集合 A。	a = set('tiger') b = set('bear') print(a ^ b)	{'i', 'a', 'b', 't', 'g'}

◆ 3-4-3　集合的比較

(🔗 ：ch3\3-4-3-set3.py)

可以將任兩個集合進行子集合 (<=)、眞子集合 (<)、超集合 (>=) 與眞超集合 (>) 等四個比較運算，下表介紹這四種比較運算。

表 3-3　集合的比較

集合運算	說明	範例	結果
子集合 (<=) issubset()	A<=B 相等於 A.issubset(B) 存在集合 A 的每個元素，也一定存在於集合 B， 則回傳 True，否則回傳 False。	a = set('tiger') b = set('tigers') print(a<=b)	True
眞子集合 (<)	A<B 存在集合 A 的每個元素，也一定存在於集合 B， 且集合 B 至少有一個元素不存在於集合 A，則 回傳 True，否則回傳 False。	a = set('tiger') b = set('tigers') print(a<b)	True
超集合 (>=) issuperset()	A>=B 相等於 A.issuperset(B) 存在集合 B 的每個元素，也一定存在於集合 A， 則回傳 True，否則回傳 False。	a = set('tiger') b = set('tigers') print(a>=b)	False
眞超集合 (>)	A>B 存在集合 B 的每個元素，也一定存在於集合 A， 且集合 A 至少有一個元素不存在於集合 B，則 回傳 True，否則回傳 False。	a = set('tiger') b = set('tigers') print(a>b)	False

3-5　範例練習

範例 3-5-1 待辦事項

(💿 ：ch3\3-5-1- 待辦事項 .py)

請設計一個程式將輸入的五項工作加入串列中，取出最先加入的兩項工作，顯示取出的工作與剩餘的工作，接著取出最後加入的一項工作，顯示取出的工作與剩餘的工作。

解題想法

利用串列紀錄待辦事項，使用函式 append 將工作加入待辦事項，函式 pop 取出待辦事項，使用函式 print 顯示待辦事項。

```
1    待辦事項 = []
2    工作 = input(' 請輸入待辦事項？ ')
3    待辦事項 .append( 工作 )
4    工作 = input(' 請輸入待辦事項？ ')
5    待辦事項 .append( 工作 )
6    工作 = input(' 請輸入待辦事項？ ')
7    待辦事項 .append( 工作 )
8    工作 = input(' 請輸入待辦事項？ ')
9    待辦事項 .append( 工作 )
10   工作 = input(' 請輸入待辦事項？ ')
11   待辦事項 .append( 工作 )
12   print( 待辦事項 .pop(0), 待辦事項 .pop(0), 待辦事項 )
13   print( 待辦事項 .pop(), 待辦事項 )
```

執行結果

```
請輸入待辦事項？打球
請輸入待辦事項？閱讀
請輸入待辦事項？吃飯
請輸入待辦事項？借書
請輸入待辦事項？寫程式
打球 閱讀 [' 吃飯 ', ' 借書 ', ' 寫程式 ']
寫程式 [' 吃飯 ', ' 借書 ']
```

程式解說

● 第 1 行：設定待辦事項為空串列。

● 第 2 行：顯示「請輸入待辦事項？」在螢幕上，經由 input 函式允許輸入字串，變數「工作」參考到此輸入字串。

● 第 3 行：使用函式 append 將變數「工作」加入到串列「待辦事項」。

● 第 4 行：顯示「請輸入待辦事項？」在螢幕上，經由 input 函式允許輸入字串，變數「工作」參考到此輸入字串。

● 第 5 行：使用函式 append 將變數「工作」加入到串列「待辦事項」。

● 第 6 行：顯示「請輸入待辦事項？」在螢幕上，經由 input 函式允許輸入字串，變數「工作」參考到此輸入字串。

● 第 7 行：使用函式 append 將變數「工作」加入到串列「待辦事項」。

- 第 8 行：顯示「請輸入待辦事項？」在螢幕上，經由 input 函式允許輸入字串，變數「工作」參考到此輸入字串。
- 第 9 行：使用函式 append 將變數「工作」加入到串列「待辦事項」。
- 第 10 行：顯示「請輸入待辦事項？」在螢幕上，經由 input 函式允許輸入字串，變數「工作」參考到此輸入字串。
- 第 11 行：使用函式 append 將變數「工作」加入到串列「待辦事項」。
- 第 12 行：使用串列「待辦事項」的函式 pop，輸入數值 0，表示取出最先加入的工作，使用函式 print 顯示到螢幕上，接著再次使用串列「待辦事項」的函式 pop，輸入數值 0，表示取出最先加入的工作，使用函式 print 顯示到螢幕上，最後顯示整個串列「待辦事項」到螢幕上。
- 第 13 行：使用串列「待辦事項」的函式 pop，不輸入任何值，表示取出最後加入的工作，使用函式 print 顯示到螢幕上，最後顯示整個串列「待辦事項」到螢幕上。

範例 3-5-2 製作英翻中字典

(　：ch3\3-5-2- 製作英翻中字典 .py)

請設計一個程式將英文單字翻譯成中文，輸入英文可以查詢到對應的中文，顯示字典的英文單字有哪些，與顯示整個字典。

解題想法

英文與中文對應的關係儲存到字典 (dict) 結構內，使用字典的功能完成程式。

```
1  字典 = {'dog':' 狗 ', 'fish':' 魚 ', 'cat':' 貓 ', 'pig':' 豬 '}
2  print( 字典 .keys())
3  print( 字典 )
4  英文 = input(' 請輸入一個英文單字？ ')
5  print( 字典 .get( 英文 ,' 字典找不到該單字 '))
```

執行結果

第一次執行輸入「dog」，結果如下。

```
dict_keys(['cat', 'dog', 'fish', 'pig'])
{'cat': ' 貓 ', 'fish': ' 魚 ', 'dog': ' 狗 ', 'pig': ' 豬 '}
請輸入一個英文單字？ dog
狗
```

第二次執行輸入「turtle」，結果如下。

```
dict_keys(['cat', 'dog', 'fish', 'pig'])
{'cat': ' 貓 ', 'fish': ' 魚 ', 'dog': ' 狗 ', 'pig': ' 豬 '}
請輸入一個英文單字？ turtle
字典找不到該單字
```

程式解說

- 第 1 行：建立四個單字的字典，指定給變數「字典」。
- 第 2 行：使用函式 print 顯示變數「字典」的函式 keys 的結果到螢幕上。
- 第 3 行：使用函式 print 顯示變數「字典」到螢幕上。
- 第 4 行：顯示「請輸入一個英文單字？」在螢幕上，經由 input 函式允許輸入字串，變數「英文」參考到此字串。
- 第 5 行：使用變數「字典」的函式「get」，若找出變數「英文」對應的中文，使用函式 print 顯示查詢的結果到螢幕上；若沒有找到則函式 get 回傳「字典找不到該單字」，最後使用函式 print 顯示結果到螢幕上上。

範例 3-5-3 找出一首詩的所有字

(：ch3\3-5-3- 找出一首詩的所有字 .py)

請設計一個程式找出一首詩的所有字，本範例使用唐詩「春曉」，作者「孟浩然」，重複的字只顯示一個就可以。

解題想法

將詩儲存到集合 (set) 結構內，使用集合的功能完成程式。

```
1  詩 = ' 春眠不覺曉，處處聞啼鳥。夜來風雨聲，花落知多少。'
2  字 = set( 詩 )
3  字 .remove(' ，')
4  字 .remove(' 。')
5  print( 字 )
```

執行結果

```
{' 聲 ',' 聞 ',' 夜 ',' 來 ',' 不 ',' 風 ',' 知 ',' 多 ',' 少 ',' 鳥 ',' 眠 ',' 落 ',' 曉 ',' 啼 ',' 雨 ',' 花 ', ' 春 ',' 處 ',' 覺 '}
```

程式解說

● 第 1 行：將字串「春眠不覺曉，處處聞啼鳥。夜來風雨聲，花落知多少。」，指定給變數「詩」。

● 第 2 行：使用函式 set，以變數「詩」為輸入，產生字的集合，指定給變數「字」。

● 第 3 行：使用變數「字」的函式 remove，刪除變數「字」中的逗點「，」。

● 第 4 行：使用變數「字」的函式 remove，刪除變數「字」中的逗點「。」。

● 第 5 行：使用函式 print 顯示變數「字」到螢幕上。

範例 3-5-4 複雜的結構

(💿：ch3\3-5-4- 複雜的結構 .py)

tuple、串列、字典與字典都可以互相包含組成更大的結構，假設有以下兩個串列。

> 星期 = ['Sunday', 'Monday', 'Tuesday', 'Wednesday', 'Thursday', 'Friday', 'Saturday']
> 月份 = ['January', 'February', 'March', 'April', 'May', 'June', 'July', 'August', 'September', 'October', 'November', 'December']

使用「week」對應到串列「星期」，使用「month」對應到串列「月份」，製作字典 dic，產生字典 dic 的程式，如下。

> dic = {'week': 星期 , 'month': 月份 }

請寫出一個程式，從字典 dic 取出串列「月份」，從字典 dic 取出串列「月份」的「August」。

解題想法

綜合字典與串列的概念解題。

```
1  星期 = ['Sunday', 'Monday', 'Tuesday', 'Wednesday', 'Thursday', 'Friday', 'Saturday']
2  月份 = ['January', 'February', 'March', 'April', 'May', 'June', \
3      'July', 'August', 'September', 'October', 'November', 'December']
4  dic = {'week': 星期 , 'month': 月份 }
5  print(dic['month'])
6  print(dic['month'][7])
```

執行結果

['January', 'February', 'March', 'April', 'May', 'June', 'July', 'August', 'September', 'October', 'November', 'December']
August

程式解說

- 第 1 行：產生串列「'Sunday', 'Monday', 'Tuesday', 'Wednesday', 'Thursday', 'Friday', 'Saturday'」，變數「星期」參考到此串列。
- 第 2 到 3 行：產生串列「'January', 'February', 'March', 'April', 'May', 'June', 'July', 'August', 'September', 'October', 'November', 'December'」，變數「月份」參考到此串列。
- 第 4 行：使用「week」對應到串列「星期」，使用「month」對應到串列「月份」，製作字典 dic。
- 第 5 行：取字典「dic」中鍵為「month」對應值，使用函式 print 顯示在螢幕上。
- 第 6 行：取字典「dic」中鍵為「month」對應值的第 8 個元素，使用函式 print 顯示在螢幕上。

實作題

1. 存取串列中元素

   請寫一個程式允許使用者輸入一句英文句子，去除前後的空白或句點，使用 split 分割英文句子成為串列，將串列反轉顯示出來。

預覽結果

英文句子輸入「an apple a day keeps the doctor away」，結果顯示在螢幕如下。

請輸入一行英文句子？ an apple a day keeps the doctor away
['away', 'doctor', 'the', 'keeps', 'day', 'a', 'apple', 'an']

2. 找出及格的人

   給定全班姓名集合、數學成績及格的姓名集合與英文成績及格的姓名集合，請找出數學與英文都及格的人、數學不及格的人、英文及格且數學不及格的人。

   給定的全班姓名集合、數學成績及格的姓名集合與英文成績及格的姓名集合，如下。

   全班學生 = set(['John', 'Mary', 'Tina', 'Fiona', 'Claire', 'Eva', 'Ben', 'Bill', 'Bert'])

   英文及格 = set(['John', 'Mary', 'Fiona', 'Claire', 'Ben', 'Bill'])

   數學及格 = set(['Mary', 'Fiona', 'Claire', 'Eva', 'Ben'])

預覽結果

英文與數學都及格 {'Claire', 'Ben', 'Mary', 'Fiona'}
數學不及格 {'Bill', 'John', 'Tina', 'Bert'}
英文及格且數學不及格 {'Bill', 'John'}

3. 找出兩首詩共同的字

給定兩首唐詩,「紅豆生南國,春來發幾枝?願君多采擷,此物最相思。」<作者:王維>與「春眠不覺曉,處處聞啼鳥。夜來風雨聲,花落知多少。」<作者:孟浩然>,請找出這兩首詩去除標點符號後共同的字。

預覽結果

```
{'來','春','多'}
```

4. 製作電子郵件通訊錄

輸入三個人的姓名與電子郵件,可以藉由姓名找出電子郵件。

預覽結果

輸入第一個人姓名為「John」,電子郵件為「john@xxx.tw」,輸入第二個人姓名為「Claire」,電子郵件為「claire@xxx.tw」,輸入第三個人姓名為「Fiona」,電子郵件為「fiona@xxx.tw」,最後查詢姓名「Claire」的電子郵件,結果顯示在螢幕如下。

```
請輸入姓名? John
請輸入電子郵件? john@xxx.tw
請輸入姓名? Claire
請輸入電子郵件? claire@xxx.tw
請輸入姓名? Fiona
請輸入電子郵件? fiona@xxx.tw
請輸入要查詢電子郵件的姓名? Claire
claire@xxx.tw
```

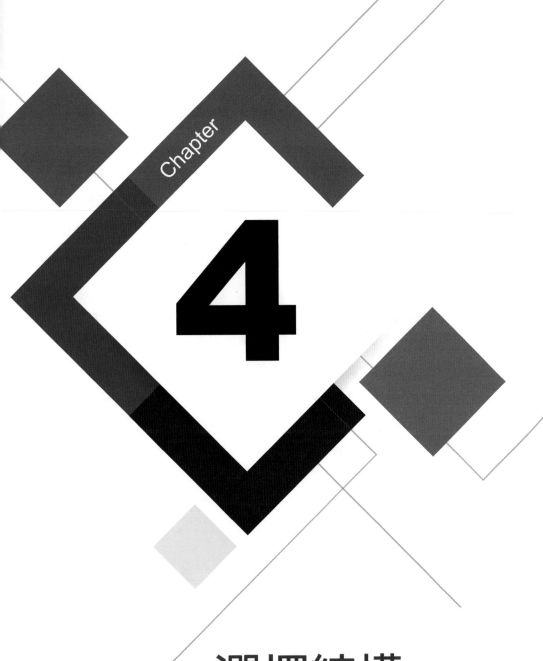

Chapter

4

選擇結構

Jupyter Notebook 範例檔：ch4\ch4.ipynb

程式的三個主要結構為循序結構、選擇結構與重複結構。善用這三種結構可以寫出解決問題的程式。

1. 循序結構：為程式有從第一行開始逐行執行的特性，第一行執行完畢後執行第二行，第二行執行完畢後執行第三行，直到程式執行結束

2. 選擇結構：為若條件測試的結果為真，則做條件測試為真的動作，否則執行條件測試為假的動作，例如：若成績大於等於 60 分，則輸出及格，否則輸出不及格。

3. 重複結構：讓電腦重複執行某個區塊的程式多次，電腦適合做重複的工作，例如：求 1+2+3+…+1000，使用重複結構可在很短時間內重複執行相加的程式，直到求出加總的結果。重複結構將於下一章介紹。

日常生活中也有許多選擇結構的對話，「若明天天氣好的話，我們就去游泳，否則就待在家裡」。程式語言提供選擇結構的程式結構，讓使用者可以於程式中使用。邏輯上的語意為「若測試條件成立，則執行條件成立的動作，否則執行條件不成立的動作」，許多問題的解決過程，都會遇到選擇結構，例如：登入系統時需要驗證帳號和密碼，正確則可登入系統，否則跳到登入畫面，重新輸入帳號與密碼。選擇結構分成單向選擇結構、雙向選擇結構、多向選擇結構與巢狀選擇結構，以下分別說明。

4-1　單向選擇結構

單向選擇結構是最簡單的選擇結構，日常生活上經常用到，例如：「若週末天氣好的話，我們就去打球」。單向選擇結構只做測試條件為真時，執行條件為真的動作，只有一個方向的選擇，因此稱做單向選擇結構。

表 4-1　單向選擇結構

單向選擇程式語法	程式範例
if 條件判斷： 　　條件成立的敘述	if score >= 60: 　　print(" 很好，請繼續保持下去 ")
說明	
若變數 score 大於等於 60，則顯示「很好，請繼續保持下去」。	

在介紹條件判斷流程圖之前，我們要先介紹流程圖的圖示，如表 4-2。

表 4-2　流程圖圖示介紹

流程圖圖示	意義
⟶	程式的流程，表示程式的處理順序，表示循序結構。
◇	條件選擇，於菱形內寫入條件判斷，表示選擇結構。
▭	程式的敘述區塊，寫出所需完成的功能。
▢	程式的開始或結束。
▱	程式所需的輸入與輸出。
○	流程圖的連接點，代表流程圖的進入點或離開點。當流程圖過長可以使用連接點將一個過長流程圖切割成多個流程圖組合起來。

重複結構可由上述元件組合而成，重複結構的流程圖表示請參閱重複結構單元。

流程圖

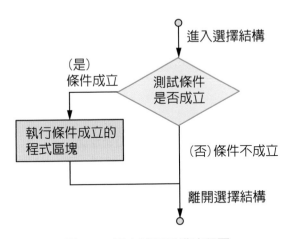

圖 4-1　單向選擇結構流程圖

Python 程式撰寫的注意事項，有以下幾點：

1. 條件成立要做的動作有哪些，可能不只一行程式，那到底有幾行，Python 程式碼以縮行表示執行的範圍。

2. 條件成立要做什麼，需要執行的每一行程式碼都要縮相同的空白鍵 (space) 個數，通常使用 4 個空白鍵，所以「if 條件判斷：」後面接的條件成立的動作，每一行都需要以 4 個空白鍵開頭，表示執行的範圍。

3. Tab 也可用於表示縮行，但是空白鍵與 Tab 鍵不要混用，整個程式只能從頭到尾選擇其中一種進行縮行。

有了這樣的概念後，我們就舉個實例進行說明。

範例 4-1-1 判斷及格

(🖱 ：ch4\4-1-1- 判斷及格 .py)

寫一個程式判斷所輸入成績是否及格，成績及格則顯示「很好，請繼續保持下去」。

解題想法

可以使用單向選擇結構撰寫程式，判斷成績是否及格，及格就顯示「很好，請繼續保持下去」。

流程圖

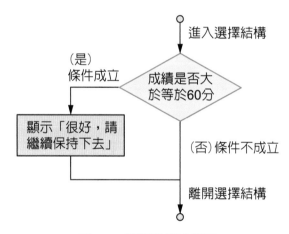

圖 4-2　判斷及格流程圖

程式碼

```
1   score = int(input(' 請輸入一個成績？ '))
2   if score >= 60:
3       print(' 很好，請繼續保持下去 ')
```

執行結果

輸入成績「60」，結果顯示在螢幕。

```
請輸入一個成績？ 60
很好，請繼續保持下去
```

程式解說

● **第 1 行**：於螢幕顯示「請輸入一個成績？」，允許使用者輸入成績，並經由 int 函式轉換成整數物件，變數 score 參考到此整數物件。

● **第 2 到 3 行**：使用條件判斷 (if) 對 score 做判斷，若大於等於 60 分，就輸出「很好，請繼續保持下去」。

4-2　雙向選擇結構

　　雙向選擇結構比起單向選擇結構更複雜一些，日常生活上屬於雙向選擇的對話，例如：「若週末天氣好的話，我們就出去打球，否則去看電影」。雙向選擇結構為當測試條件為真時，執行測試條件為真的動作；否則做測試條件為假的動作。有兩個方向的選擇，因此稱做雙向選擇結構。

表 4-3　雙向選擇結構

雙向選擇程式語法	程式範例 (滿 2000 打九折)

if 條件判斷 :
　　條件成立的敘述
else:
　　條件不成立的敘述
	if cost >= 2000:
	　　print(cost*0.9)
	else:
	　　print(cost)

說明	
若 cost 大於等於 2000，則顯示為 cost 的值打九折，否則顯示 cost 的值	

流程圖

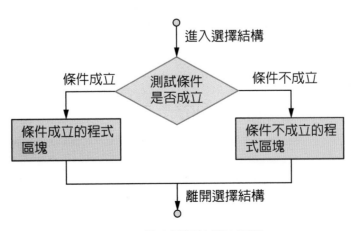

圖 4-3　雙向選擇結構流程圖

範例 4-2-1 滿 2000 打九折

(💿 ：ch4\4-2-1- 滿 2000 打九折 .py)

採買物品時，有時會遇到店家爲了刺激消費，會使用滿額折扣，如：滿 2000 打九折，未滿 2000 則不打折，請寫一個程式幫助店家計算顧客所需付出的金額。

解題想法

可以使用雙向選擇結構撰寫程式，判斷購買金額是否在 2000 元以上，若購買金額在 2000 元以上，輸出購買金額乘以 0.9；否則依照原價輸出。

流程圖

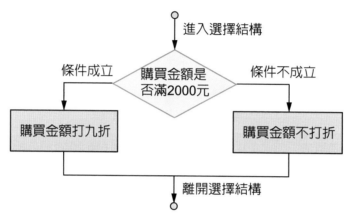

圖 4-4　滿 2000 打九折流程圖

程式碼

```
1  cost = int(input(' 請輸入購買金額？ '))
2  if cost >= 2000:
3      print(cost * 0.9)
4  else:
5      print(cost)
```

執行結果

輸入購買金額「2000」，結果顯示在螢幕。

```
請輸入購買金額？ 2000
1800.0
```

程式解說

● 第 1 行：於螢幕顯示「請輸入購買金額？」，允許使用者這輸入購買金額，並經由 int 函式轉換成整數物件，變數 cost 參考到此整數物件。

● 第 2 到 5 行：條件判斷 (if) 對 cost 做判斷，大於等於 2000 就將該數值打九折 (第 2 到 3 行)，否則該數值不打折 (第 4 到 5 行)。

範例 4-2-2 判斷奇偶數

(💿：ch4\4-2-2- 判斷奇偶數 .py)

請寫一個程式判斷輸入的值是奇數還是偶數，通常會以求除以 2 的餘數，若餘數為 0 表示輸入的數為偶數，否則輸入的數為奇數。

解題想法

可以使用雙向選擇結構撰寫程式，判斷輸入值除以 2 的餘數，若餘數不為 0，則輸出該數為奇數；否則輸出該數為偶數。

流程圖

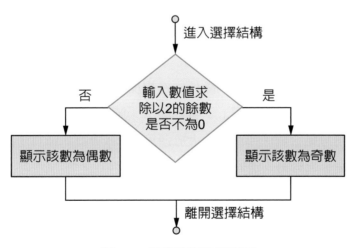

圖 4-5　判斷奇偶數流程圖

程式碼

```
1    num = int(input(' 請輸入一個整數？ '))
2    if num%2:
3        print(num, ' 為奇數 ')
4    else:
5        print(num, ' 為偶數 ')
```

執行結果

輸入一個數字「13」，顯示結果在螢幕上。

> 請輸入一個整數？ 13
> 13 為奇數

程式解說

● 第 1 行：於螢幕顯示「請輸入一個整數？」，允許使用者這輸入整數，並經由 int 函式轉換成整數物件，變數 num 參考到此整數物件。

● 第 2 到 5 行：利用條件判斷 (if) 對 num 做判斷，取 2 的餘數，若餘數不為 0(表示 Ture)，則顯示變數 num 的值與「為奇數」(第 2 到 3 行)，否則餘數為 0，則變數 num 的值與「為偶數」(第 4 到 5 行)。

範例 4-2-3 三角形判斷

(🖰：ch4\4-2-3- 三角形判斷 .py)

設計一個程式允許輸入三角形三邊長，分別為 a、b 與 c，根據三角形中任兩邊相加要大於第三邊，判斷是否為三角形。

解題想法

可以使用雙向選擇結構撰寫程式，判斷任兩邊相加是否大於第三邊，若任兩邊相加大於第三邊，則顯示「可構成三角形」；否則顯示「無法構成三角形」。任兩邊相加是否大於第三邊，可以結合關係運算子的大於運算子 (>) 與邏輯運算子的且運算子 (and) 完成任兩邊相加是否大於第三邊的判斷。

流程圖

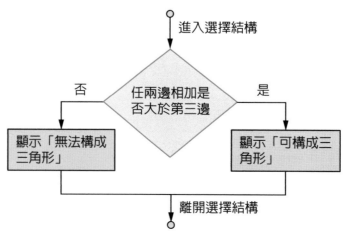

　　　　　　　　圖 4-6　三角形判斷流程圖

程式碼

```
1    a = int(input(' 請輸入三角形邊長 a 長度為？'))
2    b = int(input(' 請輸入三角形邊長 b 長度為？'))
3    c = int(input(' 請輸入三角形邊長 c 長度為？'))
4    if (a<b+c)and(b<a+c)and(c<a+b):
5        print(' 可構成三角形 ')
6    else:
7        print(' 無法構成三角形 ')
```

執行結果

輸入三邊長分別為 3，4 與 5，結果顯示在螢幕。

```
請輸入三角形邊長 a 長度為？3
請輸入三角形邊長 b 長度為？4
請輸入三角形邊長 c 長度為？5
可構成三角形
```

程式解說

● **第 1 行**：於螢幕顯示「請輸入三角形邊長 a 長度為？」，允許使用者這輸入整數，並經由 int 函式轉換成整數物件，變數 a 參考到此整數物件。

● **第 2 行**：於螢幕顯示「請輸入三角形邊長 b 長度為？」，允許使用者這輸入整數，並經由 int 函式轉換成整數物件，變數 b 參考到此整數物件。

● **第 3 行**：於螢幕顯示「請輸入三角形邊長 c 長度為？」，允許使用者這輸入整數，並經由 int 函式轉換成整數物件，變數 c 參考到此整數物件。

● **第 4 到 5 行**：判斷是否 (a<b+c) 且 (b<a+c) 且 (c<a+b) 條件成立，若條件成立，則顯示「可構成三角形」。

● **第 6 到 7 行**：否則顯示「無法構成三角形」。

4-3　多向選擇結構

除了單向選擇與雙向選擇外，更廣義的選擇結構是多向選擇，意即選擇結構中還可以加入選擇結構，單向選擇與雙向選擇為多向選擇結構的特例，多向選擇結構讓程式執行路徑可以有無限多種選項。

　　我們可以使用多個 if-elif-else 來達成多向選擇結構，以成績與評語對應關係爲例來介紹多向選擇結構。例如：假設成績與評語有對應關係，若成績大於等於 80 分，評語爲「非常好」；否則若成績大於等於 60 分，也就是小於 80 分且大於等於 60 分，評語爲「不錯喔」；否則評語爲「要加油」，也就是小於 60 分，這就是多向選擇結構。

　　多向選擇結構可以使用多個 if-elif-else 串接起來，以下說明多向選擇結構語法。

表 4-4　多向選擇結構

多向選擇結構語法	程式範例（分數與評語）

if 條件判斷 1:
　　條件判斷 1 成立的敘述
elif 條件判斷 2:
　　條件判斷 1 不成立且條件判斷 2 成立的敘述
else:
　　條件判斷 1 不成立且條件判斷 2 不成立的敘述
	if score >= 80:
	　　print(' 非常好 ')
	elif score >= 60:
	　　print(' 不錯喔 ')
	else:
	　　print(' 要加油 ')

流程圖

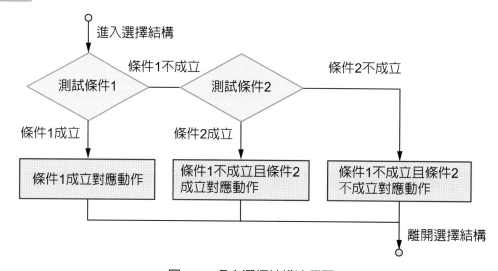

圖 4-7　多向選擇結構流程圖

範例 4-3-1 分數與評語

（　：ch4\4-3-1- 分數與評語 .py）

寫一個程式若成績大於等於 80 分，評語爲「非常好」，否則若成績大於等於 60 分，評語爲「不錯喔」，否則評語爲「要加油」，將以上敘述表示如爲表格，如表 4-5。

表 4-5 分數與評語

成績	評語
成績 >=80	非常好
80> 成績 >=60	不錯喔
成績 <60	要加油

解題想法

可以使用多向選擇結構撰寫程式，若成績是否大於等於 80，則顯示「非常好」，否則若成績大於等於 60，則顯示「不錯喔」，否則顯示「要加油」。

流程圖

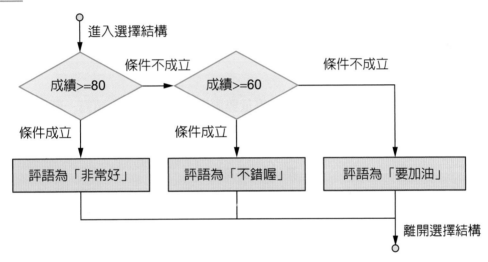

圖 4-8 分數與評語流程圖

程式碼

```
1   score = int(input(' 請輸入一個成績？ '))
2   if score >= 80:
3       print(' 非常好 ')
4   elif score >= 60:
5       print(' 不錯喔 ')
6   else:
7       print(' 要加油 ')
```

執行結果

輸入成績「60」，結果顯示在螢幕。

```
請輸入一個成績？ 60
不錯喔
```

程式解說

● **第 1 行**：於螢幕顯示「請輸入一個成績？」，允許使用者輸入成績，並經由 int 函式轉換成整數物件，變數 score 參考到此整數物件。

● **第 2 到 7 行**：條件判斷 (if) 對 score 做判斷，若大於等於 80 分就輸出「非常好」(第 2 到 3 行)，否則若大於等於 60 分就輸出「不錯喔」(第 4 到 5 行)，否則輸出「要加油」(第 6 到 7 行)。

範例 4-3-2 郵資計算

(💿：ch4\4-3-2- 郵資計算 .py)

某快遞公司以重量為計算郵資的依據，重量與郵資計算如下表，請寫一個程式協助快遞人員計算郵資，快遞人員只要輸入重量，程式自動計算郵資。

表 4-6　郵資計算

重量	X<=5 公斤	X>5 且 X<=10 公斤	X>10 且 X<=15 公斤	X>15 且 X<=20 公斤	X>20 公斤
價格	50	70	90	110	超過 20 公斤無法寄送

解題想法

可以使用多向選擇結構撰寫程式，若重量小於等於 5 公斤，則顯示「50」，否則若重量小於等於 10 公斤，則顯示「70」，若重量小於等於 15 公斤，則顯示「90」，若重量小於等於 20 公斤，則顯示「110」，否則顯示「超過 20 公斤無法寄送」。

流程圖

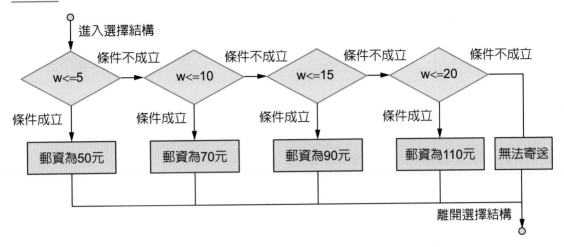

圖 4-9 郵資計算流程圖

程式碼

1	w = float(input(' 請輸入物品重量？ '))
2	if w <= 5:
3	print(' 所需郵資為 50 元 ')
4	elif w <= 10:
5	print(' 所需郵資為 70 元 ')
6	elif w <= 15:
7	print(' 所需郵資為 90 元 ')
8	elif w <= 20:
9	print(' 所需郵資為 110 元 ')
10	else:
11	print(' 超過 20 公斤無法寄送 ')

執行結果

請輸入重量「10」，螢幕輸出所需郵資。

請輸入物品重量？ 10
所需郵資為 70 元

程式解說

● **第 1 行**：於螢幕顯示「請輸入物品重量？」，允許使用者物品重量，並經由 float 函式轉換成浮點數物件，變數 w 參考到此浮點數物件。。

● **第 2 到 3 行**：判斷 w 是否小於等於 5，若是則顯示「所需郵資為 50 元」。

- **第 4 到 5 行**：否則若 w 是否小於等於 10(隱含成績大於 5)，若是則顯示「所需郵資為 70 元」。

- **第 6 到 7 行**：否則若 w 是否小於等於 15(隱含成績大於 10)，若是則顯示「所需郵資為 90 元」。

- **第 8 到 9 行**：否則若 w 是否小於等於 20(隱含成績大於 15)，若是則顯示「所需郵資為 110 元」。

- **第 10 行到 11 行**：：否則 (隱含重量大於 20) 顯示「超過 20 公斤無法寄送」。

範例 4-3-3 BMI 計算

(💿：ch4\4-3-3-BMI 計算 .py)

BMI 常用來判斷肥胖程度，BMI 等於體重（KG）除以身高（M）的平方，會有一個分類標準，假設 BMI 與肥胖分級如下。請寫一個程式讓使用者輸入身高與體重，顯示 BMI 值與肥胖程度。

表 4-7　BMI 計算

BMI 值	肥胖分級
BMI ＜ 18	體重過輕
18 ≦ BMI ＜ 24	體重正常
24 ≦ BMI ＜ 27	體重過重
27 ≦ BMI	體重肥胖

解題想法

可以使用多向選擇結構撰寫程式，若 BMI 值小於 18，則顯示「體重過輕」，否則若 BMI 值小於 24，則顯示「體重正常」，若 BMI 值小於 27，則顯示「體重過重」，否則顯示「體重肥胖」。

流程圖

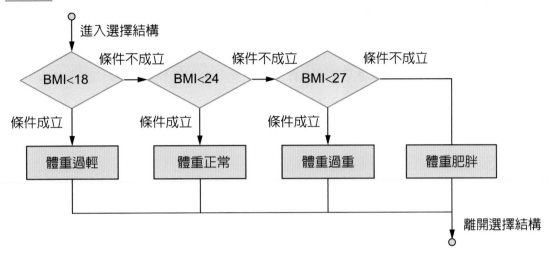

圖 4-10　BMI 計算流程圖

程式碼

```
1   w = float(input(' 請輸入體重 (KG) ？ '))
2   h = float(input(' 請輸入身高 (M) ？ '))
3   bmi = w/(h*h)
4   print('BMI 為 ', bmi)
5   if bmi < 18:
6       print(' 體重過輕 ')
7   elif bmi < 24:
8       print(' 體重正常 ')
9   elif bmi < 27:
10      print(' 體重過重 ')
11  else:
12      print(' 體重肥胖 ')
```

執行結果

按請輸入體重「75」，身高「1.7」，螢幕輸出 BMI 值與肥胖分級。

```
請輸入體重 (KG) ？ 75
請輸入身高 (M) ？ 1.7
BMI 為 25.95155709342561
體重過重
```

程式解說

● **第 1 行**：於螢幕顯示「請輸入體重 (KG) ？」，允許使用者輸入體重，並經由 float 函式轉換成浮點數物件，變數 w 參考到此浮點數物件。

● **第 2 行**：於螢幕顯示「請輸入身高 (M) ？」，允許使用者輸入身高，並經由 float 函式轉換成浮點數物件，變數 h 參考到此浮點數物件。

● **第 3 行**：計算所得 BMI 值，變數 bmi 參考到此 BMI 計算結果。

● **第 4 行**：輸出 BMI 值於螢幕。

● **第 5 到 6 行**：判斷所計算出的 BMI 值是否小於 18，若是則顯示「體重過輕」。

● **第 7 到 8 行**：否則判斷所計算出的 BMI 值是否小於 24(隱含 BMI 值大於等於 18)，若是則顯示「體重正常」。

● **第 9 到 10 行**：否則判斷所計算出的 BMI 值是否小於 27(隱含 BMI 值大於等於 24)，若是則顯示「體重過重」。

● **第 11 到 12 行**：否則 (隱含 BMI 值大於等於 27) 顯示「體重肥胖」。

4-4　條件判斷與運算子「in」

可以使用條件判斷與「in」測試資料容器 tuple、串列、字典與集合是否包含某個元素。(🖱：ch4\ 條件判斷與運算子「in」.py)

◇ 4-4-1　判斷 tuple 是否包含某個元素

使用條件判斷與「in」進行判斷，程式如下。

程式	執行結果

a = (1,2,3,4)
if 1 in a:
　print(' 數字 1 在 tuple a 中 ')
else:
　print(' 數字 1 不在 tuple a 中 ')
	數字 1 在 tuple a 中

◆ 4-4-2 判斷串列是否包含某個元素

使用條件判斷與「in」進行判斷，程式如下。

程式	執行結果

a = list('abcdefghijklmnopqrstuvwxyz')
if 'q' in a:
   print('q 在串列 a 中 ')
else:
   print('q 不在串列 a 中 ')
	q 在串列 a 中

◆ 4-4-3 判斷字典是否包含某個元素

使用條件判斷與「in」進行判斷，程式如下。

程式	執行結果

lang1={' 早安 ':'Good Morning',' 謝謝 ':'Thank You'}
if ' 謝謝 ' in lang1:
   print(' 謝謝的英文爲 ', lang1[' 謝謝 '])
else:
   print(' 查不到謝謝的英文 ')
	謝謝的英文爲 Thank You

◆ 4-4-4 判斷集合是否包含某個元素

使用條件判斷與「in」進行判斷，程式如下。

程式	執行結果

a = set('tiger')
if 't' in a:
   print('t 在集合 a 內 ')
else:
   print('t 不在集合 a 內 ')
	t 在集合 a 內

本章習題

實作題

1. 近視判斷

設計程式允許輸入視力測量值，根據測量值判斷是否有近視，若測量值小於 0.9，顯示有近視，否則顯示視力正常。

輸入眼睛度數「0.8」，執行結果如下。

預覽結果

```
請輸入眼睛度數？ 0.8
近視
```

2. 象限判斷

數學將平面象限分成四個象限，平面分成 X 軸與 Y 軸，由 X 軸與 Y 軸切割成四個象限如下圖所示，請寫一個程式輸入平面中某點的 X 值與 Y 值，輸出該點所在象限。

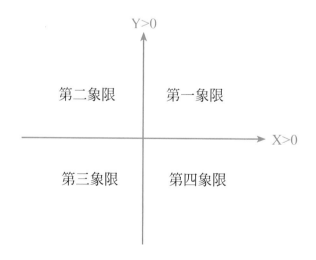

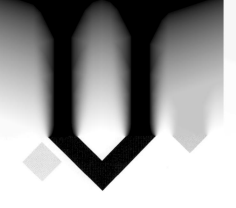

歸納出 X 值與 Y 值與各象限的定義如下。

(a) 若 X>0 且 Y>0，則在第一象限

(b) 若 X<0 且 Y>0，則在第二象限

(c) 若 X<0 且 Y<0，則在第三象限

(d) 若 X>0 且 Y<0，則在第四象限

(e) 若 X=0 或 Y=0，則在座標軸上

輸入 X 座標「-1」與 Y 座標「-1」，執行結果如下。

預覽結果

請輸入該點的 X 座標？ -1
請輸入該點的 Y 座標？ -1
該點在第三象限

3. 體溫與發燒

設計程式根據體溫判斷是否發燒，由使用者輸入體溫，程式判斷是否發燒，假設體溫小於 36 度，顯示「體溫過低」，體溫大於等於 36 度小於 38 度，顯示「體溫正常」，否則若體溫大於等於 38 度小於 39 度，顯示「體溫有點燒」，否則體溫大於等於 39 度，顯示「體溫很燒」。

輸入體溫「36.5」，輸出為「體溫正常」，執行結果如下。

預覽結果

請輸入體溫？ 36.5
體溫正常

4. 閏年判斷

設計程式允許輸入西元幾年，請求出該年是否是閏年，閏年表示該年多一天。若西元年份不是 4 的倍數，則不是閏年；若西元年份是 4 的倍數，且不是 100 的倍數，則是閏年；若西元年份是 100 的倍數，且不是 400 的倍數，則不是閏年；西元年份是 400 的倍數，則是閏年。例如：西元 1904 是閏年，西元 1900 不是閏年，西元 2000 是閏年。

預覽結果

請輸入年份？ 2012
2012 是閏年

5

迴圈與生成式

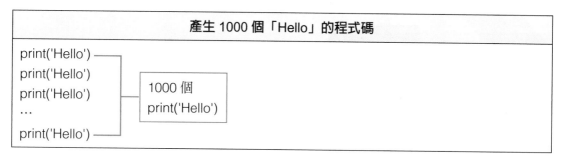

Jupyter Notebook 範例檔：ch5\ch5.ipynb

電腦每秒鐘可執行幾億次的指令，擁有強大的計算能力，程式中迴圈結構可以重複執行某個程式區塊許多次，如此才能善用電腦的計算能力。迴圈結構利用指定迴圈變數的初始條件、迴圈變數的終止條件與迴圈變數的增減值來控制迴圈執行次數。許多問題的解決都涉及迴圈結構的使用，例如：加總、排序、找最大值…等，善用迴圈結構才能有效利用電腦的運算能力與簡化程式碼。假設要撰寫程式產生 1000 個「Hello」，若不使用迴圈結構需寫 1000 個「print('Hello')」，如下表。

產生 1000 個「Hello」的程式碼
print('Hello')   print('Hello')   print('Hello')   …   print('Hello')　　1000 個 print('Hello')

使用迴圈結構可以簡化程式碼達成相同功能，如下表。

產生 1000 個「Hello」的程式碼 （ : ch5\5-for.py）
for i in range(1000): 　　print('Hello')

充電時間

函式 range 為 Python 的內建函式，回傳一個數字串列，使用方式如下表。

(: ch5\5-for.py)

使用方法	範例	執行結果
range(終止值) range 函式指定「終止值」，數字串列會到「終止值」的前一個數字為止，沒有指定起始值，預設起始值為 0，沒有指定遞增值，預設為遞增 1。	for i in range(5): 　　print(i)	0 1 2 3 4
range(起始值 , 終止值) range 函式指定「起始值」與「終止值」，數字串列由「起始值」開始到「終止值」的前一個數字為止，沒有指定遞增值，預設為遞增 1。	for i in range(2,6): 　　print(i)	2 3 4 5

使用方法	範例	執行結果
range(起始值 , 終止值 , 遞增 (減) 值) range 函式指定「起始值」、「終止值」與「遞增 (減)值」，數字串列由「起始值」開始到「終止值」的前一個數字為止，每次遞增或遞減「遞增 (減) 值」。	for i in range(2,10,2): 　print(i)	2 4 6 8
	for i in range(100,90,-3): 　print(i)	100 97 94 91

　　Python 語言中迴圈結構有 for 與 while 兩種，迴圈當中可以包含迴圈稱做巢狀迴圈，另外迴圈當中可以跳出迴圈 (使用 break)，跳過正在執行的迴圈執行迴圈的下一輪 (使用 continue)。有些迴圈的最後加上 else，若迴圈正常結束，不是遇到 break 跳出迴圈，就會執行 else 程式區塊，以下我們就詳細介紹這些結構。

5-1　迴圈結構 ─ 使用 for

　　for 迴圈結構通常用於已知重複次數的程式，迴圈結構中指定迴圈變數的初始值、終止值與遞增 (減) 值，迴圈變數將由初始值變化到終止值的前一個數字，每次依照遞增 (減) 的值進行數值遞增或遞減。

表 5-1　for 迴圈結構

for 程式語法	程式範例 (印出 1000 個 Hello)
for 迴圈變數 in range(起始值 , 終止值 , 遞增 (減) 值): 　重覆的程式	for i in range(0, 1000, 1): 　print('Hello')
說明	
for 迴圈內迴圈變數由起始值變化到終止值的前一個數字，每重複執行一次程式迴圈變數就會遞增 (減) 值，重複執行迴圈內程式。	

流程圖

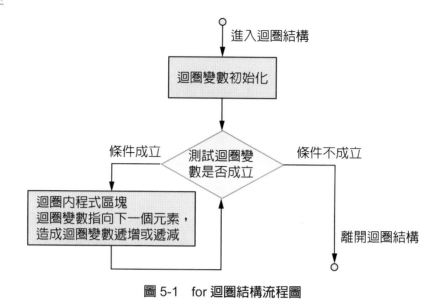

圖 5-1　for 迴圈結構流程圖

範例 5-1-1 產生 ASCII 碼

(　🖊：ch5\5-1-1-ascii.py)

電腦中所有資料皆以二進位方式儲存，大小寫英文字母、數字都有國際標準的二進位編碼，這樣的編碼稱為 ASCII 碼，如 A 的 ASCII 碼以二進位表示為 01000001，十進位表示為 65；B 的 ASCII 碼以二進位表示為 01000010，十進位表示為 66、C 的 ASCII 碼以二進位表示為 01000011，十進位表示為 67，依此類推。請寫一個程式利用迴圈與「chr」函式，「chr」函式將整數轉換成對應的 ASCII 字元。

解題想法

可以使用迴圈結構撰寫程式，迴圈變數起始值為輸入的起始值，迴圈變數終止值為輸入的終止值，迴圈每執行一次迴圈變數就會遞增 1，迴圈內使用函式 chr 將整數轉換成對應的 ASCII 字元顯示在螢幕上。

流程圖

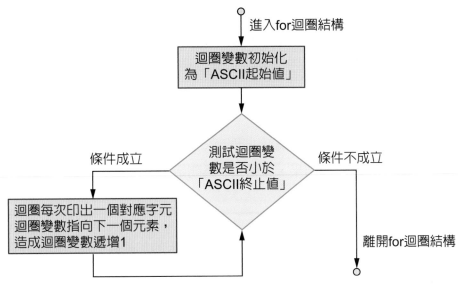

圖 5-2　產生 ASCII 碼流程圖

程式碼

行數	程式碼	執行結果
1 2 3 4	s = int(input(' 請輸入 ASCII 的起始值？ ')) e = int(input(' 請輸入 ASCII 的終止值？ ')) for i in range(s, e): 　print(chr(i))	ASCII 起始值輸入「65」，ASCII 終止值輸入「70」，本程式就會顯示 ASCII 介於 65 到 69 的字元。 請輸入 ASCII 的起始值？ 65 請輸入 ASCII 的終止值？ 70 A B C D E

程式解說

● 第 1 行：於螢幕輸出「請輸入 ASCII 的啟始值？」，經由 input 與 int 函式，將輸入的值轉換成整數物件，變數 s 參考到此整數物件。

● 第 2 行：於螢幕輸出「請輸入 ASCII 的終止值？」，經由 input 與 int 函式，將輸入的值轉換成整數物件，變數 e 參考到此整數物件。

● **第 3 到 4 行**：使用 for 迴圈，其中 i 值變化由使用者輸入的 ASCII 起始值 (s) 到 ASCII 終止值 (e) 減 1，迴圈變數 i 指向下一個元素，造成迴圈變數 i 遞增 1，利用 chr 函式，將 ASCII 值轉成所對應的字元，並顯示於螢幕。

範例 5-1-2 加總

(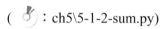 ：ch5\5-1-2-sum.py)

寫一個程式允許使用者輸入加總的開始值、結束值與遞增值，計算數值加總的結果，例如要計算 3+6+9+12 的結果，就輸入 3 為開始值，13 為結束值，3 為遞增值。

解題想法

可以使用迴圈結構撰寫程式，迴圈變數起始值為輸入的加總起始值，迴圈變數終止值為輸入的加總終止值，迴圈每執行一次迴圈變數就會依照輸入的遞增 (減) 值進行遞增 (減)，迴圈內使用「sum=sum+ 迴圈變數」進行數值的加總，顯示加總的過程。

流程圖

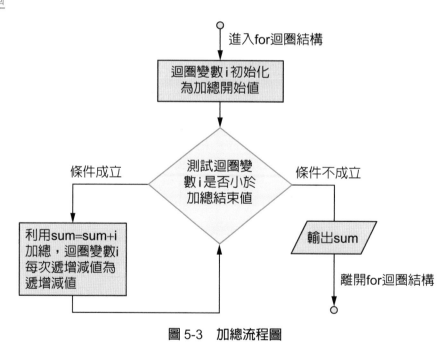

圖 5-3　加總流程圖

程式碼

行數	程式碼	執行結果
1 2 3 4 5 6 7	s = int(input(' 請輸入加總開始值？ ')) e = int(input(' 請輸入加總終止值？ ')) inc = int(input(' 請輸入遞增減值？ ')) sum = 0 for i in range(s, e, inc): 　　sum = sum + i 　　print('i 為 ', i, ' 加總結果為 ', sum)	加總開始值輸入「3」，加總結束值輸入 「13」，加總遞增值輸入「3」，結果如下。 請輸入加總開始值？ 3 請輸入加總終止值？ 13 請輸入遞增減值？ 3 i 為 3 加總結果為 3 i 為 6 加總結果為 9 i 為 9 加總結果為 18 i 為 12 加總結果為 30

程式解說

● **第 1 行**：於螢幕輸出「請輸入加總開始值？」，經由 input 與 int 函式，將輸入的值轉換成整數物件，變數 s 參考到此整數物件。

● **第 2 行**：於螢幕輸出「請輸入加總終止值？」，經由 input 與 int 函式，將輸入的值轉換成整數物件，變數 e 參考到此整數物件。

● **第 3 行**：於螢幕輸出「請輸入遞增減值？」，經由 input 與 int 函式，將輸入的值轉換成整數物件，變數 inc 參考到此整數物件。

● **第 4 行**：初始化變數 sum 為 0。

● **第 5 到 6 行**：使用 for 迴圈，其中 i 值變化由使用者輸入的「加總開始值 (s)」到「加總終止值 (e)」的前一個數字，每次依所輸入的「遞增減值 (inc)」進行遞增減，利用「sum=sum+i」計算加總（第 6 行），將 i 值與 sum 值顯示於螢幕（第 7 行）。

舉例說明

加總使用 sum=sum+i 原理，如下表，在 Python 語言中等號右邊「sum+i」的算式會先計算，等號左邊的 sum 參考到此計算結果。

	i 值	sum 加總過程	sum 加總後
sum = 0 for i in range(3, 13, 3): 　　sum = sum + i	i=3	sum=0 + 3	sum=3
	i=6	sum=3 + 6	sum=9
	i=9	sum=9 + 9	sum=18
	i=12	sum=18+12	sum=30

充電時間 ···

Python 提供內建的函式 sum，會自動將所輸入的所有串列元素加總起來，就不需要寫 for 迴圈與「sum = sum + i」，修改後的程式如下。

(💿 : ch5\5-1-2-sum2.py)

行數	程式碼	執行結果
1 2 3 4	s = int(input(' 請輸入加總開始值？ ')) e = int(input(' 請輸入加總終止值？ ')) inc = int(input(' 請輸入遞增減值？ ')) print(sum(range(s, e, inc)))	加總開始值輸入「3」，加總結束值輸入「13」，加總遞增值輸入「3」，結果如下。 請輸入加總開始值？ 3 請輸入加總終止值？ 13 請輸入遞增減值？ 3 30

程式解說

- **第 1 行**：於螢幕輸出「請輸入加總開始值？」，經由 input 與 int 函式，將輸入的值轉換成整數物件，變數 s 參考到此整數物件。

- **第 2 行**：於螢幕輸出「請輸入加總終止值？」，經由 input 與 int 函式，將輸入的值轉換成整數物件，變數 e 參考到此整數物件。

- **第 3 行**：於螢幕輸出「請輸入遞增減值？」，經由 input 與 int 函式，將輸入的值轉換成整數物件，變數 inc 參考到此整數物件。

- **第 4 行**：呼叫函式 sum，將所輸入的串列 range(s, e, inc) 的每個元素加總起來，使用函式 print 將結果顯示在螢幕。

5-2 迴圈結構 ─ 使用 while

while 迴圈結構與 for 迴圈結構十分類似，while 迴圈結構常用於不固定次數的迴圈，由迴圈中測試條件成立與否，決定是否跳出迴圈，測試條件為眞時繼續迴圈，當測試條件為假時結束迴圈。例如：猜數字遊戲，兩人（A 與 B）玩猜數字遊戲，一人 (A) 心中想一個數，另一人 (B) 去猜，A 就 B 所猜數字回答「猜大一點」或「猜小一點」，

直到 B 猜到 A 所想數字，這樣的猜測就屬於不固定次數的迴圈，適合使用 while 而不適合使用 for。

　　while 指令後面所接測試條件，若為真時會不斷做迴圈內動作，直到測試條件的結果為假時跳出 while 迴圈。

表 5-2　while 迴圈結構

while 迴圈語法	程式範例
迴圈變數 = 初始值 while 迴圈變數 <= 終止值： 　　重覆的程式 　　迴圈變數 = 迴圈變數 + 遞增 (減) 值	i = 3 while i <= 13: 　　sum = sum + i 　　i = i + 3
說明	
while 迴圈內迴圈變數由起始值變化到終止值，每重複執行一次迴圈變數就會遞增 (減) 值，重複執行迴圈內程式，直到超過終止值後停止執行。	

流程圖

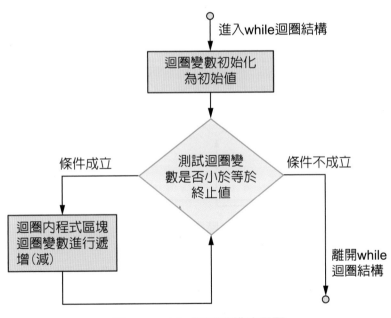

圖 5-4　while 迴圈結構流程圖

範例 5-2-1 階乘計算

(💿：ch5\5-2-1-fac.py)

請計算 N 為多少時，其階乘值大於等於 M。N 階乘表示為 N!，其值為「1*2*3*…*(N-1)*N」，使用 while 迴圈計算，N! 超過 M 的最小 N 值為何？

解題想法

可以使用迴圈結構撰寫程式，迴圈變數 i 起始值為 1，進入迴圈之前，測試迴圈變數 i 的階乘值是否小於 M，迴圈每執行一次迴圈變數 i 就會遞增 1，迴圈內計算迴圈變數 i 的階乘值，最後顯示「多少階乘會大於等於 M」。

流程圖

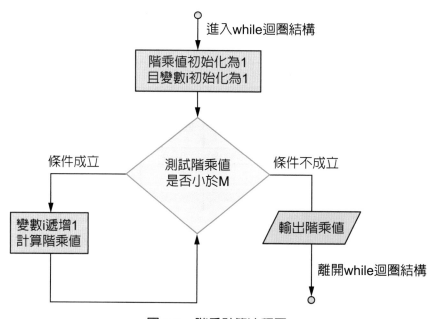

圖 5-5　階乘計算流程圖

程式碼

行數	程式碼	執行結果
1 2 3 4 5 6 7	M = int(input(' 請輸入 M ？ ')) fac = 1 i = 1 while(fac < M): 　i = i + 1 　fac = fac * i print(i,' 階乘為 ', fac,' 大於 ', M)	輸入 M 值為「1000」，結果如下。 請輸入 M ？ 1000 7 階乘為 5040 大於 1000

程式解說

● 第1行：在螢幕輸出「請輸入 M ？」，經由函式 input 與函式 int，將輸入的值轉換成整數物件，變數 M 參考到此整數物件。

● 第2行：初始化 fac 等於 1。

● 第3行：初始化 i 等於 1。

● 第4到6行：使用 while 迴圈，測試 fac 是否小於 M，i 值每次遞增 1，利用「fac=fac*i」求 fac，fac 為 i 的階乘（第 6 行）。

● 第7行：顯示階乘超過 M 的 i 值。

舉例說明

「fac = fac * i」的原理，如下表，在 Python 語言中等號右邊「fac * i」的算式會先計算，等號左邊的 fac 參考到此計算結果。

	i 值	fac=fac*i 相乘過程	fac 相乘後
M = 1000 fac = 1 i = 1 while(fac < M): 　i = i + 1 　fac = fac * i print(i,' 階乘為 ', fac,' 大於 ', M)	i=2	fac= 1*2	fac= 2
	i=3	fac= 2 * 3	fac= 6
	i=4	fac= 6 * 4	fac= 24
	i=5	fac= 24 * 5	fac= 120
	i=6	fac= 120 * 6	fac= 720
	i=7	fac= 720 * 7	fac= 5040

範例 5-2-2 猜數字

(💿：ch5\5-2-2-guess.py)

大家是否玩過一個遊戲，兩人 (A 與 B) 一起玩，A 心中想一個數字，B 猜 A 心中所想的數字，B 每猜一次，A 就回答「猜大一點」、「猜小一點」與「猜中了」，當 B 猜到 A 所想的數字遊戲就結束，我們可以將此遊戲寫成程式，所猜數字介於 1 到 99。

解題想法

利用 Python 語言內建模組 random 中的隨機函式 randint，產生介於 1 到 99 的目標值。使用 while 迴圈結構不斷允許使用者輸入數字進行猜測，判斷猜測值與目標值是否相

等，若相等則終止迴圈，否則根據猜測值與目標值的大小關係，顯示「猜大一點」、「猜小一點」與「猜中了」等提示。

流程圖

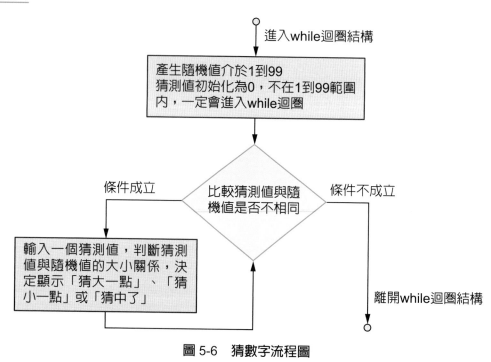

圖 5-6　猜數字流程圖

程式碼

行數	程式碼	執行結果

1
2
3
4
5
6
7
8
9
10
11
	import random
	target = random.randint(1,99)
	guess = 0
	while target != guess:
	　guess = int(input(' 請輸入 1 到 99 的數字？ '))
	　if target < guess:
	　　print(' 猜小一點 ')
	　elif target > guess:
	　　print(' 猜大一點 ')
	　else:
	　　print(' 猜中了 ')
		不斷輸入數字進行猜測，結果如下。
		
		請輸入 1 到 99 的數字？ 50
		猜大一點
		請輸入 1 到 99 的數字？ 75
		猜小一點
		請輸入 1 到 99 的數字？ 62
		猜小一點
		請輸入 1 到 99 的數字？ 57
		猜中了

程式解說

- 第 1 行：包含模組 random，為了隨機產生數字。

- 第 2 行：使用模組 random 的函式 randint 產生 1 到 99 的隨機數值，變數 target 參考到此隨機數值。

- 第 3 行：初始化變數 guess 為 0。

- 第 4 到 11 行：執行 while 迴圈，當 guess 與 target 不同時繼續做。

- 第 5 行：於螢幕輸出「請輸入 1 到 99 的數字？」，經由函式 input 與函式 int，將輸入的值轉換成整數物件，變數 guess 參考到此整數物件。

- 第 6 到 11 行：若 target 小於 guess，會輸出「猜小一點」（第 6 到 7 行），否則若 target 大於 guess，會輸出「猜大一點」（第 8 到 9 行），否則輸出「猜中了」（第 10 到 11 行）。

 充電時間 ．．．．．．．．．．．．．．．．．．．．．．．．．．．．．．．．．．．．．．．

隨機函式

　　Python 語言包含亂數功能，首先「import random」讓程式有隨機產生數字的功能，接著呼叫 random.randint(a, b)，就會產生介於 a 到 b(包含 a 與 b) 的隨機整數值。

　　亂數產生介於 1 到 99 的數值，公式如下。

```
import random
target = random.randint(1,99)
```

．．．

範例 5-2-3 複利計算

(💿：ch5\5-2-3-ins.py)

請寫一個程式，計算存一筆錢 (N) 在銀行，以複利計算，年利率為 (X)，計算最少需要幾年才能超過目標金額 (M)。

解題想法

使用 while 迴圈進行複利計算，當還未超過目標金額 (M) 時，繼續執行複利計算，當超過目標金額 (M) 時，中止 while 迴圈。

流程圖

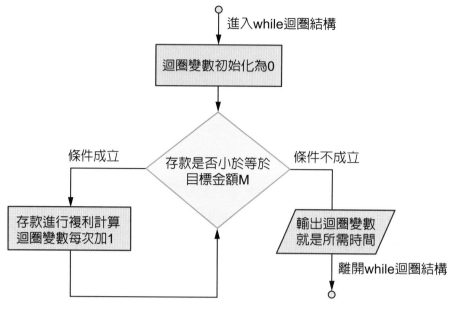

圖 5-7　複利計算流程圖

程式碼

行數	程式碼	執行結果
1 2 3 4 5 6 7 8 9	存款金額 = int(input(' 請輸入存款金額？ ')) 年利率 = float(input(' 請輸入年利率？ ')) 目標金額 = int(input(' 請輸入目標金額？ ')) i = 0 本利和 = 存款金額 while 本利和 <= 目標金額： 　本利和 = 本利和 * (1 + 年利率 / 100) 　i = i + 1 print(" 第 ", i, " 年後本利和為 ", 本利和 , " 超過 ", 目標金額)	於存款金額輸入「10000」， 存款年利率輸入「10」，目標 金額輸入「20000」，結果顯 示在螢幕上。 請輸入存款金額？ 10000 請輸入年利率？ 10 請輸入目標金額？ 20000 第 8 年後本利和為 21435.888100000015 超過 20000

程式解說

● **第 1 行**：使用 input 函式輸入存款金額，使用 int 函式轉成整數物件，變數「存款金額」參考到此整數物件。

● **第 2 行**：使用 input 函式輸入年利率，使用 float 函式轉成浮點數物件，變數「年利率」參考到此浮點數物件。

- **第 3 行**：使用 input 函式輸入目標金額，使用 int 函式轉成整數物件，變數「目標金額」參考到此整數物件。
- **第 4 行**：變數 i 初始化為 0。
- **第 5 行**：初始化變數「本利和」為變數「存款金額」。
- **第 6 行到第 9 行**：使用 while 迴圈，當本利和小於等於目標金額時，繼續執行迴圈 (第 6 行)，變數「本利和」為計算本利和的結果 (第 7 行)，迴圈變數 i 每次遞增 1(第 8 行)。
- **第 9 行**：將變數「本利和」超過變數「目標金額」的結果，顯示在螢幕上。

舉例說明

使用公式「本利和 = 本利和 * (1 + 年利率 / 100)」計算本利和的過程，如下表，在 Python 中等號右邊 (本利和 * (1 + 年利率 / 100)) 的算式會先計算，變數「本利和」參考到計算結果。

	i 值	本利和 * (1 + 年利率 / 100) 相乘過程	本利和 * (1 + 年利率 / 100) 相乘後
存款金額 = 10000 年利率 = 10 目標金額 = 20000 i = 0 本利和 = 存款金額 while 本利和 <= 目標金額 : 　本利和 = 本利和 * (1 + 年利率 / 100) 　i = i + 1	i=1	N=10000*(1+10/100)	N=11000
	i=2	N=11000*(1+10/100)	N=12100
	i=3	N=12100*(1+10/100)	N=13310
	i=4	N=13310*(1+10/100)	N=14641
	i=5	N=14641*(1+10/100)	N=16105.1
	i=6	N=16105.1*(1+10/100)	N=17715.61
	i=7	N=17715.61*(1+10/100)	N=19487.171
	I=8	N=19487.171*(1+10/100)	N=21435.8881

範例 5-2-4 計算密碼

(：ch5\5-2-4-password.py)

小華回家時發現，大門換上了新的密碼鎖，並且收到爸媽的簡訊通知，密碼為從 1 開始累加所有奇數 (1、3、5、7、9、…) 除以 1009 的餘數，等於自己的生日，符合的第一個累加值就是密碼，小華生日為 9 月 11 日 (轉換成 911)，小華拿出紙筆開始計算，發現需要花很多時間且計算容易出錯，請寫出一個程式幫助小華計算出密碼，流程圖表示如下。

流程圖

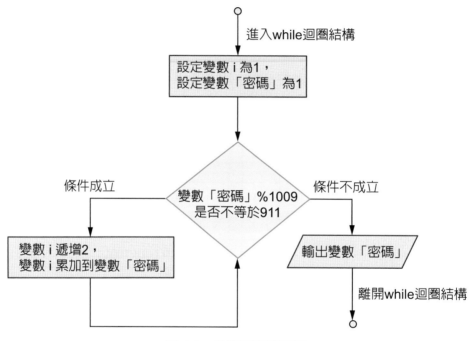

圖 5-8　計算密碼流程圖

程式碼

行數	程式碼	執行結果
1 2 3 4 5 6	i=1 密碼 =1 while 密碼 %1009 != 911: 　i = i + 2 　密碼 = 密碼 + i print(密碼)	大門密碼如下。 148225

程式解說

- 第 1 行：設定變數 i 為 1。
- 第 2 行：設定變數「密碼」為 1。
- 第 3 行到第 5 行：使用 while 迴圈，當密碼除 1009 的餘數不等於 911 時執行 while 迴圈，變數 i 遞增 2 (第 4 行)，變數「密碼」累加變數 i(第 5 行)。
- 第 6 行：顯示變數「密碼」到螢幕上。

5-3　巢狀迴圈

　　巢狀迴圈並不是新的程式結構，只是迴圈範圍內又有迴圈，巢狀迴圈可以有好幾層，巢狀迴圈與單層迴圈運作原理相同，從外層迴圈來看，內層迴圈只是外層迴圈內的動作，因此外層迴圈作用一次，內層迴圈需要執行完畢。以輸出九九乘法表為例，當外層迴圈作用一次，內層迴圈要執行九次，當外層迴圈作用九次，內層迴圈總共執行八十一次。

範例 5-3-1 九九乘法表

(🕹 ：ch5\5-3-1-99.py)

寫一個程式印出九九乘法表。

解題想法

巢狀迴圈的外層迴圈使用迴圈變數 i，內層迴圈使用迴圈變數 j，外層迴圈 i 等於 1，內層迴圈 j 由 1 變化到 9，印出「1*1=1，1*2=2，1*3=3，…，1*9=9」，i 遞增 1，外層迴圈 i 等於 2，內層迴圈 j 由 1 變化到 9，印出「2*1=2，2*2=4，2*3=6，…，2*9=18」，依此類推，直到外層迴圈 i 等於 9，內層迴圈 j 由 1 變化到 9，印出「9*1=9，9*2=18，9*3=27，…，9*9=81」。

流程圖

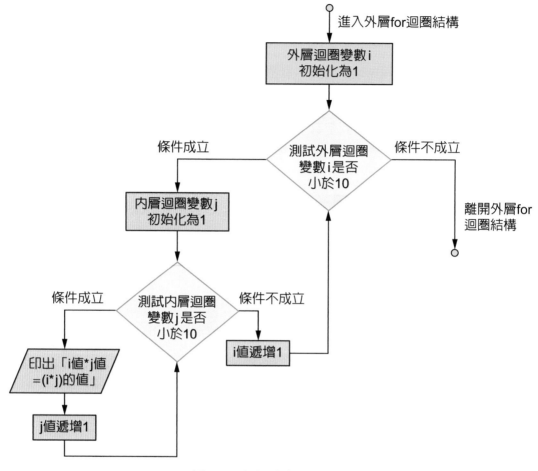

圖 5-9　九九乘法表流程圖

程式碼

```
1    for i in range(1,10):
2        for j in range(1,10):
3            print(i, '*', j, '=', i*j, '\t', sep='',end='')
4        print()
```

執行結果

1*1=1	1*2=2	1*3=3	1*4=4	1*5=5	1*6=6	1*7=7	1*8=8	1*9=9
2*1=2	2*2=4	2*3=6	2*4=8	2*5=10	2*6=12	2*7=14	2*8=16	2*9=18
3*1=3	3*2=6	3*3=9	3*4=12	3*5=15	3*6=18	3*7=21	3*8=24	3*9=27
4*1=4	4*2=8·	4*3=12	4*4=16	4*5=20	4*6=24	4*7=28	4*8=32	4*9=36
5*1=5	5*2=10	5*3=15	5*4=20	5*5=25	5*6=30	5*7=35	5*8=40	5*9=45

6*1=6	6*2=12	6*3=18	6*4=24	6*5=30	6*6=36	6*7=42	6*8=48	6*9=54
7*1=7	7*2=14	7*3=21	7*4=28	7*5=35	7*6=42	7*7=49	7*8=56	7*9=63
8*1=8	8*2=16	8*3=24	8*4=32	8*5=40	8*6=48	8*7=56	8*8=64	8*9=72
9*1=9	9*2=18	9*3=27	9*4=36	9*5=45	9*6=54	9*7=63	9*8=72	9*9=81

執行結果說明

　　巢狀迴圈印出九九乘法表原理，如下表，在 Python 語言中外層迴圈包含內層迴圈，外層迴圈執行一次，內層迴圈要執行完畢，九九乘法表外層迴圈執行九次，內層迴圈執行八十一次。

	i 值	j 值	輸出結果

`for i in range(1,10):`
`    for j in range(1,10):`
`        print(i, '*', j, '=', i*j, ' ', sep='',end='')`
`    print()`
	i=1	j=1,2,3,4,5,6,7,8,9	1*1=1 1*2=2 1*3=3
			1*4=4 1*5=5 1*6=6
			1*7=7 1*8=8 1*9=9

	i=2	j=1,2,3,4,5,6,7,8,9	2*1=2 2*2=4 2*3=6 2*4=8 2*5=10 2*6=12 2*7=14 2*8=16 2*9=18
	i=3	j=1,2,3,4,5,6,7,8,9	3*1=3 3*2=6 3*3=9 3*4=12 3*5=15 3*6=18 3*7=21 3*8=24 3*9=27
	…	…	…
	i=9	j=1,2,3,4,5,6,7,8,9	9*1=9 9*2=18 9*3=27 9*4=36 9*5=45 9*6=54 9*7=63 9*8=72 9*9=81

程式解說

● **第 1 到 4 行**：變數 i 為外層迴圈，其變化值由 1 到 9，其範圍包含內層迴圈。

● **第 2 到 3 行**：變數 j 為內層迴圈，其變化值由 1 到 9，當外層迴圈執行一次，內層迴圈執行九次，依序將「變數 i* 變數 j= 變數 i 與 j 相乘結果」顯示在螢幕（第 3 行），接著串接 tab 字元「\t」，且設定 sep 為空字串「''」取代原本的空白字元，與設定 end 為空字串「''」取代原本的換行字元「\n'」。

● **第 4 行**：print() 表示換行，內層迴圈執行完畢後進行換行。

範例 5-3-2 印星號

(💿 ：ch5\5-3-2-star.py)

請使用巢狀迴圈印出如右圖所示的星號，第一行一個星號，第二行兩個
星號，…，第五行五個星號，全部靠左排列。

```
*
**
***
****
*****
```

流程圖

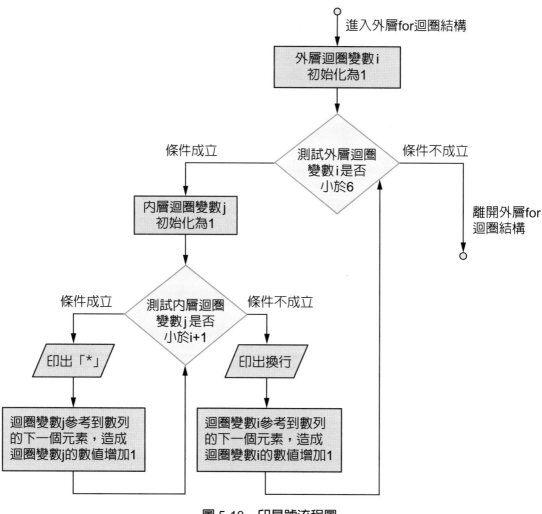

圖 5-10　印星號流程圖

程式碼

行數	程式碼	執行結果

1
2
3
4
	for i in range(1,6):
	　　for j in range(1,i+1):
	　　　　print("*", end="")
	　　print()
		*
		**
		***
		****
		*****

程式解說

● **第 1 到 4 行**：使用巢狀 for 迴圈，外層迴圈變數 i 由 1 到 5，迴圈變數 i 參考到數列的下一個元素，造成迴圈變數 i 的數值增加 1（第 1 行）。內層迴圈變數 j 由 1 到 i，迴圈變數 j 參考到數列的下一個元素，造成迴圈變數 j 的數值增加 1（第 2 行）。內層迴圈內使用函式 print 印出星號 (*)，接著設定 end 為空字串，表示不自動換行（第 3 行）。外層迴圈內使用函式 print 進行換行，表示內層迴圈執行結束後加上換行，函式 print 內參數 end 預設為換行字元 (\n)，所以「print()」可以達成換行效果。

舉例說明

巢狀迴圈印出星號原理，如下表。外層迴圈包含內層迴圈，外層迴圈執行一次，內層迴圈要執行完畢。本範例內層迴圈執行次數受外層迴圈限制，i 等於 1，j 由 1 依序變化到 1；i 等於 2，j 由 1 依序變化到 2；i 等於 3，j 由 1 依序變化到 3；i 等於 4，j 由 1 依序變化到 4；i 等於 5，j 由 1 依序變化到 5。

	i 值	j 值	輸出結果

for i in range(1,6):
　for j in range(1,i+1):
　　print("*", end="")
　print()
	i=1	j=1	*

	i=2	j=1,2	**
	i=3	j=1,2,3	***
	i=4	j=1,2,3,4	****
	i=5	j=1,2,3,4,5	*****

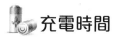 充電時間 ·····

若要印出以下結果，請問該如何印出？

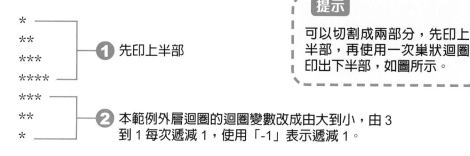

```
*
**
***
****
```
① 先印上半部

```
***
**
*
```
② 本範例外層迴圈的迴圈變數改成由大到小，由 3 到 1 每次遞減 1，使用「-1」表示遞減 1。

提示

可以切割成兩部分，先印上半部，再使用一次巢狀迴圈印出下半部，如圖所示。

5-4 迴圈結構特殊指令的使用—break、continue 與 else

迴圈在特殊需求下可以使用 break、continue 與 else 指令，當要跳出迴圈時可以使用 break 跳出迴圈。當要跳過迴圈內之後的程式碼，迴圈變數值直接遞增或遞減，繼續迴圈的執行，則使用 continue，也就是跳過 continue 後的程式繼續執行迴圈程式。若迴圈正常結束，就會執行 else 程式區塊，若迴圈經由 break 中斷，就不會執行 else 程式區塊。

針對不同的迴圈結構執行 break，如下表。(💿 : ch5\5-4-break.py)

表 5-3 針對不同的迴圈結構執行 break

結構	範例	執行結果	說明

for	for i in range(1,6):
	　print(i)
	　if i == 3:
	　　break
		1
		2
		3
			當 i 等於 3 時，中斷 for 迴圈，所以只印出「1、2、3」。

while	i = 1
	while (i<6):
	　print(i)
	　if i == 3:
	　　break
	　i += 1
		1
		2
		3
			當 i 等於 3 時，中斷 while 迴圈，所以只印出「1、2、3」。

針對不同的迴圈結構執行 continue，如下表。(💿 : ch5\5-4-continue.py)

表 5-4 針對不同的迴圈結構執行 continue

結構	範例	執行結果	說明

for	for i in range(1,6):
	　　if i == 3:
	　　　　continue
	　　print(i)
		1
		2
		4
		5
			當 i 等於 3 時，跳到 for 迴圈的開頭繼續執行，所以印出「1、2、4、5」。

while	i = 0
	while (i<5):
	　　i += 1
	　　if i == 3:
	　　　　continue
	　　print(i)
		1
		2
		4
		5
			當 i 等於 3 時，跳到 while 迴圈的開頭繼續執行，且 i 值加 1，所以印出「1、2、4、5」。

針對不同的迴圈結構執行 else，如下表。(💿 : ch5\5-4-else.py)

表 5-5 針對不同的迴圈結構執行 else

結構	範例	執行結果	說明

for	for i in range(1,6):
	　　print(i)
	　　if i == 6:
	　　　　break
	else:
	　　print('for 迴圈正常結束 ')
		1
		2
		3
		4
		5
		for 迴圈正常結束
			當 i 等於 6 時，才跳出 for 迴圈，所以 for 迴圈正確執行完畢，沒有執行 break，所以印出「1、2、3、4、5」與「for 迴圈正常結束」。

while	i = 1
	while (i<6):
	　　print(i)
	　　if i == 6:
	　　　　break
	　　i += 1
	else:
	　　print('while 迴圈正常結束 ')
		1
		2
		3
		4
		5
		while 迴圈正常結束
			當 i 等於 6 時，才跳出 while 迴圈，所以 while 迴圈正確執行完畢，沒有執行 break，所以印出「1、2、3、4、5」 與「while 迴圈正常結束」。

　　將 break、continue 與 else 可以使用在迴圈中，產生想要的結果，例如：使用帳號與密碼登入系統，若帳號密碼正確，則使用 break 中斷迴圈進入系統，否則繼續停留在登入畫面，使用帳號與密碼登入系統。

範例 5-4-1 登入系統

(：ch5\5-4-1-login.py)

請寫一個程式模擬帳號與密碼登入，使用者輸入帳號與密碼，若帳號密碼一致，則輸出「帳號與密碼正確」，否則輸出「登入失敗」。

解題想法

使用 while 迴圈，迴圈內允許使用者輸入帳號與密碼，若帳號與密碼正確，則顯示「帳號與密碼正確」，接著使用 break 中斷 while 迴圈，否則顯示「登入失敗」。使用「while True:」無窮迴圈結構，表示永遠測試條件都成立，允許使用者不斷輸入帳號與密碼直到執行 break 才中斷「while True:」無窮迴圈。

流程圖

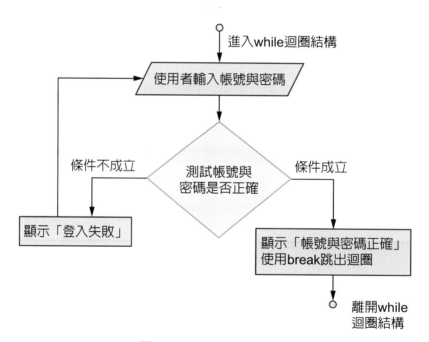

圖 5-11　登入系統流程圖

程式碼

行數	程式碼	執行結果

1
2
3
4
5
6
7
8
	while True:
	　acc = input(' 請輸入帳號？ ')
	　pwd = input(' 請輸入密碼？ ')
	　if (acc == 'abc' and pwd == '123'):
	　　print(' 帳號與密碼正確 ')
	　　break
	　else:
	　　print(' 登入失敗 ')
		預設登入帳號爲「abc」，密碼爲「123」，帳號輸入「abc」與密碼輸入「12」，顯示「登入失敗」，接著帳號輸入「abc」與密碼輸入「123」，顯示「帳號與密碼正確」。
		
		請輸入帳號？ abc
		請輸入密碼？ 12
		登入失敗
		請輸入帳號？ abc
		請輸入密碼？ 123
		帳號與密碼正確

程式解說

- **第 1 行到第 8 行**：while 迴圈中測試條件爲 True，表示測試永遠爲眞，表示無窮迴圈 (第 1 行)，登入成功後使用 break 跳出迴圈，中斷無窮迴圈執行 (第 6 行)。

- **第 2 行**：於螢幕輸出「請輸入帳號？」，經由函式 input 輸入帳號，變數 acc 參考到輸入的帳號。

- **第 3 行**：於螢幕輸出「請輸入密碼？」，經由函式 input 輸入密碼，變數 pwd 參考到輸入的密碼。

- **第 4 行到第 8 行**：判斷帳號是否等於帳號「abc」，密碼是否等於密碼「123」(第 4 行)，若是則顯示「帳號與密碼正確」訊息 (第 5 行)，使用 break 跳出迴圈 (第 6 行)，否則顯示「登入失敗」訊息，繼續 while 迴圈 (第 7 行到第 8 行)。

5-5 for 迴圈與資料儲存容器

若要取出資料儲存容器 (tuple、串列、字典與集合) 的所有元素，可以使用「for」一個一個取出每一個元素，再對每一個元素進行計算。

範例 5-5-1 使用 for 讀取 tuple

(：ch5\5-5-1-for-tuple.py)

範例	執行結果	說明

t = tuple('Tuple')
for i in t:
   print(i)
for i in range(0,len(t)):
   print(t[i])
	T
	u
	p
	l
	e
	T
	u
	p
	l
	e
		※ t 為 tuple 物件，內容為「'T', 'u', 'p', 'l', 'e'」。
		※ 使用「for i in t:」，讀取 t 中每個元素指定給變數 i。
		※ 使用「for i in range(0,len(t)):」，i 為 0 到 t 的長度減 1，利用 t[i] 讀取 t 的每一個元素。

範例 5-5-2 使用 for 讀取串列

(：ch5\5-5-2-for-list.py)

範例	執行結果	說明

sh = [' 牛奶 ', ' 蛋 ', ' 咖啡豆 ']
for i in range(0,len(sh)):
   print (i, sh[i])
for i, name in enumerate(sh, start=1):
   print(i, name)
	0 牛奶
	1 蛋
	2 咖啡豆
	1 牛奶
	2 蛋
	3 咖啡豆
		※ sh 為串列，內容為「' 牛奶 ', ' 蛋 ', ' 咖啡豆 '」。
		※ 使用「for i in range(0,len(sh)):」，i 為 0 到 sh 的長度減 1，利用 sh[i] 取 sh 的每一個元素。
		※ 使用「for i, name in enumerate(sh, start=1):」，函式 enumerate 會將 sh 每個元素編號，預設由 0 開始編號，因為「start=1」，所以修改成由 1 開始編號，會回傳編號與元素內容，編號指定給變數 i，元素指定給變數 name。

範例 5-5-3 使用 for 讀取字典

(🕐 : ch5\5-5-3-for-dict.py)

範例	執行結果

lang={' 你好 ':'Hello',' 謝謝 ':'Thanks'}
for ch, en in lang.items():
   print(' 中文為 ', ch, ' 英文為 ', en)
for ch in lang.keys():
   print(ch,lang[ch])
for en in lang.values():
   print(en)
	中文為 你好 英文為 Hello
	中文為 謝謝 英文為 Thanks
	你好 Hello
	謝謝 Thanks
	Hello
	Thanks

說明	
※ lang 為字典，內容為「' 你好 ':'Hello',' 謝謝 ':'Thanks'」。 ※ 使用「for ch, en in lang.items():」，使用函式 items 取出字典 lang 的「鍵」與「值」，ch 對應到「鍵」而 en 對應到「值」，接著使用函式 print 印出字典 lang 的每一個元素的「鍵」與「值」。 ※ 使用「for ch in lang.keys():」，使用函式 keys 取出字典 lang 的「鍵」指定給 ch，使用 lang[ch] 取出字典的「值」，接著使用函式 print 印出字典 lang 的每一個元素的「鍵」與「值」。 ※ 使用「for en in lang.values():」，使用函式 values 取出字典 lang 的「值」指定給 en，使用 en 取出字典的「值」，接著使用函式 print 印出字典 lang 的每一個元素的「值」。	

5-6 生成式 (comprehension) 與產生器 (generator)

生成式可以依照規則產生資料，接著將資料儲存在串列、字典與集合內。

◇ 5-6-1 串列生成式

若要產生一個串列有 5 個數字，而 5 個數字分別是「1、2、3、4 與 5」，我們可以使用以下方式產生這個串列。

```
a = []
a.append(1)
a.append(2)
a.append(3)
a.append(4)
a.append(5)
```

或者使用 for 迴圈也可以產生此串列。

```
a = []
for i in range(1,6):
    a.append(i)
```

Python 提供另一種產生的方式為生成式 (comprehension)，比較符合 Python 的風格，串列生成式的語法為「[運算式 for 元素 in 可迭代的物件]」，使用「[ ]」表示為串列，可迭代的物件可以是 tuple、串列、字串、字典與函式 range 等，剛才範例使用生成式改寫後如下。

```
[x for x in range(1,6)]
```

前後使用「[]」代表是串列，這行程式可以產生一個串列，串列有 5 個數字，5 個數字分別是「1、2、3、4 與 5」。

綜合前面的所有敘述，串列生成式範例 1(⚫ ：ch5\5-6-1a-list.py)，如下表。

範例	執行結果
a = [] a.append(1) a.append(2) a.append(3) a.append(4) a.append(5) print(a) a = [] for i in range(1,6): a.append(i) print(a) a = [x for x in range(1,6)] print(a)	 [1, 2, 3, 4, 5] [1, 2, 3, 4, 5] [1, 2, 3, 4, 5]

生成式也可以加上條件判斷，加上條件判斷的串列生成式格式為「[運算式 for 元素 in 可迭代的物件 if 條件判斷]」。

產生一個串列，該串列元素為 1 到 10 的所有奇數數字，使用生成式可以寫成以下程式。

```
[x for x in range(1,11) if x%2 == 1]
```

生成式也可以包含另一個生成式，前面生成式執行一次，後面接的生成式要執行完畢，形成巢狀生成式，巢狀生成式的格式為「運算式 for 元素 1 in 可迭代的物件 1 for 元素 2 in 可迭代的物件 2」。

以下程式會製作九九乘法表，串列每一個元素都是 tuple，紀錄九九乘法表的被乘數、乘數與積的結果。

```
[(i, j, i*j) for i in range(1, 10) for j in range(1, 10)]
```

綜合前面的所有敘述，串列生成式範例 2 (🔗 : ch5\5-6-1b-list.py)

範例	執行結果
odd = [num for num in range(1,11) if (num % 2) == 1] print(odd) i = range(1, 3) j = range(1, 4) mul = [(x, y) for x in i for y in j] print(mul) for x, y in mul: 　print(x, y)	[1, 3, 5, 7, 9] [(1, 1), (1, 2), (1, 3), (2, 1), (2, 2), (2, 3)] 1 1 1 2 1 3 2 1 2 2 2 3

◇ 5-6-2　字典生成式

除了串列生成式外，字典也可以有生成式，要在生成式中指定出「鍵」與「值」的對應，字典生成式的語法為「{ 鍵 : 值 for 元素 in 可迭代的物件 }」，使用「{ 鍵 : 值 }」表示為字典，例如：要將英文字母與該字母出現的次數製作成字典，字母為字典的「鍵」，字母出現次數為字典的「值」，就可以產生一個字典生成式如下。

```
word = 'elephant'
{letter : word.count(letter) for letter in set(word)}
```

變數 word 設定爲字串「elephant」，使用 set(word) 取出字串 word 的每一個字母變成一個集合，集合會自動去除重複的字母，而函式 word.count 會計算輸入的字母 letter 在 word 出現的次數，生成式產生的字典「鍵」爲 letter，對應到的「值」爲 word.count(letter)。

綜合前面敘述，字典生成式範例 (🖱 ：ch5\5-6-2-dict.py)，如下表。

範例	執行結果
word = 'elephant' word_count = {letter : word.count(letter) for letter in set(word)} for w in word_count: print(w,word_count[w])	p 1 t 1 a 1 l 1 n 1 e 2 h 1

◈ 5-6-3　集合生成式

集合生成式要在生成式中指定「集合的元素」，集合生成式的語法爲「{ 運算式 for 元素 in 可迭代的物件 }」，使用「{ 元素 }」表示爲集合，例如：要將字串中的英文字母製作出一個集合，集合生成式如下。

```
word = 'elephant'
{letter for letter in word}
```

變數 word 設定爲字串「elephant」，使用「letter for letter in word」取出字串 word 的每一個字母，外層的「{}」表示放到集合內，集合會自動去除重複的字母。

綜合前面敘述，集合生成式範例 (🖱 ：ch5\ 5-6-3-set.py)，如下表。

範例	執行結果
word = 'elephant' letters = {letter for letter in word} for i in letters: print(i)	l n e t h p a

◇ 5-6-4 產生器 (generator)

　　Python 中沒有 tuple 的生成式，可以使用「(運算式 for 元素 in 可迭代的物件)」製作產生器 (generator)，這不是 tuple 生成式，使用「( )」表示為產生器。例如：製作 1 到 10 的奇數產生器，產生器為「(num for num in range(1,10) if (num % 2) == 1)」，產生器只能執行一次，執行第二次不會產生任何值。

　　綜合前面敘述，產生器範例 (💿 : ch5\ 5-6-4-generator.py)，如下表。

範例	執行結果
odd = (num for num in range(1,10) if (num % 2) == 1) print(odd) for num in odd: 　print(num) for num in odd: 　print(num)	第二次的「for num in odd:　print(num)」不會輸出任何資料，因為產生器只能使用一次。 <generator object <genexpr> at 0x00AFB9E8> 1 3 5 7 9

5-7　範例練習

範例 5-7-1 費氏數列

(💿 : ch5\5-7-1- 費氏數列 .py)

費氏數列是將第 1 項與第 2 項相加等於第 3 項，第 2 項與第 3 項相加等於第 4 項，依此類推，初始化費氏數列的第 1 項為 1 且第 2 項為 1，計算出前 n 項的費氏數列，n 由使用者輸入。

解題想法

使用「a, b = b, a+b」定義費氏數列的關係，第 k+2 項等於第 k 項加上第 k+1 項，使用 for 迴圈產生費氏數列。

行數	程式碼	執行結果

1
2
3
4
5
6
7
	num = int(input(' 輸入求第幾項費氏數列？ '))
	a = 1
	b = 1
	print(1,a)
	for i in range(2, num+1):
	   a, b = b, a+b
	   print(i, a)
		輸入費氏數列項數，例如：「10」，
		在螢幕顯示費氏數列前 10 項。
		
		輸入求第幾項費氏數列？ 10
		1 1
		2 1
		3 2
		4 3
		5 5
		6 8
		7 13
		8 21
		9 34
		10 55

程式解說

● **第 1 行**：於螢幕顯示「輸入求第幾項費氏數列？」，允許使用者輸入項數，並經由函式 int 轉換成整數物件，變數 num 參考到此整數物件。

● **第 2 行**：變數 a 初始化為 1。

● **第 3 行**：變數 b 初始化為 1。

● **第 4 行**：使用函式 print 顯示數字「1」與變數 a。

● **第 5 到 7 行**：使用 for 迴圈，數字 2 到 num 依序指定給變數 i，控制迴圈執行次數與變數 i 的值，使用「a, b = b, a+b」定義費氏數列的關係，第 k+2 項等於第 k 項加上第 k+1 項 (第 6 行)，使用函式 print 顯示變數 i 與變數 a(第 7 行)。

範例 5-7-2 產生字與字的出現次數的字典

(：ch5\5-7-2- 字與字的出現次數的字典 .py)

使用「李白 將進酒」的詩，找出每一個字與字的出現次數，使用字當成「鍵」，出現次數當成「值」，且出現次數大於 2 次的字製作成字典，接著找出字典出現次數等於 3 次的字製作成另一個字典。

解題想法

使用字典生成式製作字典，使用函式 count 計算字的次數，函式 set 製作字的集合避免重複計算相同的字。

行數	程式碼	執行結果
1	s = ' 君不見黃河之水天上來，奔流到海不復迴。\	
2	君不見高堂明鏡悲白髮，朝如青絲暮成雪。\	
3	人生得意須盡歡，莫使金樽空對月。\	
4	天生我材必有用，千金散盡還復來。\	{'酒': 3, '千': 3, '生': 3,
5	烹羊宰牛且爲樂，會須一飲三百杯。\	'來': 3, '君': 6, '爲': 3,
6	岑夫子，丹丘生。將進酒，君莫停。\	'不': 5, '須': 3, '金': 3}
7	與君歌一曲，請君爲我側耳聽。\	{'酒': 3, '千': 3, '生': 3,
8	鐘鼓饌玉不足貴，但願長醉不願醒。\	'來': 3, '須': 3, '爲': 3,
9	古來聖賢皆寂寞，惟有飲者留其名。\	'金': 3}
10	陳王昔時宴平樂，斗酒十千恣讙謔。\	
11	主人何爲言少錢，徑須沽取對君酌。五花馬，千金裘。\	
12	呼兒將出換美酒，與爾同銷萬古愁。'　#將進酒 李白	
13	dic = {w:s.count(w) for w in set(s) if w != '，' and w != '。' and s.count(w) > 2}	
14	print(dic)	
15	dic2 = {k:v for k,v in dic.items() if v ==3}	
16	print(dic2)	

程式解說

● 第1到12行：將「李白 將進酒」的詩，指定給變數 s。

● 第13行：使用 for 迴圈，與函式 set(s) 取出變數 s 中的每個文字轉換成集合，集合會自動去除重複的文字，集合 set(s) 的每個元素到變數 w，接著函式 s.count(w) 會計算輸入的文字 w 在 s 出現的次數，若文字 w 不等於「，」且文字 w 不等於「。」且文字 w 在 s 出現的次數「s.count(w)」大於 2，才加入字典，生成式產生的字典「鍵」爲文字 w，對應到的「值」爲文字 w 在 s 出現的次數「s.count(w)」，變數 dic 參考到此字典。

● 第14行：使用函式 print 顯示變數 dic 到螢幕上。

● 第15行：使用 for 迴圈與 dic.items() 取出字典 dic 中的每個字典元素，字典 dic 的「鍵」指定給變數 k，「值」指定給變數 v，若 v 等於 3，則將 k 與 v 的對應加入字典，生成式產生的字典「鍵」爲 k，對應到的「值」爲 v，指定給變數 dic2。

● 第16行：使用函式 print 顯示變數 dic2 到螢幕上。

範例 5-7-3 英文加密

(💿：ch5\5-7-3- 英文加密 .py)

使用「a 轉換成 b，b 轉換為 a」、「c 轉換成 d，d 轉換為 c」、「e 轉換成 f，f 轉換為 e」…「y 轉換成 z，z 轉換為 y」，進行字串的加密與解密，輸入資料一律轉成小寫。

解題想法

使用字典生成式製作轉換字典，根據 a 到 z 對應的 ASCII 為 97 到 122，使用函式 ord 將小寫英文字元轉換成 ASCII 碼，函式 chr 將 ASCII 碼轉換成英文字元。ASCII 碼為奇數的小寫英文字元，轉換成 ASCII 碼為偶數的小寫英文字元，而 ASCII 碼為偶數的小寫英文字元，轉換成 ASCII 碼為奇數的小寫英文字元，再使用字典的函式 update 合併兩個字典，有了轉換的字典後，就可以使用字典查詢製作加密與解密程式。

行數	程式碼
1	sec1 = {chr(ord('a')+i): chr(ord('a')+i-1) for i in range(26) if i % 2}
2	sec2 = {chr(ord('a')+i): chr(ord('a')+i+1) for i in range(26) if i % 2 == 0}
3	sec1.update(sec2)
4	print(sec1)
5	s = 'an apple a day keeps the doctor away'
6	print(s)
7	ss = ''
8	for c in s:
9	if c != ' ':
10	ss += sec1[c]
11	else:
12	ss += ' '
13	print(ss)
14	us = ''
15	for c in ss:
16	if c != ' ':
17	us += sec1[c]
18	else:
19	us += ' '
20	print(us)

執行結果

{'b': 'a', 's': 't', 'd': 'c', 'l': 'k', 'g': 'h', 'r': 'q', 'u': 'v', 'x': 'w', 'q': 'r', 'z': 'y', 'a': 'b', 'y': 'z', 'c': 'd', 'j': 'i', 'm': 'n', 'f': 'e', 'p': 'o', 'i': 'j', 'w': 'x', 'k': 'l', 'e': 'f', 't': 's', 'n': 'm', 'v': 'u', 'h': 'g', 'o': 'p'}
an apple a day keeps the doctor away
bm bookf b cbz lffot sgf cpdspq bxbz
an apple a day keeps the doctor away

程式解說

- **第1行**：使用「for i in range(26) if i % 2」產生數字 1、3、5、……、25 依序指定給變數 i，函式 ord 將小寫英文字元轉換成 ASCII 碼，因為字元 a 的 ASCII 碼為 97，所以 ord('a') 為 97。若變數 i 等於 1，則「chr(ord('a')+i)」產生字元「b」，「chr(ord('a')+i-1)」產生字元「a」，產生字元「b」對應字元「a」的字典元素；若變數 i 等於 3，則「chr(ord('a')+i)」產生字元「d」，「chr(ord('a')+i-1)」產生字元「c」，產生字元「d」對應字元「c」的字典元素，依此類推，直到變數 i 等於 25，則「chr(ord('a')+i)」產生字元「z」，「chr(ord('a')+i-1)」產生字元「y」，產生字元「z」對應字元「y」的字典元素，將字典指定給變數 sec1。ASCII 碼為偶數的小寫英文字元，轉換成 ASCII 碼為奇數的小寫英文字元。

- **第2行**：使用「for i in range(26) if i % 2 == 0」產生數字 0、2、4、……、24 依序指定給變數 i，函式 ord 將小寫英文字元轉換成 ASCII 碼，因為字元 a 的 ASCII 碼為 97，所以 ord('a') 為 97，若變數 i 等於 0，則「chr(ord('a')+i)」產生字元「a」，「chr(ord('a')+i+1)」產生字元「b」，產生字元「a」對應字元「b」的字典元素；若變數 i 等於 2，則「chr(ord('a')+i)」產生字元「c」，「chr(ord('a')+i+1)」產生字元「d」，產生字元「c」對應字元「d」的字典元素，依此類推，直到變數 i 等於 24，則「chr(ord('a')+i)」產生字元「y」，「chr(ord('a')+i+1)」產生字元「z」，產生字元「y」對應字元「z」的字典元素，將字典指定給變數 sec2。ASCII 碼為奇數的小寫英文字元，轉換成 ASCII 碼為偶數的小寫英文字元。

- **第3行**：使用字典 sec1 的函式 update，以字典 sec1 為基礎，將字典 sec2 的資料加入，若有相同的「鍵」，字典 sec2 的「值」取代字典 sec1 的「值」。

- **第4行**：使用函式 print 顯示字典 sec1。

- **第5行**：變數 s 參考到字串「an apple a day keeps the doctor away」。

- **第6行**：使用函式 print 顯示變數 s。

- **第 7 行**：變數 ss 初始化為空字串。

- **第 8 到 12 行**：使用 for 迴圈依序取出變數 s 的所有元素到變數 c，若變數 c 不等於空白字元，則以變數 c 為鍵值查詢字典 sec1，將查詢結果加入到變數 ss(第 9 到 10 行)，否則將空白字元加入到變數 ss(第 11 到 12 行)。

- **第 13 行**：使用函式 print 顯示變數 ss。

- **第 14 行**：變數 us 初始化為空字串。。

- **第 15 到 19 行**：使用 for 迴圈依序取出變數 ss 的所有元素到變數 c，若變數 c 不等於空白字元，則以變數 c 為鍵值查詢字典 sec1，將查詢的結果加入到變數 us(第 16 到 17 行)，否則將空白字元加入到變數 us(第 18 到 19 行)。

- **第 20 行**：使用函式 print 顯示變數 us。

本章習題

實作題

1. 求平方和

   使用者輸入正整數 n，求該正整數的平方和，求 $1^2+2^2+3^2+...+n^2$。

預覽結果

請輸入 n 值？5
55

2. 列出 1 到 1000 不被 2 也不被 3 整除的數字

   列出所有 1 到 1000 中不被 2 也不被 3 整除的所有數字，即不是 2 的倍數也不是 3 的倍數。

預覽結果

(顯示最後五個數字)

985
989
991
995
997

3. 求大於 1000 最小平方和

   求最小 n，滿足「$1^2+2^2+3^2+\cdots+n^2 > 1000$」。

預覽結果

最小的 n 值為 14

4. 十九乘十九乘法表

利用程式製作十九乘十九的乘法表。

預覽結果

(顯示最後兩行)

```
18*1=18 18*2=36 18*3=54 18*4=72 18*5=90 18*6=108 18*7=126 18*8=144 18*9=162
18*10=180 18*11=198 18*12=216 18*13=234 18*14=252 18*15=270 18*16=288
18*17=306 18*18=324 18*19=342
19*1=19 19*2=38 19*3=57 19*4=76 19*5=95 19*6=114 19*7=133 19*8=152 19*9=171
19*10=190 19*11=209 19*12=228 19*13=247 19*14=266 19*15=285 19*16=304
19*17=323 19*18=342 19*19=361
```

5. 完全數

完全數的定義為某數的所有因數 (去除自己) 相加等於該數，該數稱做完全數，例如：6 的因數有 1、2、3 與 6，去除 6 後其他的數相加，因為「1+2+3=6」，所以 6 是第一個完全數。寫一個程式計算出 2 到 1000 的所有完全數。

預覽結果

```
6 為完全數
28 為完全數
496 為完全數
```

6. 擲骰子

擲一個骰子當點數為 6 時，程式停止執行，否則繼續執行。

預覽結果

```
4
2
1
6
```

6

函式與遞迴

6-1 函式

⚙ Jupyter Notebook 範例檔：ch6\ch6.ipynb

函式用於結構化程式，將相同功能的程式獨立出來，經由函式的呼叫，傳入資料與回傳處理後的結果，程式設計師只要將函式寫好，就可以不斷利用此函式做相同動作，達成程式碼不重複，而若要修改此功能，只要更改此函式。再者，其他程式設計師要使用此函式，只要知道此函式的功能，什麼輸入會有怎樣的輸出，而不需知道函式實作的細節。函式可幫助多位程式設計師共同開發系統，事先規劃好函式名稱與功能，再各自開發函式與整合所有程式，最後達成系統所需求的功能。

◇ 6-1-1 函式的定義、傳回值與呼叫

自訂函式需要包含兩個部分，分別是「函式的定義」與「函式的呼叫」。「函式的定義」是實作函式的功能，輸入參數與回傳處理後的結果，「函式的呼叫」是其他程式中呼叫自訂函式，讓自訂函式真正執行，以下分開敘述函式的定義與呼叫。

■ 函式的定義

以 def 開頭，空一個空白字元 (space)，接函式名稱後，串接著一對小括號，小括號可以填入要傳入函式的參數，當參數有多個的時候以逗號隔開，右小括號後面須接上「:」，函式範圍以縮行固定個數的空白字元表示，縮行相同個數的空白字元的程式碼就是函式的作用範圍。當函式需要傳回值使用指令 return，表示函式回傳資料給原呼叫函式。若不需要回傳值的函式就不需要加上 return，函式的定義與傳回值格式，如下表。

表 6-1 函式的定義

分類	函式的定義語法	範例
不回傳值的函式	def 函式名稱 (參數 1，參數 2，…): 　　函式的敘述區塊	def hi(): 　　print('hi')

回傳值的函式	def 函式名稱 (參數 1，參數 2，…):
	　　函式的敘述區塊
	　　return 要傳回的變數或值
		def min(a,b):
		　　if a > b:
		　　　　return b
		　　else:
		　　　　return a

■ 函式的呼叫

　　程式經由函式呼叫，將資料傳入函式，函式處理後傳回結果給呼叫程式，程式中如何呼叫函式？在程式中利用函式名稱與參數來呼叫函式。

方法一：不回傳值函式的呼叫語法

函式名稱 (參數值 1, 參數值 2,…)

方法二：回傳值函式的呼叫語法

變數 = 函式名稱 (參數值 1, 參數值 2,…)

　　等號右邊要先做完，利用函式名稱與參數來呼叫函式，最後函式回傳值給變數，變數就紀錄函式呼叫後的回傳值。

　　綜合前面敘述，函式定義與函式呼叫範例 (　：ch6\6-1-1-func1.py)，如下。

行號	範例	執行結果

1
2
3
4
5
6
7
8
9
	def hi():
	　print('hi')
	hi()
	def min(a,b):
	　if a > b:
	　　return b
	　else:
	　　return a
	print(min(2,4))
		hi
		2

程式解說

● **第 1 到 2 行**：自訂函式 hi，印出「hi」到螢幕上。

● **第 3 行**：呼叫 hi 函式。

● **第 4 到 8 行**：自訂函式 min，輸入兩個參數 a 與 b，將較小的數字回傳回來。

● **第 9 行**：呼叫函式 min，輸入數字 2 與 4，回傳較小的數字 2，使用函式 print 將數字 2 顯示到螢幕上。

以下範例用於計算長方形面積，使用者輸入長度與寬度，呼叫自訂的函式 area 將長度與寬度傳入，回傳計算結果。

行號	函式範例程式 (🎯 : ch6\ 6-1-1-rec.py)	執行結果
1 2 3 4 5 6	def area(x,y): return x*y a = int(input(' 請輸入長度？ ')) b = int(input(' 請輸入寬度？ ')) ans = area(a, b) print(' 長方形面積為 ', ans)	請輸入長度？ 3 請輸入寬度？ 4 長方形面積為 12

程式解說

● 第 1 行到第 2 行：函式 area 的定義，輸入參數 x 與 y，回傳 x 乘以 y 的結果。

● 第 3 行：於螢幕輸出「請輸入長度？」，經由函式 input 輸入字串，再由函式 int 將字串轉換成整數物件，變數 a 參考到此整數物件。

● 第 4 行：於螢幕輸出「請輸入寬度？」，經由函式 input 輸入字串，再由函式 int 將字串轉換成整數物件，變數 b 參考到此整數物件。

● 第 5 行：呼叫 area 函式，使用 a 與 b 為參數，變數 ans 參考到此函式回傳值。

● 第 6 行：使用函式 print 顯示字串「長方形面積為」串接變數 ans 在螢幕上。

■ 函式呼叫過程的流程圖

執行過程中呼叫函式 area 以變數 a 與變數 b 為輸入值，此時程式執行控制權由原呼叫函式轉換到函式 area，函式 area 過程中遇到 return 將值回傳，此時程式執行控制權由函式 area 轉回原呼叫函式。

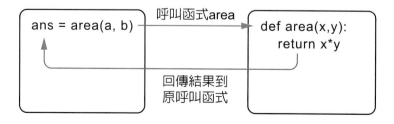

圖 6-1 函式呼叫過程的流程圖

◇▶ 6-1-2　函式與變數的作用範圍

變數作用範圍分成全域變數與函式內的區域變數，宣告在最上面最外層的稱作全域變數，宣告在函式內的變數稱作區域變數，函式內若沒有那個變數就會往函式外找尋，舉例如以下範例 (　　：ch6\6-1-2a-func2.py)。

行號	範例	執行結果
1 2 3 4	g = 5 def f1(): 　　print(g) f1()	5

程式解說

第 3 行的 print(g)，因為函式內沒有變數 g，所以往函式外去找尋，找到第 1 行的變數 g，將全域變數 g 的數值 5 顯示在螢幕上。

　　若函式內有一個區域變數，與全域變數名稱一樣的變數，若讀取區域變數在初始化區域變數之前，則會產生 UnboundLocalError 錯誤，下表中程式第 3 行。因為會產生 UnboundLocalError 錯誤，所以使用井字號「#」進行註解讓該行沒有作用，若要測試此錯誤就可以將井字號「#」刪除，再執行程式一次，就會出現 UnboundLocalError 錯誤。

　　從以下程式可以發現，全域變數 g 與區域變數 g，是兩個不同的變數，函式內區域變數 g 作用範圍在函式內，全域變數 g 作用範圍為整個檔案，但因為函式內區域變數有相同的變數名稱，函式會優先使用區域變數，若找不到才去找全域變數。

行號	範例	執行結果

1
2
3
4
5
6
7
	g = 5
	def f2():
	　　#print(g)
	　　g = 10
	　　print(g)
	f2()
	print(g)
		10
		5

程式解說

● 第 1 行：宣告全域變數 g，初始化爲 5。

● 第 2 到 5 行：定義函式 f2，宣告區域變數 g，並初始化爲 10(第 4 行)，印出區域變數 g 的值到螢幕上 (第 5 行)。

● 第 6 行：呼叫函式 f2。

● 第 7 行：印出全域變數 g 的值到螢幕上。

　　函式內若沒有那個變數就會往函式外去找尋，也可以使用 global 宣告區域變數，該區域變數將明確指向全域變數，也就是宣告爲 global 的區域變數一定指向相同名稱的全域變數，舉例如以下範例 (✏ ：ch6\6-1-2b-func3.py)。

行號	範例	執行結果
1 2 3 4 5 6 7 8	g = 5 def f(): 　　global g 　　print(g) 　　g = 10 　　print(g) f() print(g)	5 10 10

程式解說

● 第 1 行：宣告全域變數 g，初始化爲 5。

● 第 2 到 6 行：定義函式 f，宣告 g 爲全域變數 (第 3 行)，印出全域變數 g 的值到螢幕上 (第 4 行)，設定全域變數 g 爲 10(第 5 行)，印出全域變數 g 的值到螢幕上 (第 6 行)。

● 第 7 行：呼叫函式 f。

● 第 8 行：印出全域變數 g 的值到螢幕上。

6-2　函式範例練習

範例 6-2-1 計算 BMI

（ 💿 ：ch6\6-2-1-BMI.py）

BMI 常用來判斷肥胖程度，BMI 等於體重 (KG) 除以身高 (M) 的平方，「BMI 與肥胖等級標準」表，如下。請寫一個程式讓使用者輸入體重與身高，顯示 BMI 值與肥胖程度。

表 6-2　BMI 值

BMI 值	肥胖等級
BMI < 18	體重過輕
18 ≦ BMI < 24	體重正常
24 ≦ BMI < 27	體重過重
27 ≦ BMI	體重肥胖

解題想法

我們利用自訂函式 BMI，輸入體重與身高回傳 BMI 值，利用 BMI 值與「BMI 與肥胖等級標準」表，使用選擇結構顯示 BMI 值與對應的肥胖等級。

行數	程式碼	執行結果

1
2
3
4
5
6
7
8
9
10
11
12
13
14
	`def BMI(w, h):`
	　　`return w/(h*h)`
	`w = float(input(' 請輸入體重 (KG) ？ '))`
	`h = float(input(' 請輸入身高 (M) ？ '))`
	`bmi = BMI(w, h)`
	`print('BMI 為 ', bmi)`
	`if (bmi < 18):`
	　　`print(' 體重過輕 ')`
	`elif (bmi < 24):`
	　　`print(' 體重正常 ')`
	`elif (bmi < 27):`
	　　`print(' 體重過重 ')`
	`else:`
	　　`print(' 體重肥胖 ')`
		請輸入體重為「80」與身高為「1.7」，顯示計算所得 BMI 值為「27.68166089965398」與肥胖分級為「體重肥胖」。
		
		請輸入體重 (KG) ？ 80
		請輸入身高 (M) ？ 1.7
		BMI 為 27.68166089965398
		體重肥胖

程式解說

- **第 1 到 2 行**：定義 BMI 函式，使用體重與身高為輸入值，回傳 BMI 值。體重儲存於變數 w，身高儲存於變數 h，回傳「w/(h*h)」(第 2 行)。

- **第 3 行**：於螢幕輸出「請輸入體重 (KG)？」，經由函式 input 輸入字串，再由函式 float 將字串轉換成浮點數物件，變數 w 參考到此浮點數物件。

- **第 4 行**：於螢幕輸出「請輸入身高 (M)？」，經由函式 input 輸入字串，再由函式 float 將字串轉換成浮點數物件，變數 h 參考到此浮點數物件。

- **第 5 行**：呼叫 BMI 函式，使用 w 與 h 為參數，將所得 BMI 值指定給變數 bmi。

- **第 6 行**：將函式所得的 BMI 值顯示在螢幕。

- **第 7 到 8 行**：判斷所計算出的 BMI 值是否小於 18，若是則顯示「體重過輕」。

- **第 9 到 10 行**：否則判斷所計算出的 BMI 值是否小於 24(隱含成績大於等於 18)，若是則顯示「體重正常」。

- **第 11 到 12 行**：否則判斷所計算出的 BMI 值是否小於 27(隱含成績大於等於 24)，若是則顯示「體重過重」。

- **第 13 到 14 行**：否則 (隱含成績大於等於 27) 顯示「體重肥胖」。

6-3　函式的輸入與輸出

6-3-1　函式的輸入

　　函式中有預設值的輸入參數一定要放在後面，預設值要是不可以變的常數，不能為串列或字典等可以修改的資料結構。

行號	範例 (: ch6\6-3-1-func4.py)	執行結果
1 2 3	def f(s, count=1): 　　print(s * count) f('Hi')	Hi

程式解說

- **第 1 到 2 行**：定義函式 f，輸入參數有 s 與 count，參數 count 預設值為 1，使用 print 印出 count 個字串 s 到螢幕 (第 2 行)。
- **第 3 行**：呼叫函式 f，設定 s 為「Hi」，變數 count 沒有輸入值，使用預設值 1。

　　可以經由函式呼叫輸入新的數值取代原預設值，如以下範例。

行號	範例 (　：ch6\6-3-1-func4.py)	執行結果
1 2 3	def f(s, count=1): 　　print(s * count) f('Hi',3)	HiHiHi

程式解說

- **第 1 到 2 行**：定義函式 f，輸入參數有 s 與 count，參數 count 預設值為 1，使用 print 印出 count 個字串 s 到螢幕 (第 2 行)。
- **第 3 行**：呼叫函式 f，設定 s 為「Hi」，設定 count 為 3，取代預設值 1。

　　函式內參數的對應，若未指定名稱會依照順序填入，例如：自訂函式 func 如下。

```
def func(x, y, z=9):
    print("x=" , x , "y=" , y , "z=" , z)
```

　　若以 func(1,2) 進行呼叫，會印出「x= 1 y= 2 z= 9」，可以看出依照順序放入對應的參數；若以 func(1, 2, 3) 進行呼叫，會印出「x= 1 y= 2 z= 3」，可以看出依照順序放入對應的參數，且預設值被輸入值取代。若以 func(x=3, y=4) 進行呼叫，會印出「x= 3 y= 4 z= 9」，可以指定參數與輸入值的對應，這時就可以不用依照順序，例如以 func(y=5, x=6) 進行呼叫，會印出「x= 6 y= 5 z= 9」，所以指定參數與輸入值的對應，輸入順序與參數的對應順序可以不同。以 func(x=3, z=6) 進行呼叫，會發生 TypeError，因為參數 y 沒有輸入值，沒有預設值的參數一定要有輸入值。

行號	範例 (⏱ : ch6\6-3-1-func5.py)	執行結果
1 2 3 4 5 6 7	def func(x, y, z=9): print("x=" , x , "y=" , y , "z=" , z) func(1, 2) func(1, 2, 3) func(x=3, y=4) func(y=5, x=6) #func(x=3, z=6)	x= 1 y= 2 z= 9 x= 1 y= 2 z= 3 x= 3 y= 4 z= 9 x= 6 y= 5 z= 9

程式解說

● **第 1 到 2 行**：定義函式 func，輸入參數有 x、y 與 z，參數 z 預設值為 9，使用函式 print 印出參數 x、y 與 z 的值到螢幕 (第 2 行)。

● **第 3 行**：呼叫函式 func，依序設定參數 x 為 1，參數 y 為 2，參數 z 使用預設值。

● **第 4 行**：呼叫函式 func，依序設定參數 x 為 1，參數 y 為 2，參數 z 為 3。

● **第 5 行**：呼叫函式 func，使用指定方式設定參數 x 為 3，參數 y 為 4，參數 z 使用預設值。

● **第 6 行**：呼叫函式 func，使用指定方式設定參數 y 為 5，參數 x 為 6，參數 z 使用預設值。

● **第 7 行**：呼叫函式 func，使用指定方式設定參數 x 為 3，參數 z 為 6，但沒有指定參數 y，所以會產生 TypeError 錯誤，此行先以井字號「#」開頭當成註解，若要產生 TypeError 錯誤，請將開頭的井字號「#」去除，重新執行就會產生 TypeError 錯誤。

◈▶ 6-3-2　函式的回傳值

　　函式回傳值可以使用 tuple 回傳多個資料，例如：以下 ymd 函式使用 tuple 回傳時間的年、月與日，模組 datetime 的說明請參閱第 11 章。

```
def ymd():
    now = datetime.now()
    return (now.year, now.month, now.day)
```

　　回傳的 tuple 可以使用 tuple 開箱 (tuple uppacking) 取得回傳的多個參數，如下。

```
y, m, d = ymd()
```

y 會對應到時間的年，m 會對應到時間的月，而 d 會對應到時間的日，到此就完成回傳多個資料的功能。

行號	範例 (⏺ : ch6\6-3-2-func6.py)	執行結果
1	from datetime import datetime	
2	def ymd():	
3	now = datetime.now()	2018 4 30
4	return (now.year, now.month, now.day)	
5	y, m, d = ymd()	
6	print(y,m,d)	

程式解說

● 第 1 行：匯入函式庫 datetime 的模組 datetime。

● 第 2 到 4 行：定義函式 ymd，設定變數 now 參考到模組 datetime 的函式 now 回傳的物件，使用 return 回傳 tuple，tuple 內元素依序為目前時間的年 (now.year)、目前時間的月 (now.month) 與目前時間的日 (now.day)。

● 第 5 行：呼叫函式 ymd，將回傳的 tuple，依序放入變數 y、m 與 d。

● 第 6 行：使用函式 print 依序顯示變數 y、m 與 d 的值到螢幕上。

◇ 6-3-3　函式的進階輸入 ─ 位置引數與關鍵字引數

■ 位置引數 (positional arguments)

位置引數 (函式輸入變數的前方使用「*」) 會將函數內多個輸入值群組化成 tuple，例如以下範例，慣例使用 args 為位置引數名稱，這個變數名稱可以修改成任何變數名稱。

```
def func1(*args):
    print(' 位置引數為 ', args)
```

使用「func1(1,2,3)」呼叫函式 func1，會印出以下結果。

```
位置引數為 (1, 2, 3)
```

可以發現 args 為 tuple，內容為「(1, 2, 3)」。

■▌關鍵字引數 (keyword arguments)

關鍵字引數 (函式輸入變數的前方使用「**」) 會將函數內多個輸入值群組化成字典，例如以下範例，慣例使用 kwargs 為關鍵字引數名稱，這個變數名稱可以修改成任何變數名稱。

```
def func2(**kwargs):
    print(' 關鍵字引數為 ', kwargs)
```

使用「func2(a=1, b=2)」呼叫函式 func2，會印出以下結果。

```
關鍵字引數為 {'b': 2, 'a': 1}
```

可以發現 kwargs 為字典，內容為「{'b': 2, 'a': 1}」。

■▌參數、位置引數與關鍵字引數

參數、位置引數與關鍵字引數可以一起使用，如以下範例。

```
def func3(start, *args, **kwargs):
    print("start=", start)
    print(" 位置引數為 ", args)
    print(" 關鍵字引數為 ", kwargs)
```

使用「func3(1, 2, 3, a=4, b=5)」呼叫函式 func3，會印出以下結果。

```
start= 1
位置引數為 (2, 3)
關鍵字引數為 {'b': 5, 'a': 4}
```

可以發現第一個數字 1 指定給 start，args 為 tuple，內容為「(2, 3)」，kwargs 為字典，內容為「{'b': 5, 'a': 4}」。

綜合上述範例獲得以下程式。

行號	範例 (⏱ : ch6\6-3-3-func7.py)	執行結果
1	def func1(*args):	
2	print(' 位置引數為 ', args)	
3	func1(1,2,3)	
4	def func2(**kwargs):	位置引數為 (1, 2, 3)
5	print(' 關鍵字引數為 ', kwargs)	關鍵字引數為 {'b': 2, 'a': 1}
6	func2(a=1, b=2)	start= 1
7	def func3(start, *args, **kwargs):	位置引數為 (2, 3)
8	print("start=", start)	關鍵字引數為 {'b': 5, 'a': 4}
9	print(" 位置引數為 ", args)	
10	print(" 關鍵字引數為 ", kwargs)	
11	func3(1, 2, 3, a=4, b=5)	

程式解說

● 第 1 到 2 行：定義函式 func1，允許將所有輸入值轉成位置引數，顯示位置引數在螢幕上 (第 2 行)。

● 第 3 行：呼叫函式 func1，使用「1,2,3」為輸入。

● 第 4 到 5 行：定義函式 func2，允許將所有輸入值轉換成關鍵字引數，顯示關鍵字引數在螢幕上 (第 5 行)。

● 第 6 行：呼叫函式 func2，使用「a=1, b=2」為輸入。

● 第 7 到 10 行：定義函式 func3，允許將所有函式輸入值轉換成參數、位置引數與關鍵字引數，顯示參數 (第 8 行)、位置引數 (第 9 行) 與關鍵字引數 (第 10 行) 在螢幕上。

● 第 11 行：呼叫函式 func3，使用「1, 2, 3, a=4, b=5」為輸入。

6-4 函式的說明文件

可以在函式下方使用「'''」撰寫函式的說明文件，說明文件可以跨好幾行，直到找到下一個「'''」，使用「'''」會保留第 2 行以後所有開頭的空格，如以下範例。

```python
def min(a, b):
    ''' 使用 min 可以找出 a 與 b 較小的值
    Args:
        a: 輸入的第一個參數
        b: 輸入的第二個參數
    Returns:
        回傳 a 與 b 中較小的值
    '''
    if a > b:
        return b
    else:
        return a
```

使用「help(min)」可以讀取函式的說明文件，如下。

```
Help on function min in module __main__:

min(a, b)
    使用 min 可以找出 a 與 b 較小的值
    Args:
        a: 輸入的第一個參數
        b: 輸入的第二個參數

    Returns:
        回傳 a 與 b 中較小的值
```

使用「print(min.__doc__)」可以讀取函式的說明文件，如下。

使用 min 可以找出 a 與 b 較小的值
　Args:
　　a: 輸入的第一個參數
　　b: 輸入的第二個參數

Returns:
　回傳 a 與 b 中較小的值

　　我們可以善用函式的說明文件，讓後續維護程式的程式設計師可以快速了解函式的用途與功能。

行號	範例 (　: ch6\6-4-func8.py)	執行結果

1
2
3
4
5
6
7
8
9
10
11
12
13
14
15
	def min(a, b):
	　''' 使用 min 可以找出 a 與 b 較小的值
	　Args:
	　　a: 輸入的第一個參數
	　　b: 輸入的第二個參數
	
	　Returns:
	　　回傳 a 與 b 中較小的值
	　'''
	　if a > b:
	　　return b
	　else:
	　　return a
	help(min)
	print(min.__doc__)
		Help on function min in module __main__
		min(a, b)
		　使用 min 可以找出 a 與 b 較小的值
		　Args:
		　　a: 輸入的第一個參數
		　　b: 輸入的第二個參數
		
		　Returns:
		　　回傳 a 與 b 中較小的值
		
		使用 min 可以找出 a 與 b 較小的值
		　Args:
		　　a: 輸入的第一個參數
		　　b: 輸入的第二個參數
		
		Returns:
		　回傳 a 與 b 中較小的值

程式解說

● **第 1 到 13 行**：定義函式 min，函式說明在第 2 到 9 行。若 a 大於 b，則回傳 b，否則回傳 a(第 10 到 13 行)。

● **第 14 行**：使用函式 help，讀取函式 min 的說明文件。

● **第 15 行**：使用函式 print 印出函式 min 的說明文件，函式的說明文件屬性為 (__doc__)。

6-5 函式視為物件

Python 中函式視為物件，以函式名稱當成物件，函式名稱加上 () 才會執行該函式，範例如下。

```
def add(a, b):
    return a + b
def run(func, x, y):
    return func(x, y)
k = run(add, 10, 20)
print('k=', k)
```

函式 run 的第 1 個參數 func 為函式物件，使用 func() 呼叫執行 func 所指定的函式，run 函式以「run(add, 10, 20)」執行，則 func 會使用函式物件 add 取代，run 函式中的 func(x,y) 相當於 add(x,y)，可以看出 Python 把函式名稱當成物件使用，上述程式執行結果如下。

行號	範例 (🖱 ：ch6\6-5-func9.py)	執行結果

1
2
3
4
5
6
	def add(a, b):
	    return a + b
	def run(func, x, y):
	    return func(x, y)
	k = run(add, 10, 20)
	print('k=', k)
		k= 30

程式解說

● **第 1 到 2 行**：定義函式 add，輸入兩個參數 a 與 b，回傳 a 加上 b 的結果。

● **第 3 到 4 行**：定義函式 run，輸入三個參數 func、x 與 y，func 需傳入函式物件，函式 func 傳入兩個參數 x 與 y，回傳函式 func 的結果。

● **第 5 行**：使用「run(add, 10, 20)」相當於執行 add(10, 20)，回傳結果指定給變數 k。

● **第 6 行**：使用函式 print 顯示「k=」與變數 k 的值到螢幕上。

6-6　函式 lambda

函式若只有一行，可以轉換成為函式 lambda，函式 lambda 的轉換格式如下。

lambda 輸入的參數 : 函式的定義

我們可以將函式 add 轉換成函式 lambda，如下。

原始函式	轉換為 lambda
def add(a, b): 　　return a + b	lambda a, b: a+b

使用函式 lambda 重新改寫 6-5 的範例程式 (　：ch6\6-5-func9.py)，如下。

函式 run 的第 1 個參數 func 為函式物件，使用 func() 呼叫執行 func 所指定的函式，run 函式以「run(lambda a,b: a+b, 10, 20)」執行，則 func 會使用函式 lambda 所定義的函式取代，函式 run 內的 func(x,y) 相當於函式 lambda 以 x 與 y 為輸入參數，上述程式執行結果如下。

行號	範例 (　：ch6\6-6-func10.py)	執行結果
1 2 3 4	def run(func, x, y): 　　return func(x, y) k = run(lambda a,b: a+b, 10, 20) print('k=', k)	k= 30

程式解說

● 第 1 到 2 行：定義函式 run，輸入三個參數 func、x 與 y，func 為傳入的函式物件，函式 func 傳入兩個參數 x 與 y，回傳執行函式 func 的結果。

● 第 3 行：使用「run(lambda a,b: a+b, 10, 20)」相當於執行「10+20」，回傳結果儲存到變數 k。

● 第 4 行：使用函式 print 顯示「k=」與變數 k 的值到螢幕上。

6-7　產生器 (generator)

使用函式製作產生器，產生器可以產生一個序列的資料，產生器要使用 yeild 回傳資料，而非使用 return 回傳資料，使用 yeild 回傳資料會紀錄上一次回傳時函式的狀態，不會從頭到尾都執行。

使用產生器的好處是不用一次產生所有資料，當產生的資料量很大時會占用很多記憶體空間，產生器會一次產生一個資料，紀錄上一次執行的狀態，需要時再產生下一個資料。還記得迴圈時使用的函式 range，我們使用產生器撰寫自己的函式 range，取名叫函式 irange，產生器程式如下。

```
def irange(start, stop, step=1):
    if start < stop:
        i = start
        while i < stop:
            yield i
            i = i + step
    else:
        i = start
        while i > stop:
            yield i
            i = i + step
```

使用 yield 回傳資料的函式會被認爲是產生器，執行以下程式。

```
x = irange(1,10)
print(x)
```

印出以下結果。

```
<generator object irange at 0x00000000010FA360>
```

表示 x 是一個產生器 (generator)。

以下程式使用 for 迴圈取出產生器所產生的序列元素。

```
for i in irange(1, 5, 1):
    print(i)
```

印出以下結果。

```
1
2
3
4
```

行號	範例 (: ch6\6-7-func11.py)	執行結果
1	def irange(start, stop, step=1):	
2	if start < stop:	
3	i = start	
4	while i < stop:	
5	yield i	\<generator object irange at
6	i = i + step	0x000000000110A360>
7	else:	1
8	i = start	2
9	while i > stop:	3
10	yield i	4
11	i = i + step	4
12	x = irange(1,10)	3
13	print(x)	2
14	for i in irange(1, 5, 1):	
15	print(i)	
16	for i in irange(4, 1, -1):	
17	print(i)	

程式解說

● **第 1 到 11 行**：定義函式 irange，輸入三個參數 start、stop 與 step，step 沒有輸入值時，使用 1 為預設值。若 start 小於 stop(第 2 行)，表示為遞增數列，則 i 設定為 start(第 3 行)，當 i 小於 stop，則使用 yield 回傳變數 i 的值，接著 i 值遞增 step(第 4 到 6 行)；否則為遞減數列，i 設定為 start(第 8 行)，當 i 大於 stop，則使用 yield 回傳變數 i 的值，接著 i 值遞增 step(第 9 到 11 行)。

● **第 12 行**：設定 x 為 irange(1,10)。

● **第 13 行**：印出 x 到螢幕上。

- 第 14 到 15 行：使用 for 迴圈取出產生器 irange(1, 5, 1) 的每個元素到 i，使用函式 print 印出 i 的值到螢幕。

- 第 16 到 17 行：使用 for 迴圈取出產生器 irange(4, 1, -1) 的每個元素到 i，使用函式 print 印出 i 的值到螢幕。

6-8　內部函式

　　Python 函式內部可以包含另一個函式，函式內部的函式稱作內部函式。內部函式用於函式內會一直重複利用到的功能，可以獨立出來寫成一個函式，在函式內呼叫使用，例如以下範例。

```
def hello(msg):
    def say(text):
        return 'Hello,'+text
    print(say(msg))
    print(say(' 你好 '))
```

　　函式 hello 內定義函式 say，在函式 hello 內呼叫了兩次 say，分別傳了一個字串回來，使用函式 print 將字串列印出來，執行時使用以下程式呼叫函式 hello。

```
hello('John')
```

　　程式執行結果如下。

```
Hello,John
Hello, 你好
```

行號	範例 (🎧 : ch6\6-8-func12.py)	執行結果
1	def hello(msg):	
2	def say(text):	
3	return 'Hello,'+text	Hello,John
4	print(say(msg))	Hello, 你好
5	print(say(' 你好 '))	
6	hello('John')	

程式解說

● **第 1 到 5 行**：定義函式 hello，輸入參數 msg，在函式內定義內部函式 say，輸入參數 text，內部函式 say 用於回傳「Hello,」串接參數 text 的字串 (第 2 到 3 行)。呼叫內部函式 say 以 msg 爲輸入，將結果印出在螢幕上，再一次呼叫內部函式 say 以「你好」爲輸入，將結果印出在螢幕上。

● **第 6 行**：呼叫函式 hello 以「John」爲輸入。

6-9　closure 函式

類似前一節的內部函式，在函式內動態建立一個函式，回傳該函式，稱作 closure。使用 closure 的好處是可以看到外部函式的變數，讓程式碼集中在外部函式內，而非宣告定義在外部函式之外，避免程式碼分散不易閱讀。

將前一節程式改成 closure，程式碼如下。

```
def hello(msg):
    def say(hi):
        return hi+msg
    return say
```

在外部函式 hello 內動態建立一個函式 say，函式 say 會回傳參數 hi(函式 say 的參數) 串接參數 msg(函式 hello 的參數) 的字串，最後將函式 say 當成物件回傳，內部函式 say 稱作 closure 函式，使用 closure 函式的好處是內部函式 say(closure 函式) 能夠存取外部函式 hello 的參數 msg。

呼叫函式 hello 回傳函式物件 say 到變數，例如以下程式碼，變數 x 與 y 都是函式物件。

```
x=hello('Claire')
y=hello('Fiona')
```

使用「x()」與「y()」執行 closure 函式回傳字串，再利用函式 print 列印出來。

```
print(x('Hello,'))
print(y('Hi,'))
```

Python 程式設計：從入門到進階

執行結果如下。

```
Hello,Claire
Hi,Fiona
```

行號	範例 (⏱ : ch6\6-9-func13.py)	執行結果

1
2
3
4
5
6
7
8
	def hello(msg):
	  def say(hi):
	    return hi+msg
	  return say
	x=hello('Claire')
	y=hello('Fiona')
	print(x('Hello,'))
	print(y('Hi,'))
		Hello,Claire
		Hi,Fiona

程式解說

● **第 1 到 4 行**：定義函式 hello，輸入參數 msg，在函式內定義內部函式 say，輸入參數 hi，內部函式 say 用於回傳參數 hi(函式 say 的參數) 串接參數 msg(函式 hello 的參數) 的字串 (第 2 到 3 行)，最後回傳函式物件 say。

● **第 5 行**：呼叫函式 hello 以「Claire」為輸入，變數 x 參考到此回傳的函式物件。

● **第 6 行**：呼叫函式 hello 以「Fiona」為輸入，變數 y 參考到此回傳的函式物件。

● **第 7 行**：呼叫函式 x 以「Hello,」為輸入，將回傳的字串利用函式 print 顯示在螢幕上。

● **第 8 行**：呼叫函式 x 以「Hi,」為輸入，將回傳的字串利用函式 print 顯示在螢幕上。

6-22

6-10　Decorator(裝飾器)

　　裝飾器為一種函式，允許輸入一個函式，回傳另一個函式，常用於將一個自訂函式改裝成另一個函式，可以用於顯示除錯訊息，例如定義一個除錯函式如下。

```
def debug(func1):
  def func2(*args, **kwargs):
    print(' 正在執行函式 ', func1.__name__)
    print(' 函式的說明文件為 ', func1.__doc__)
    print(' 位置引數 ', args)
    print(' 關鍵引數 ', kwargs)
    return func1(*args, **kwargs)
  return func2
```

　　函式 debug 允許輸入一個函式 func1，在函式 debug 內定義另一個函式 func2，函式 func2 接收傳入函式 func2 的位置引數 args 與關鍵字引數 kwargs，顯示函式 func1 的函式名稱、說明文件到螢幕上，接著顯示傳入函式 func2 的位置引數與關鍵字引數在螢幕上，回傳函式 func1 以位置引數 args 與關鍵字引數 kwargs 為輸入的結果，最後函式 debug 執行結束回傳函式 func2。

　　使用上可以輸入一個函式物件到裝飾器，使用變數接收裝飾器所回傳的函式物件，輸入到裝飾器的函式名稱與接收裝飾器所回傳的函式名稱，可以使用相同函式名稱，如以下範例都使用 add，但輸入的函式物件 add 與回傳的函式物件 add 是指向不同的函式物件，也就是經由裝飾器可以將函式物件轉換成另一個函式物件。

```
def add(a, b):
  ' 回傳 a 加 b 的結果 '
  return a+b
add = debug(add)
print(add(1, b=2))
```

　　上述程式執行結果如下。

```
正在執行函式 add
函式的說明文件為 回傳 a 加 b 的結果
位置引數 (1,)
```

關鍵引數 {'b': 2}

3

也可以利用「@」簡化裝飾器的使用步驟，在需要裝飾器的函式的上一行，使用「@」串接裝飾器名稱，就可以達成使用裝飾器改變下一行所定義的函式。

```python
@debug
def add(a, b, c):
    ' 回傳 a+b+c 的結果 '
    return a+b+c
print(add(1, 2, c=3))
```

上述程式執行結果如下。

```
正在執行函式 add
函式的說明文件為 回傳 a+b+c 的結果
位置引數 (1, 2)
關鍵引數 {'c': 3}
6
```

行號	範例 (: ch6\6-10-func14.py)	執行結果
1	`def debug(func1):`	
2	`  def func2(*args, **kwargs):`	
3	`    print(' 正在執行函式 ', func1.__name__)`	
4	`    print(' 函式的說明文件為 ', func1.__doc__)`	正在執行函式 add
5	`    print(' 位置引數 ', args)`	函式的說明文件為 回傳 a 加 b
6	`    print(' 關鍵引數 ', kwargs)`	的結果
7	`    return func1(*args, **kwargs)`	位置引數 (1,)
8	`  return func2`	關鍵引數 {'b': 2}
9	`def add(a, b):`	3
10	`  ' 回傳 a 加 b 的結果 '`	正在執行函式 add
11	`  return a+b`	函式的說明文件為 回傳 a+b+c
12	`add = debug(add)`	的結果
13	`print(add(1, b=2))`	位置引數 (1, 2)
14	`@debug`	關鍵引數 {'c': 3}
15	`def add(a, b, c):`	6
16	`  ' 回傳 a+b+c 的結果 '`	
17	`  return a+b+c`	
18	`print(add(1, 2, c=3))`	

程式解說

- **第 1 到 8 行**：函式 debug 允許輸入一個函式 func1，在函式 debug 內定義另一個函式 func2，函式 func2 接收傳入函式 func2 的位置引數 args 與關鍵字引數 kwargs，顯示函式 func1 的函式名稱、說明文件到螢幕上 (第 3 到 4 行)，接著顯示傳入函式 func2 的位置引數與關鍵字引數在螢幕上 (第 5 到 6 行)，回傳函式 func1 以位置引數 args 與關鍵字引數 kwargs 為輸入的結果 (第 7 行)，最後函式 debug 執行結束回傳函式 func2(第 8 行)。

- **第 9 到 11 行**：定義函式 add，輸入兩個參數 a 與 b，增加函式的說明，回傳 a 加 b 相加的結果。

- **第 12 行**：呼叫函式 debug，輸入函式物件 add，回傳的函式物件指定給函式物件 add。

- **第 13 行**：函式物件 add，以「1,b=2」為輸入，使用函式 print 將結果顯示在螢幕上。

- **第 14 行**：使用裝飾器 debug。

- **第 15 到 17 行**：定義函式 add，輸入三個參數 a、b 與 c，增加函式的說明，回傳 a 加 b 加 c 的結果。

- **第 18 行**：函式物件 add，以「1,2,c=3」為輸入，使用函式 print 將結果顯示在螢幕上。

6-11　遞迴

　　遞迴是有趣的程式設計技巧，也是一種解題策略，函式執行過程中呼叫自己，稱作「遞迴」，且利用遞迴函式撰寫程式時，需明確定義遞迴關係，而這樣的自己呼叫自己，需要有終止的條件，若沒有終止的條件就會形成無窮遞迴。

範例 6-11-1 求 n 階乘

我們以求解 n 階乘（n!）之值為例，程式解說遞迴的觀念。數學上定義 n 階乘為「n!=n*(n-1)*(n-2)*(n-3)*…*3*2*1」。我們可以分階段看，求解 n 階乘，可以分解成 n 乘以 (n-1) 階乘意即「n!=n*(n-1)!」；求解 (n-1) 階乘，可以分解成 n-1 乘以 (n-2) 階乘意即「(n-1)!=(n-1)*(n-2)!」；求解 (n-2) 階乘，可以分解成 n-2 乘以 (n-3) 階乘意即「(n-2)!=(n-2)*(n-3)!」，依此類推，直到求解 3 階乘，可以分解成 3 乘以 2 階乘意即

「3!=3*2!」；求解 2 階乘，可以分解成 2 乘以 1 階乘意即「2!=2*1!」；1 階乘 (1!) 就不用再往下遞迴求解，直接就是 1，這樣一層又一層遞迴下去直到求解 1 階乘 (1!)，就終止遞迴，再一層又一層往上回推，如下圖。

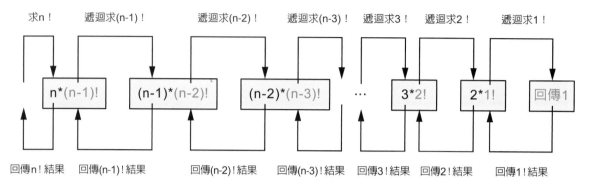

圖 6-2 求 n 階乘示意圖 1

寫成遞迴函式，假設函式名稱為 f(n) 為求解 n!，f(n-1) 為求解 (n-1)!，代入上圖。

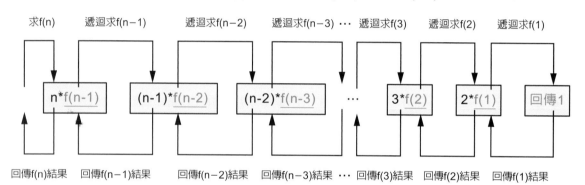

圖 6-3 求 n 階乘示意圖 2

以數學方式表達 n 階乘為

$$f(n) = \begin{cases} 1 & , if \quad n = 1 \\ n * f(n-1) & , if \quad n > 1 \end{cases}$$

我們接下來實作求 n 階乘的程式。

行數	程式碼 (　：ch6\6-11-1-fac.py)	執行結果

1
2
3
4
5
6
7
8
	def fac(num):
	　if num == 1:
	　　return 1
	　else:
	　　return num*fac(num-1)
	n = int(input(' 請輸入 n 值？ '))
	ans = fac(n)
	print(n,'! 為 ',ans,sep='')
		輸入 n 值，例如 5，程式執行結果如下。
		請輸入 n 值？ 5
		5! 為 120

程式解說

● **第 1 到 5 行**：使用遞迴函式 fac 計算 num 階乘，變數 num 為函式 fac 的輸入值，判斷 num 值是否符合遞迴終止條件，若 num 等於 1，則終止遞迴，回傳 1（第 2 到 3 行），否則遞迴呼叫下去，回傳 num 值乘以 (num-1) 的階乘，求 (num-1) 的階乘相當於遞迴呼叫函式 fac，輸入參數為 num-1（第 4 到 5 行）。

● **第 6 行**：使用函式 input 在螢幕輸出「請輸入 n 值？」，將函式 input 所回傳的字串經由函式 int 轉換成整數物件，變數 n 參考到此整數物件。。

● **第 7 行**：呼叫函式 fac，輸入參數 n，變數 ans 參考到函式 fac 所求得的 n 階乘結果。

● **第 8 行**：顯示 n 階乘的結果到螢幕上，使用「sep=''」將間隔設定為沒有間隔「''」。

使用圖示表示遞迴求解 5 階乘，相當於以 f(5) 執行為例。

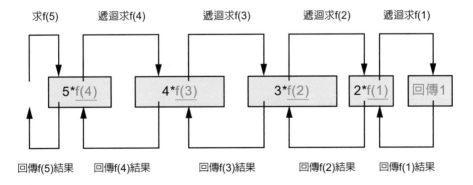

圖 6-4 求 n 階乘示意圖 3

範例 6-11-2 求最大公因數

求 m 與 n 的最大公因數，數學上可以使用輾轉相除法求解，其原理為 m 與 n 的最大公因數相當於求解「n 除以 m 的餘數」與 m 的最大公因數，這樣一層又一層遞迴下去直到「n 除以 m 的餘數」等於 0，就終止遞迴，再一層又一層往上回推。

以求 11 與 25 的最大公因數為例。

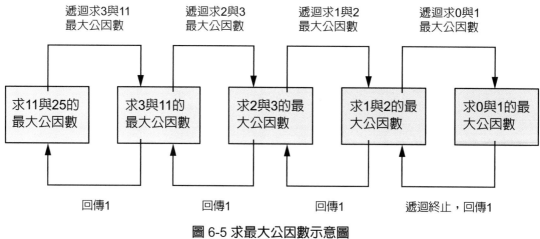

圖 6-5 求最大公因數示意圖

以數學方式表達 m 與 n 的最大公因數為

$$gcd(m, n) = \begin{cases} n & ,if \quad m = 0 \\ gcd(n除以m的餘數, m) & ,if \quad m不等於0 \end{cases}$$

我們接下來實作求 m 與 n 的最大公因數的程式。

(💿 : ch6\6-11-2-gcd.py)

行數	程式碼
1	def gcd(m, n):
2	if m == 0:
3	return n
4	else:
5	print(m, ' 與 ', n, ' 的最大公因數相當於 ', n % m, ' 與 ', m, ' 的最大公因數 ', sep='')
6	return gcd(n % m, m)
7	m = int(input(' 請輸入 m 值？ '))
8	n = int(input(' 請輸入 n 值？ '))
9	ans = gcd(m, n)
10	print(m, ' 與 ', n, ' 的最大公因數為 ', ans, sep='')

執行結果

輸入 m 值，輸入 n 值，程式執行結果如下。

```
請輸入 m 值？ 11
請輸入 n 值？ 25
11 與 25 的最大公因數相當於 3 與 11 的最大公因數
3 與 11 的最大公因數相當於 2 與 3 的最大公因數
2 與 3 的最大公因數相當於 1 與 2 的最大公因數
1 與 2 的最大公因數相當於 0 與 1 的最大公因數
11 與 25 的最大公因數爲 1
```

程式解說

- **第 1 到 6 行**：定義遞迴函式 gcd 計算 m 與 n 的最大公因數，判斷 m 值是否符合遞迴終止條件，若 m 等於 0，則終止遞迴，回傳變數 n(第 2 到 3 行)，否則遞迴呼叫下去，顯示求最大公因數的過程 (第 5 行)，遞迴呼叫函式 gcd，輸入參數爲「n%m」與「m」(第 6 行)。

- **第 7 行**：使用函式 input 在螢幕輸出「請輸入 m 值？」，將函式 input 所回傳的字串經由函式 int 轉換成整數物件，變數 m 參考到此整數物件。

- **第 8 行**：使用函式 input 在螢幕輸出「請輸入 n 值？」，將函式 input 所回傳的字串經由函式 int 轉換成整數物件，變數 n 參考到此整數物件。

- **第 9 行**：呼叫函式 gcd，求 m 與 n 的最大公因數，變數 ans 參考到最大公因數。

- **第 10 行**：顯示 m 與 n 的最大公因數 (ans) 在螢幕上，使用「sep=""」將間隔設定爲沒有間隔「"」。

本章
習題

實作題

1. 檢查密碼

自訂函式檢查密碼是否安全，若密碼只有數字或只有英文且長度小於 6，就認為是「不安全的密碼」；若密碼只有數字或只有英文且長度大於 6，就認為是「可能是安全的密碼」；若密碼由英文與數字所組成且長度小於 6，就認為是「不安全的密碼」；若密碼由英文與數字所組成且長度大於等於 6，就認為是「安全的密碼」；若密碼由英文與數字所組成且長度大於等於 10，就認為是「非常安全的密碼」。

預覽結果

第一組測試結果

```
請輸入密碼？ 123a
123a 為 不安全的密碼
```

第二組測試結果

```
請輸入密碼？ a1d3d43e
a1d3d43e 為 安全的密碼
```

2. 印出 m 列 n 行個字元

請定義一個函式允許輸入 m 的數值、n 的數值與印出的字元，可以印出 m 列 n 行個字元。

預覽結果

```
請輸入列數 (m)？ 2
請輸入行數 (n)？ 4
請輸入要顯示的字元？ &
&&&&
&&&&
```

3. 排序

給定學生兩科成績與總分，請使用函式 sorted 與 lambda 函式，讓由 tuple 組成的成績串列依照總分由高到低排序，其中 tuple 的第四項為總分，原始成績串列如下。

[('John', 60, 70, 130), ('Tony', 80, 80, 160),('Mary', 70, 85, 155), ('Tina', 75, 90, 165)]

預覽結果

[('Tina', 75, 90, 165), ('Tony', 80, 80, 160), ('Mary', 70, 85, 155), ('John', 60, 70, 130)]

4. N 階乘產生器

使用函式與指令 yield 製作出 N 階乘產生器。

預覽結果

輸入 N 值，例如：7。

```
請輸入 N 值？ 7
1
2
6
24
120
720
5040
```

5. HTML 標籤裝飾器

請定義一個裝飾器函式，可以在文字的前後加上標籤 <p> 與標籤 </p>。

預覽結果

```
<p>Hello,Claire</p>
```

6. 加總

使用遞迴函式求解 1+2+3+⋯+n 的結果，遞迴關係如下。

$$sum(n) = \begin{cases} 1 & ,if \quad n = 1 \\ sum(n-1) + n & ,if \quad n > 1 \end{cases}$$

預覽結果

請輸入 n 值？ 10
1+2+...+10 為 55

7. 組合

數學中求組合 C(m,n)，表示由 m 個不同物品求取 n 個的所有可能情形，與物品取出順序無關，有以下遞迴關係。

$$c(m,n) = \begin{cases} 1 & ,if \quad n = 0 或 m = n \\ c(m-1,n) + c(m-1,n-1) & ,if \quad n != 0 且 m != n \end{cases} ，其中 m>=n$$

預覽結果

請輸入 m 值？ 10
請輸入 n 值？ 3
從 10 取 3 個的組合結果為 120

Chapter

7

模組、套件與獨立
程式

7-1 模組

📀 Jupyter Notebook 範例檔：ch7\ch7.ipynb

模組就是一個 Python 檔案，每一個 Python 檔案被視為一個模組，可以在程式中匯入其他 Python 模組，模組就可以不斷地被其他程式再利用。到此已經介紹程式的關鍵字 (if、for、while…)、變數與運算子，可以想成單字；多個關鍵字、變數與運算子組合成一行程式，可以想成句子；多行程式可以組合成函式，可以想成段落；多個函式可以組合成模組，可以想成是一篇文章，以下介紹模組的實作與匯入模組。

◇▶ 7-1-1 實作模組

Python 的模組就是一個檔案，實作一個模組，可以隨機回傳「剪刀」、「石頭」、「布」三個其中一個。

行號	範例 (📀 ：ch7\guess.py)
1 2 3 4	import random status = [' 剪刀 ', ' 石頭 ', ' 布 '] def figure_guess(): 　　return random.choice(status)

程式說明

● 第 1 行：匯入模組 random。

● 第 2 行：定義變數 status 為串列，串列的內容有「剪刀」、「石頭」、「布」。

● 第 3 到 4 行：自訂函式 figure_guess，使用 random 模組的函式 choice，隨機從變數 status 中挑選一個元素出來，經由 return 回傳選出來的元素。

上述程式儲存在 guess.py，匯入模組 guess.py 就可以呼叫函式 figure_guess 回傳「剪刀」、「石頭」、「布」三個其中一個，實作細節請參考下一節「匯入模組」。

◇▶ 7-1-2 匯入模組

有了模組後，其他程式就可以將模組匯入，使用「import」進行匯入，匯入的方法如下。

匯入整個模組

使用「import 模組名稱」匯入整個模組,該模組(檔案)要在系統所指定的路徑內,系統會依序找尋所指定的路徑下是否有該模組(檔案),可以將模組與匯入該模組的程式放在同一個資料夾下,這樣一定能夠匯入,接著使用「模組名稱.函式名稱()」執行匯入模組的函式,例如:新增一個檔案在資料夾 ch7 下,取名為 ch7-1-2-1a-mod.py,在資料夾 ch7 下有檔案 guess.py,程式中匯入模組 guess,使用「guess.figure_guess()」呼叫模組 guess 的函式 figure_guess。

行號	範例 (⚙ : ch7\ch7-1-2-1a-mod.py)	執行結果
1 2 3	import guess computer = guess.figure_guess() print(computer)	石頭

程式解說

● 第 1 行:匯入模組 guess。
● 第 2 行:呼叫模組 guess 的函式 figure_guess,隨機從「剪刀」、「石頭」與「布」中挑選一個回傳到變數 computer。
● 第 3 行:使用函式 print 顯示變數 computer 的內容到螢幕上。

只匯入模組中想要的函式

使用「from 模組名稱 import 函式名稱」匯入模組中的特定函式,該模組(檔案)要在系統所指定的路徑內,系統會依序找尋所指定的路徑下是否有該模組(檔案),可以將模組與匯入該模組的程式放在同一個資料夾下,這樣一定能夠匯入,接著使用「函式名稱()」執行匯入模組的函式,例如:新增一個檔案在資料夾 ch7 下,取名為 ch7-1-2-1b-mod.py,在資料夾 ch7 下有檔案 guess.py,程式中匯入模組 guess,使用「figure_guess()」呼叫模組 guess 的函式 figure_guess。

行號	範例 (⚙ : ch7\ch7-1-2-1b-mod.py)	執行結果
1 2 3	from guess import figure_guess computer = figure_guess() print(computer)	剪刀

程式解說

- 第 1 行：匯入模組 guess 的函式 figure_guess。
- 第 2 行：呼叫函式 figure_guess，隨機從「剪刀」、「石頭」與「布」中挑選一個回傳到變數 computer。
- 第 3 行：使用函式 print 顯示變數 computer 的內容到螢幕上。

■ 使用別名匯入模組

使用「import 模組 as 別名」匯入模組並命名為「別名」，該模組 (檔案) 要在系統所指定的路徑內，系統會依序找尋所指定的路徑下是否有該模組 (檔案)，可以將模組與匯入該模組的程式放在同一個資料夾下，這樣一定能夠匯入，接著使用「別名 . 函式名稱 ()」執行匯入模組的函式，例如：新增一個檔案在資料夾 ch7 下，取名為 ch7-1-2-1c-mod.py，在資料夾 ch7 下有檔案 guess.py，程式中匯入模組 guess，重新命名為 gs，使用「gs.figure_guess()」呼叫模組 gs 的函式 figure_guess。

行號	範例 (　：ch7\ch7-1-2-1c-mod.py)	執行結果
1 2 3	import guess as gs computer = gs.figure_guess() print(computer)	剪刀

程式解說

- 第 1 行：匯入模組 guess，重新命名為 gs。
- 第 2 行：呼叫模組 gs 的函式 figure_guess，隨機從「剪刀」、「石頭」與「布」中挑選一個回傳到變數 computer。
- 第 3 行：印出變數 computer 到螢幕上。

◇ 7-1-3　匯入模組的路徑

若想要知道 Python 匯入模組的資料夾路徑與順序，需先匯入模組 sys，讀取 sys.path 的每一個元素就可以知道，可以發現第一個找尋模組是否存在的資料夾就在執行程式的資料夾下，若找到就不會到下一個資料夾去找尋。

行號	範例 (　：ch7\ch7-1-3-mod.py)	程式說明
1 2 3	import sys for path in sys.path: 　print(path)	第 1 行：匯入模組 sys。 第 2 到 3 行：使用 for 迴圈依序讀取模組 sys 的屬性 path 到變數 path，印出變數 path 到螢幕上。

執行結果

```
K:\mybook\python\ch7
K:\mybook\python
C:\Users\user\AppData\Local\Programs\Python\Python36-32\python36.zip
C:\Users\user\AppData\Local\Programs\Python\Python36-32\DLLs
C:\Users\user\AppData\Local\Programs\Python\Python36-32\lib
C:\Users\user\AppData\Local\Programs\Python\Python36-32
C:\Users\user\AppData\Local\Programs\Python\Python36-32\lib\site-packages
```

7-2　套件

多個模組 (檔案) 放在同一個資料夾下，在該資料夾下新增一個檔案，檔案名稱為「__init__.py」，該資料夾就形成套件。

◇ 7-2-1　實作套件

實作一個套件 game，新增 dice.py 可以產生擲骰子的點數，與新增 poker.py 可以產生撲克牌的花色與點數，將這兩個檔案放在資料夾 game 下，在資料夾 game 下新增一個檔案「__init__.py」，檔案「__init__.py」的內容可以是空的，資料夾與檔案的關係如下。

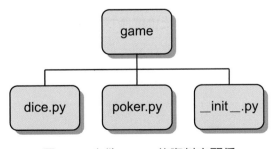

圖 7-1　套件 game 的資料夾關係

新增 dice.py，程式碼如下

行號	範例 (🖉 ：ch7\game\dice.py)
1 2 3	from random import choice def dice(): return choice(range(1,7,1))

程式解說

● 第 1 行：匯入模組 random 的 choice 函式。

● 第 2 到 3 行：定義 dice 函式，隨機回傳數值 1 到 6 的其中一個數字。

新增 poker.py，程式碼如下：

行號	範例 (🖉 ：ch7\game\poker.py)

1
2
3
4
5
	from random import choice
	def poker():
	  a = ['C', 'H', 'D', 'S']
	  b = [1, 2, 3, 4, 5, 6, 7, 8, 9, 'T', 'J', 'Q', 'K']
	  return choice(a)+str(choice(b))

程式解說

● 第 1 行：匯入模組 random 的函式 choice。

● 第 2 到 5 行：定義 poker 函式，串列 a 表示花色與串列 b 表示點數，隨機挑選串列 a 與串列 b 中一個元素，回傳挑選出來的花色與點數串接起來的結果。

7-2-2　套件的使用

使用「from 套件名稱 import 模組名稱 1, 模組名稱 2」匯入套件中的特定模組，該套件要在系統所指定的路徑內，系統會依序找尋所指定的路徑下是否有該套件。可以將套件資料夾與匯入該套件的程式放在同一個資料夾下，這樣一定能夠匯入，接著使用「模組名稱 . 函式名稱 ()」執行匯入套件的模組中函式。

　　例如：新增一個 Python 檔案在資料夾 ch7 下，取名爲 7-2-2-pkg.py，前一節在資料夾 ch7 下有 game 資料夾，game 資料夾下有檔案 dice.py 與 poker.py，程式中匯入套件 game 的模組 dice 與 poker，使用「dice.dice()」呼叫模組 dice 的函式 dice，使用「poker.poker()」呼叫模組 poker 的函式 poker。

行號	範例 (　：ch7\7-2-2-pkg.py)	執行結果
1	from game import dice, poker	2
2	for i in range(2):	SQ
3	print(dice.dice())	5
4	print(poker.poker())	H1

程式解說

● 第 1 行：匯入套件 game 的模組 dice 與 poker。

● 第 2 到 4 行：使用 for 迴圈執行兩次，呼叫模組 dice 的函式 dice 隨機產生骰子點數，印出骰子點數到螢幕上，與呼叫模組 poker 的函式 poker 隨機產生撲克牌花色與點數，印出撲克牌花色與點數到螢幕上。

7-3　腳本程式

　　腳本程式可以當成模組被匯入，也可以成爲獨立執行的腳本程式，使用「if __name__ == '__main__':」，串接在此判斷條件後的程式碼，在腳本程式被當成模組被匯入時，不會被執行，只有在腳本程式獨立執行時才會執行。

◇ 7-3-1　實作腳本程式

　　製作一個「剪刀、石頭、布」的小遊戲，電腦出拳爲隨機出拳，使用者由介面輸入「剪刀」、「石頭」與「布」，比較電腦出拳與使用者出拳決定勝負的結果，使用「if __name__ =='__main__':」製作出獨立執行的腳本程式，當執行該腳本程式，就可以玩「剪刀、石頭、布」的遊戲。

行號	範例 (💿)：ch7\guess2.py)
1	from guess import figure_guess
2	def run():
3	computer = figure_guess()
4	my = input(' 請輸入「剪刀」、「石頭」或「布」？ ')
5	print(' 電腦出 ', computer)
6	if my == ' 剪刀 ':
7	if computer == ' 剪刀 ':
8	print(' 平手 ')
9	elif computer == ' 石頭 ':
10	print(' 電腦獲勝 ')
11	else:
12	print(' 玩家獲勝 ')
13	elif my == ' 石頭 ':
14	if computer == ' 剪刀 ':
15	print(' 玩家獲勝 ')
16	elif computer == ' 石頭 ':
17	print(' 平手 ')
18	else:
19	print(' 電腦獲勝 ')
20	else:
21	if computer == ' 剪刀 ':
22	print(' 電腦獲勝 ')
23	elif computer == ' 石頭 ':
24	print(' 玩家獲勝 ')
25	else:
26	print(' 平手 ')
27	if __name__ == '__main__':
28	for i in range(10):
29	run()
30	else:
31	print(' 我不是獨立執行的 python 程式 ')

執行結果

顯示最後兩次的執行結果

請輸入「剪刀」、「石頭」或「布」？剪刀
電腦出 布
玩家獲勝

請輸入「剪刀」、「石頭」或「布」？剪刀
電腦出 剪刀
平手

程式解說

● 第 1 行：匯入模組 guess 的函式 figure_guess。

● 第 2 到 26 行：定義函式 run。

● 第 3 行：呼叫函式 figure_guess，回傳從「剪刀」、「石頭」與「布」中挑選一個回傳到變數 computer。

● 第 4 行：在螢幕上顯示「請輸入「剪刀」、「石頭」或「布」？」，輸入結果指定給變數 my。

● 第 5 行：顯示「電腦出」與變數 computer 在螢幕上。

● 第 6 到 12 行：若變數 my 等於「剪刀」，表示玩家出剪刀，則若電腦出「剪刀」，則顯示「平手」，否則若電腦出「石頭」，則顯示「電腦獲勝」，否則 (電腦出「布」) 顯示「玩家獲勝」(第 7 到 12 行)。

● 第 13 到 19 行：若變數 my 等於「石頭」，表示玩家出石頭，則若電腦出「剪刀」，則顯示「玩家獲勝」，否則若電腦出「石頭」，則顯示「平手」，否則 (電腦出「布」) 顯示「電腦獲勝」(第 14 到 19 行)。

● 第 20 到 26 行：否則 (變數 my 等於「布」)，表示玩家出布，則若電腦出「剪刀」，則顯示「電腦獲勝」，否則若電腦出「石頭」，則顯示「玩家獲勝」，否則 (電腦出「布」) 顯示「平手」(第 21 到 26 行)。

● 第 27 到 31 行：若「__name__」等於「__main__」，則使用 for 迴圈執行函式 run 十次；否則顯示「我不是獨立執行的 python 程式」

　　若使用「import」匯入獨立執行的腳本程式，則「if __name__ == '__main__':」判斷結果為 False，本程式會執行 else，顯示「我不是獨立執行的 python 程式」。

行號	範例 (🕐 ：ch7\7-3-1b-import.py)	執行結果
1	import guess2	我不是獨立執行的 python 程式

程式解說

● 第 1 行：匯入模組 guess2。

◇ 7-3-2　指令列引數

執行 Python 腳本程式時，可以於執行腳本程式命令列後方加入引數，例如：「python 7-3-2-argv.py 1 2 3」，

指令列引數範例 (🎧 ：ch7\7-3-2-argv.py)，如下。

行號	範例	執行結果
1 2 3	import sys for i in sys.argv: 　print(i)	在命令列使用「python」獨立執行 Python 腳本程式，接著在 Python 腳本程式後方加入引數，第一次執行時不加入引數，第二次執行後方加入引數「1 2 3」，執行結果如下圖。 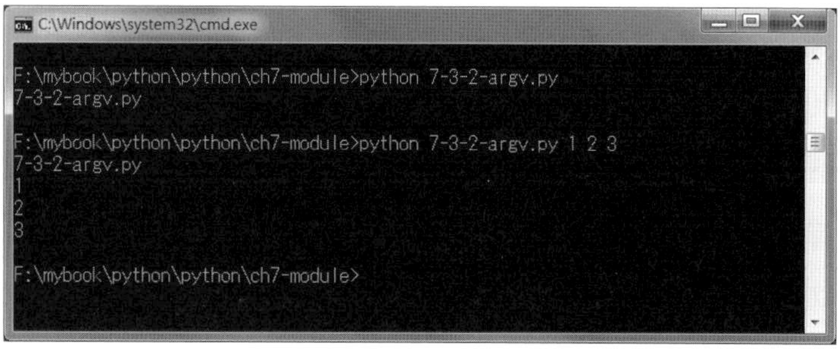

程式解說

● 第 1 行：匯入 sys 系統模組。

● 第 2 到 3 行：使用 for 迴圈依序從 sys.argv 中取出每一個元素顯示在螢幕上。

實作題

1. 樂透模組

   新增一個模組，命名為 exlotto.py，該模組內有一個函式 lotto，可以從 1 到 n 個數字中取 m 個數字製作中獎號碼串列，回傳中獎號碼串列。

2. 使用「import 樂透模組」匯入模組進行開獎

   承實作題 1，使用「import 樂透模組」匯入模組進行開獎，樂透模組來自於「實作題 1」的檔案「exlotto.py」。請產生 1 到 48 個數字中取 6 個數字的中獎號碼，隨機產生中獎號碼，將中獎號碼由小到大進行排序。

   預覽結果

   [9, 12, 14, 23, 27, 41]

3. 使用「from 樂透模組 import 函式名稱」匯入模組中函式進行開獎

   承實作題 1，使用「from 樂透模組 import 函式名稱」匯入模組中函式進行開獎，樂透模組來自於「實作題 1」的檔案「exlotto.py」。請產生 1 到 48 個數字中取 6 個數字的中獎號碼，隨機產生中獎號碼，將中獎號碼由小到大進行排序。

   預覽結果

   [6, 14, 18, 22, 30, 33]

本章
習題

4. 使用「import 樂透模組 as 模組名稱別名」匯入模組進行開獎

   承實作題 1，使用「import 樂透模組 as 模組名稱別名」匯入模組進行開獎，樂透模組來自於「實作題 1」的檔案「exlotto.py」。請產生 1 到 48 個數字中取 6 個數字的中獎號碼，隨機產生中獎號碼，將中獎號碼由小到大進行排序。

預覽結果

```
[3, 13, 16, 26, 33, 48]
```

5. 新增統一發票模組與樂透模組到套件

   新增統一發票模組能夠開出 8 位數的中獎號碼，數字可以重複，命名為「exreciept.py」放到資料夾「prize」下。將「實作題 1」的樂透模組檔案「exlotto.py」複製一份放到資料夾「prize」下。若要產生套件 prize 需在資料夾 prize 下新增檔案「__init__.py」。

6. 使用套件執行統一發票開獎與樂透開獎

   承實作題 5，使用「from 套件名稱 import 模組名稱」匯入套件中模組進行開獎，使用實作題 5 所開發的套件，產生 1 到 48 個數字中取 6 個數字的樂透中獎號碼與 8 位數的統一發票號碼。

預覽結果

```
[10, 31, 34, 35, 45, 48]
07331894
```

8

類別與例外

8-1   類別

Jupyter Notebook 範例檔：ch8\ch8.ipynb

類別像是一個蛋糕的模子，這個蛋糕的模子可以重複製作出相同的蛋糕，就像類別可以宣告出相同的物件，可以讓程式不斷地被重複利用。在 Python 使用 class 宣告類別，就可以重複宣告此類別的物件，以下進行類別的實作。

◇ 8-1-1   實作類別

Python 中類別就是使用 class 定義類別內的資料與操作的方法。方法「__init__」表示宣告類別時會自動執行的方法，第一個參數為 self，表示自己，第二個參數為輸入類別的資料，可以在宣告屬於該類別的物件時，同時傳入資料到該物件，傳入的資料可以指定給「self. 變數名稱」，表示該物件有了儲存資料的變數，如以下程式範例。

行號	範例 (　：ch8\8-1-1- 實作類別 .py)	執行結果

1
2
3
4
5
	class Animal():
	　def __init__(self, name):
	　　self.name = name
	a = Animal(' 動物 ')
	print(a.name)
		動物

程式解說

● **第 1 到 3 行**：定義類別 Animal，宣告方法「__init__」，方法「__init__」輸入參數為 self 與 name，將 name 指定給物件變數 self.name。

● **第 4 行**：宣告一個類別 Animal 的物件，輸入「動物」到類別 Animal 的初始化方法「__init__」，物件 a 參考到此物件。

● **第 5 行**：顯示物件 a 的變數 name 到螢幕上。

◇ 8-1-2   繼承

可以繼承原有的類別，修改延伸出新的類別，原有的類別被稱為基礎類別 (base class) 或雙親類別 (parent class)，新的類別被稱為衍生類別 (derived class) 或子類別 (child class)，這個衍生類別就自動擁有基礎類別的變數與方法。

使用「class 衍生類別 (基礎類別)」來定義類別間的繼承關係，衍生類別就繼承了基礎類別。在衍生類別中使用「super(). 基礎類別的方法」可以呼叫基礎類別的方法來幫忙，衍生類別所需要的功能已經在基礎類別定義過了，就可以呼叫基礎類別幫忙，重複利用已經撰寫過的程式碼。

當所有衍生類別都需要更改，而且所需功能都相同時，若該功能可以更改基礎類別達成，就直接修改基礎類別，就會影響所有的衍生類別。利用衍生類別與基礎類別的關係達成程式碼的重複利用，減少程式的錯誤，發揮物件導向程式設計的優點。以下為類別的繼承範例。

行號	範例 (⏱ ：ch8\8-1-2- 繼承 .py)	執行結果

1
2
3
4
5
6
7
8
9
10
	class Animal():
	  def __init__(self, name):
	    self.name = name
	class Dog(Animal):
	  def __init__(self, name):
	    super().__init__(' 小狗 '+name)
	a = Animal(' 動物 ')
	d = Dog(' 小白 ')
	print(a.name)
	print(d.name)
		動物
		小狗小白

程式解說

● **第 1 到 3 行**：定義類別 Animal，宣告方法「__init__」，方法「__init__」輸入參數為 self 與 name，將 name 儲存到物件變數 self.name。

● **第 4 到 6 行**：定義類別 Dog 繼承自類別 Animal，宣告方法「__init__」，方法「__init__」輸入參數為 self 與 name，使用「super()」呼叫基礎類別 Animal 的方法「__init__」，傳入「小狗」串接 name 的字串。

● **第 7 行**：宣告一個類別 Animal 的物件，輸入「動物」到類別 Animal 的初始化方法「__init__」，物件 a 參考到此物件。

● **第 8 行**：宣告一個類別 Dog 的物件，輸入「小白」到類別 Dog 的初始化方法「__init__」，物件 d 參考到此物件。

● **第 9 行**：顯示物件 a 的變數 name 到螢幕上。

● **第 10 行**：顯示物件 d 的變數 name 到螢幕上。

◈▶ 8-1-3　覆寫方法

　　衍生類別可以繼承基礎類別的資料與方法，在衍生類別內重新改寫基礎類別的方法，讓衍生類別與基礎類別的相同方法有不同功能，這樣的改寫方法稱作「覆寫」。以下類別 Dog 繼承了類別 Animal，兩個類別都有方法 sound，類別 Animal 的方法 sound 不執行任何動作，而類別 Dog 繼承類別 Animal，所以有了方法 sound，但在類別 Dog 中重新覆寫方法 sound，讓類別 Dog 的方法 sound 會印出「汪汪叫」在螢幕上。

行號	範例 (💿 ：ch8\8-1-3- 覆寫方法 .py)	執行結果

1
2
3
4
5
6
7
8
9
10
11
12
13
	`class Animal():`
	　`def __init__(self, name):`
	　　`self.name = name`
	　`def sound(self):`
	　　`pass`
	`class Dog(Animal):`
	　`def __init__(self, name):`
	　　`super().__init__(' 小狗 '+name)`
	　`def sound(self):`
	　　`return ' 汪汪叫 '`
	`d = Dog(' 小黑 ')`
	`print(d.name)`
	`print(d.sound())`
		小狗小黑
		汪汪叫

程式解說

● **第 1 到 5 行**：定義類別 Animal，定義方法「__init__」，方法「__init__」輸入參數為 self 與 name，將 name 儲存到物件變數 self.name（第 2 到 3 行）。定義方法 sound，使用 pass 表示沒有執行任何程式（第 4 到 5 行）。

● **第 6 到 10 行**：定義類別 Dog 繼承自類別 Animal，定義方法「__init__」，方法「__init__」輸入參數為 self 與 name，使用「super()」呼叫基礎類別 Animal 的方法「__init__」，傳入「小狗」串接 name 的字串（第 7 到 8 行）。定義方法 sound，回傳「汪汪叫」（第 9 到 10 行）。

● **第 11 行**：宣告一個類別 Dog 的物件，輸入「小黑」到類別 Dog 的初始化方法「__init__」，物件 d 參考到此物件。

● **第 12 行**：顯示物件 d 的變數 name 到螢幕上。

● **第 13 行**：顯示物件 d 的方法 sound 的執行結果到螢幕上。

◆ 8-1-4　新增參數的覆寫方法

在覆寫方法時，可以新增參數。以下類別 Dog 繼承了類別 Animal，兩個類別都有方法「__init__」，類別 Dog 繼承類別 Animal，所以有了方法「__init__」，但在類別 Dog 中重新覆寫方法「__init__」時，多出了參數 leg，使用 self.leg 儲存參數 leg。

行號	範例 (🕐：ch8\8-1-4- 新增參數的覆寫方法 .py)	執行結果
1	class Animal():	
2	def __init__(self, name):	
3	self.name = name	
4	def sound(self):	
5	pass	
6	class Dog(Animal):	小狗小黑 有 4 條腿
7	def __init__(self, name, leg):	小狗小黑 汪汪叫
8	super().__init__(' 小狗 '+name)	
9	self.leg = leg	
10	def sound(self):	
11	return ' 汪汪叫 '	
12	d = Dog(' 小黑 ', 4)	
13	print(d.name, ' 有 ', d.leg, ' 條腿 ')	
14	print(d.name, d.sound())	

程式解說

- **第 1 到 5 行**：定義類別 Animal，定義方法「__init__」，方法「__init__」輸入參數為 self 與 name，將 name 儲存到物件變數 self.name(第 2 到 3 行)。定義方法 sound，使用 pass 表示沒有執行任何程式 (第 4 到 5 行)。

- **第 6 到 11 行**：定義類別 Dog 繼承自類別 Animal，定義方法「__init__」，方法「__init__」輸入參數為 self、name 與 leg，使用「super()」呼叫基礎類別 Animal 的方法「__init__」，傳入「小狗」串接 name 的字串，設定 self.leg 為 leg(第 7 到 9 行)。定義方法 sound，回傳「汪汪叫」(第 10 到 11 行)。

- **第 12 行**：宣告一個類別 Dog 的物件，輸入「小黑」與「4」到類別 Dog 的初始化方法「__init__」，物件 d 參考到此物件。

- **第 13 行**：使用函式 print 顯示物件 d 的變數 name，串接「有」，串接物件 d 的變數 leg，串接「條腿」到螢幕上。

● 第 14 行：使用函式 print 顯示物件 d 的變數 name，串接物件 d 的方法 sound 的執行結果到螢幕上。

◈ 8-1-5 新增方法

　　衍生類別可以繼承基礎類別的資料與方法，在衍生類別內新增基礎類別沒有的方法。以下類別 Dog 繼承了類別 Animal，兩個類別都有方法「__init__」與方法 sound，在衍生類別 Dog 新增方法 move，而基礎類別 Animal 沒有方法 move。

行號	範例 (🐾：ch8\8-1-5- 新增方法 .py)	執行結果

1
2
3
4
5
6
7
8
9
10
11
12
13
14
15
	class Animal():
	　def __init__(self, name):
	　　self.name = name
	　def sound(self):
	　　pass
	class Dog(Animal):
	　def __init__(self, name):
	　　super().__init__(' 小狗 '+name)
	　def sound(self):
	　　return ' 汪汪叫 '
	　def move(self):
	　　print(self.name + ' 在馬路上行走 ')
	d = Dog(' 小黑 ')
	print(d.name, d.sound())
	d.move()
		小狗小黑 汪汪叫
		小狗小黑在馬路上行走

程式解說

● 第 1 到 5 行：定義類別 Animal，定義方法「__init__」，方法「__init__」輸入參數為 self 與 name，將 name 儲存到物件變數 self.name(第 2 到 3 行)，定義方法 sound，使用 pass 表示沒有執行任何程式 (第 4 到 5 行)。

● 第 6 到 12 行：定義類別 Dog 繼承自類別 Animal，定義方法「__init__」，方法「__init__」輸入參數為 self 與 name，使用「super()」呼叫基礎類別 Animal 的方法「__init__」，傳入「小狗」串接 name 的字串 (第 7 到 8 行)，定義方法 sound，回傳「汪汪叫」(第 9 到 10 行)，定義方法 move，印出 self.name 串接字串「在馬路上行走」(第 11 到 12 行)。

- 第 13 行：宣告一個類別 Dog 的物件，輸入「小黑」到類別 Dog 的初始化方法「__init__」，物件 d 參考到此物件。
- 第 14 行：將物件 d 的 name 與呼叫物件 d 方法 sound 的回傳結果顯示在螢幕上。
- 第 15 行：呼叫物件 d 方法 move。

◆ 8-1-6　多型 (polymorphism)

　　多個類別可以定義相同的方法，而相同方法在不同類別可以定義各自特有的功能，經由呼叫物件的方法，傳入不同的物件都定義此相同方法而產生不同的功能，稱作「多型」，在 Python 裡這些類別不一定要有繼承關係。

　　以下範例，類別 Dog 繼承了類別 Animal，兩個類別都有方法 who 與方法 sound，類別 Bird 沒有繼承類別 Animal，但有定義相同名稱的方法 who 與方法 sound，所以類別 Animal、類別 Dog 與類別 Bird 就可以實作多型的概念。定義一個函式 talk 可以輸入物件，顯示輸入物件的方法 who 與方法 sound 的回傳結果，經由輸入不同的物件觀察顯示在螢幕上的字串，可以了解多型的概念。

行號	範例 (💿：ch8\8-1-6- 多型 .py)	執行結果

1
2
3
4
5
6
7
8
9
10
11
12
13
14
	class Animal():
	　def __init__(self, name):
	　　self.name = name
	　def who(self):
	　　return self.name
	　def sound(self):
	　　pass
	class Dog(Animal):
	　def __init__(self, name):
	　　super().__init__(' 小狗 '+name)
	　def sound(self):
	　　return ' 汪汪叫 '
	class Bird():
	　def __init__(self, name):
		動物 正在 None
		小狗小黑 正在 汪汪叫
		小鳥小黃 正在 啾啾叫

行號	範例 (💿：ch8\8-1-6- 多型 .py)	執行結果
15	self.name = ' 小鳥 '+name	
16	def who(self):	
17	return self.name	
18	def sound(self):	
19	return ' 啾啾叫 '	
20	def talk(obj):	
21	print(obj.who(), ' 正在 ', obj.sound())	
22	a = Animal(' 動物 ')	
23	talk(a)	
24	d = Dog(' 小黑 ')	
25	talk(d)	
26	b = Bird(' 小黃 ')	
27	talk(b)	

程式解說

- **第 1 到 7 行**：定義類別 Animal，定義方法「__init__」，方法「__init__」輸入參數為 self 與 name，將 name 儲存到物件變數 self.name(第 2 到 3 行)。定義方法 who，回傳 self.name(第 4 到 5 行)，定義方法 sound，使用 pass 表示沒有執行任何程式（第 6 到 7 行）。

- **第 8 到 12 行**：定義類別 Dog 繼承自類別 Animal，定義方法「__init__」，方法「__init__」輸入參數為 self 與 name，使用「super()」呼叫基礎類別 Animal 的方法「__init__」，傳入「小狗」串接 name 的字串 (第 9 到 10 行)。定義方法 sound，回傳「汪汪叫」(第 11 到 12 行)。

- **第 13 到 19 行**：定義類別 Bird，定義方法「__init__」，方法「__init__」輸入參數為 self 與 name，設定 self.name 為「小鳥」串接 name 的字串 (第 14 到 15 行)。定義方法 who，回傳 self.name(第 16 到 17 行)，定義方法 sound，回傳「啾啾叫」(第 18 到 19 行)。

- **第 20 到 21 行**：定義函式 talk，輸入參數 obj，印出物件 obj 的方法 who 的回傳結果，串接字串「正在」，串接物件 obj 的方法 sound 的回傳結果。

- **第 22 行**：宣告一個類別 Animal 的物件，輸入「動物」到類別 Animal 的初始化方法「__init__」，物件 a 參考到此物件。

- **第 23 行**：呼叫函式 talk，以物件 a 為輸入參數。

- 第 24 行：宣告一個類別 Dog 的物件，輸入「小黑」到類別 Dog 的初始化方法「__init__」，物件 d 參考到此物件。
- 第 25 行：呼叫函式 talk，以物件 d 為輸入參數。
- 第 26 行：宣告一個類別 Bird 的物件，輸入「小黃」到類別 Bird 的初始化方法「__init__」，物件 b 參考到此物件。
- 第 27 行：呼叫函式 talk，以物件 b 為輸入參數。

8-1-7　類別內無法直接存取的變數

在類別內的變數，若在變數名稱前加上「__」，該變數無法直接使用「類別物件.__變數名稱」進行存取，達到資料保護的目的，需要在類別內定義方法，回傳「self.__變數名稱」才能存取到該變數。

行號	範例 (: ch8\8-1-7- 類別內無法直接存取的變數 .py)	執行結果

1
2
3
4
5
6
7
8
9
10
11
12
13
14
15
16
	class Animal():
	　def __init__(self, name):
	　　self.__name = name
	　def sound(self):
	　　pass
	　def show_name(self):
	　　return self.__name;
	class Dog(Animal):
	　def __init__(self, name, leg):
	　　super().__init__(' 小狗 '+name)
	　　self.leg = leg
	　def sound(self):
	　　return ' 汪汪叫 '
	d = Dog(' 小黑 ', 4)
	#print(d.__name,' 有 ', d.leg, ' 條腿 ')
	print(d.show_name(), ' 有 ', d.leg, ' 條腿 ')
		小狗小黑 有 4 條腿

程式解說

- 第 1 到 7 行：定義類別 Animal，定義方法「__init__」，方法「__init__」輸入參數為 self 與 name，將 name 儲存到物件變數 self.__name(第 2 到 3 行)。定義方法 sound，使用 pass 表示沒有執行任何程式 (第 4 到 5 行)，定義方法 show_name 回傳 self.__name（第 6 到 7 行）。

- **第 8 到 13 行**：定義類別 Dog 繼承自類別 Animal，定義方法「__init__」，方法「__init__」輸入參數為 self、name 與 leg，使用「super()」呼叫基礎類別 Animal 的方法「__init__」，傳入「小狗」串接 name 的字串，設定 self.leg 為 leg(第 9 到 11 行)。定義方法 sound，回傳「汪汪叫」(第 12 到 13 行)。
- **第 14 行**：宣告一個類別 Dog 的物件，輸入「小黑」與「4」到類別 Dog 的初始化方法「__init__」，物件 d 參考到此物件。
- **第 15 行**：若將此行的井字號 (#) 去除，則會出現 AttributeError 錯誤，因為無法直接讀取「d.__name」。
- **第 16 行**：使用函式 print 顯示物件 d 的方法 show_name 的執行結果，串接「有」，串接物件 d 的變數 leg，串接「條腿」到螢幕上。

◇ 8-1-8　特殊方法 (special method)

存在於類別內的特殊方法，Python 會讓運算子或內建函式可以與特殊方法自動對應，例如判斷兩物件是否相等的運算子「==」會自動與類別內特殊方法「__eq__」，所以在類別內重新定義特殊方法「__eq__」，類別中使用運算子「==」的運算就會直接使用特殊方法「__eq__」進行是否相等的判斷。以下程式範例就重新改寫特殊方法「__eq__」，判斷兩個物件內的變數 name 是否相同，決定兩物件是否相等。

行號	範例 (💾 ：ch8\8-1-8- 特殊方法 .py)	執行結果
1	class Animal():	
2	def __init__(self, name):	
3	self.__name = name	
4	def sound(self):	
5	pass	
6	def show_name(self):	True
7	return self.__name	True
8	def eq(self, other):	False
9	return self.__name == other.show_name()	False
10	def __eq__(self, other):	
11	return self.__name == other.show_name()	
12	class Dog(Animal):	
13	def __init__(self, name, leg):	
14	super().__init__(' 小狗 '+name)	

行號	範例 (🕐 ：ch8\8-1-8- 特殊方法 .py)	執行結果
15	self.leg = leg	
16	def sound(self):	
17	return ' 汪汪叫 '	
18	d1 = Dog(' 小黑 ', 4)	
19	d2 = Dog(' 小黑 ', 4)	
20	print(d1.eq(d2))	
21	print(d1 == d2)	
22	d3 = Dog(' 小白 ', 4)	
23	print(d1.eq(d3))	
24	print(d1 == d3)	

程式解說

● **第 1 到 11 行**：定義類別 Animal，定義方法「__init__」，方法「__init__」輸入參數為 self 與 name，將 name 儲存到物件變數 self.name(第 2 到 3 行)。定義方法 sound，使用 pass 表示沒有執行任何程式（第 4 到 5 行）。定義方法 show_name 回傳 self.__name(第 6 到 7 行)。定義方法 eq，輸入參數 self 與 other，回傳 self.__name 是否等於物件 other 的方法 show_name 回傳的字串 (第 8 到 9 行)。定義方法「__eq__」，輸入參數 self 與 other，回傳 self.__name 是否等於物件 other 的方法 show_name 回傳的字串 (第 10 到 11 行)。

● **第 12 到 17 行**：定義類別 Dog 繼承自類別 Animal，定義方法「__init__」，方法「__init__」輸入參數為 self、name 與 leg，使用「super()」呼叫基礎類別 Animal 的方法「__init__」，傳入「小狗」串接 name 的字串，設定 self.leg 為 leg(第 13 到 15 行)。定義方法 sound，回傳「汪汪叫」(第 16 到 17 行)。

● **第 18 行**：宣告一個類別 Dog 的物件，輸入「小黑」與「4」到類別 Dog 的初始化方法「__init__」，物件 d1 參考到此物件。

● **第 19 行**：宣告一個類別 Dog 的物件，輸入「小黑」與「4」到類別 Dog 的初始化方法「__init__」，物件 d2 參考到此物件。

● **第 20 行**：使用函式 print 顯示物件 d1 的方法 eq 以物件 d2 為輸入的運算結果。

● **第 21 行**：使用運算子「==」，判斷物件 d1 與物件 d2 是否相等，會自動呼叫方法「__eq__」進行判斷，使用函式 print 顯示結果到螢幕上。

- 第22行：宣告一個類別 Dog 的物件，輸入「小白」與「4」到類別 Dog 的初始化方法「__init__」，物件 d3 參考到此物件。
- 第23行：使用函式 print 顯示物件 d1 的方法 eq 以物件 d3 為輸入的運算結果。
- 第24行：使用運算子「==」，判斷物件 d1 與物件 d3 是否相等，會自動呼叫方法「__eq__」進行判斷，使用函式 print 顯示結果到螢幕上。

特殊方法與運算子的對應，如下表。

表 8-1　比較運算子與特殊方法

	特殊方法	對應的運算子
比較運算	__eq__(self, other)	self == other
	__ne__(self, other)	self != other
	__gt__(self, other)	self > other
	__ge__(self, other)	self >= other
	__lt__(self, other)	self < other
	__le__(self, other)	self <= other

表 8-2　算術與邏輯運算子與特殊方法

	特殊方法	對應的運算子
算術與邏輯運算	__add__(self, other)	self + other
	__sub__(self, other)	self - other
	__mul__(self, other)	self * other
	__truediv__(self, other)	self / other
	__floordiv__(self, other)	self // other
	__mod__(self, other)	self % other
	__pow__(self, other)	self ** other
	__lshift__(self, other)	self << other
	__rshift__(self, other)	self >> other
	__and__(self, other)	self & other
	__or__(self, other)	self | other
	__xor__(self, other)	self ^ other

表 8-3　內建函式與特殊方法

	特殊方法	內建函式
內建函式	__len__(self)	len(self)
	__str__(self)	str(self)
	__repr__(self)	repr(self)

◆ 8-1-9　組合 (composition)

　　類別與類別之間不全然都是繼承關係，也有可能是類別 A 是類別 B 的一部分，腳是動物的一部分，但腳不是動物，腳無法繼承動物，這時就可以使用組合，在動物類別初始化時，將腳當成參數傳入，讓腳成為動物的一部分。

行號	範例 (🕐 : ch8\8-1-9- 組合 .py)	執行結果
1	class Leg():	小狗 有 4 隻 短短的 腿
2	def __init__(self, num, look):	
3	self.num = num	
4	self.look = look	
5	class Animal():	
6	def __init__(self, name, leg):	
7	self.__name = name	
8	self.leg = leg	
9	def show_name(self):	
10	return self.__name	
11	def show(self):	
12	print(self.show_name(),' 有 ', self.leg.num, ' 隻 ', self.leg.look, ' 腿 ')	
13	leg = Leg(4, ' 短短的 ')	
14	a = Animal(' 小狗 ', leg)	
15	a.show()	

程式解說

● 第 1 到 4 行：定義類別 Leg，定義方法「__init__」，方法「__init__」輸入參數為 self、num 與 look，將 num 儲存到物件變數 self.num，將 look 儲存到物件變數 self.look。

- **第 5 到 12 行**：定義類別 Animal，定義方法「__init__」，方法「__init__」輸入參數為 self、name 與 leg，將 name 儲存到物件變數 self.__name，將 leg 儲存到物件變數 self.leg(第 6 到 8 行)。定義方法 show_name 回傳 self.__name(第 9 到 10 行)。定義方法 show，顯示方法 self.show_name 的結果，串接「有」，串接 self.leg.num，串接「隻」，串接 self.leg.look，串接「腿」(第 11 到 12 行)。
- **第 13 行**：宣告一個類別 Leg 的物件，輸入「4」與「短短的」到類別 Leg 的初始化方法「__init__」，變數 leg 參考到此物件。
- **第 14 行**：宣告一個類別 Animal 的物件，輸入「小狗」與 leg 到類別 Animal 的初始化方法「__init__」，變數 a 參考到此物件。
- **第 15 行**：在螢幕上顯示物件 a 的方法 show 的結果。

◇ 8-1-10　類別方法

目前所介紹的類別內方法，都屬於實例方法 (instance method)，此方法的第一個參數都是 self。類別方法 (class method) 作用對象為類別，會影響整個類別，也會影響類別所產生的物件，類別方法的第一個參數通常取名為 cls，需在類別中方法的前一行使用裝飾器「@classmethod」，這樣的方法稱作「類別方法」。

行號	範例 (：ch8\8-1-10- 類別方法 .py)	執行結果
1	class Animal():	
2	count = 0	
3	def __init__(self):	
4	Animal.count += 1	
5	def kill(self):	
6	Animal.count -= 1	
7	@classmethod	
8	def show_count(cls):	現在有 1 隻動物
9	print(' 現在有 ',cls.count,' 隻動物 ')	現在有 2 隻動物
10	a = Animal()	現在有 3 隻動物
11	Animal.show_count()	現在有 2 隻動物
12	b = Animal()	
13	Animal.show_count()	
14	c = Animal()	
15	Animal.show_count()	
16	a.kill()	
17	Animal.show_count()	

程式解說

● 第 1 到 9 行：定義類別 Animal，初始化類別變數 count 為 0，變數 count 在方法外部且前方沒有加上 self，變數 count 是類別變數，以此類別宣告的所有物件共用一個類別變數。類別變數 count 使用「Animal.count」或「cls.count」進行存取。定義方法「__init__」，方法「__init__」輸入參數為 self，將類別 Animal 的變數 count 遞增 1(第 3 到 4 行)。定義方法「kill」，輸入參數為 self，將類別 Animal 的變數 count 遞減 1(第 5 到 6 行)。定義 show_count 為類別方法，顯示字串「現在有」，串接 cls.count，串接「隻動物」在螢幕上 (第 7 到 9 行)。

● 第 10 行：宣告一個類別 Animal 的物件，變數 a 參考到此物件。

● 第 11 行：呼叫類別 Animal 的方法 show_count。

● 第 12 行：宣告一個類別 Animal 的物件，變數 b 參考到此物件。

● 第 13 行：呼叫類別 Animal 的方法 show_count。

● 第 14 行：宣告一個類別 Animal 的物件，變數 c 參考到此物件。

● 第 15 行：呼叫類別 Animal 的方法 show_count。

● 第 16 行：呼叫變數 a 的方法 kill。

● 第 17 行：呼叫類別 Animal 的方法 show_count。

8-1-11 靜態方法

靜態方法 (static method) 讓類別不需要建立物件，就可以直接使用該類別的靜態方法，需在類別中方法的前一行使用裝飾器「@staticmethod」。

行號	範例 (：ch8\8-1-11- 靜態方法 .py)	執行結果

1
2
3
4
5
	class Say():
	  @staticmethod
	  def hello():
	    print('Hello')
	Say.hello()
		Hello

程式解說

● 第 1 到 4 行：定義類別 Say，定義靜態方法 hello，使用函式 print 顯示字串「Hello」在螢幕上。

● 第 5 行：呼叫類別 Animal 的靜態方法 hello。

8-2　例外 (exception)

在執行程式的過程中產生錯誤，程式會中斷執行，發出例外訊息，以下介紹例外的程式區塊，與實作自訂的例外類別。

8-2-1　try-except

使用程式區塊「try…except…」可以攔截例外，在 try 區塊中撰寫可能發生錯誤的程式。若發生錯誤，則會跳到 except 區塊執行進行後續的處理。

行號	範例 (🕘 : ch8\8-2-1-try-except.py)	執行結果
1 2 3 4	try: 　pwd = input(' 請輸入密碼 ') except: 　print(' 發生錯誤 ')	輸入數字與字元則不會發生錯誤，變數 pwd 會參考到此密碼。若輸入「ctrl+D」，則顯示「發生錯誤」。 (1) 輸入數字與字元 請輸入密碼 abc123 (2) 輸入「Ctrl+D」 請輸入密碼 ^D 發生錯誤

程式解說

● 第 1 到 4 行：顯示「請輸入密碼」在螢幕上，使用函式 input 輸入密碼，變數 pwd 會參考到此密碼。若輸入過程中發生錯誤，例如：輸入「Ctrl+D」，則會跳到 except 區塊去執行，顯示「發生錯誤」。

8-2-2　try-except-else

使用程式區塊「try…except…else…」可以攔截例外，在 try 區塊中撰寫可能發生錯誤的程式。若發生錯誤，則會跳到 except 區塊進行後續的處理，若沒有發生錯誤，則會跳到 else 區塊執行。

except 後可以接指定錯誤類型，常見錯誤類型，如下表。

表 8-4　常見的錯誤類型

錯誤類型	說明
KeyboardInterrupt	當使用者輸入中斷 (Ctrl+C) 時，發出此錯誤。
ZeroDivisionError	除以 0 時，發出此錯誤。
EOFError	接受到 EOF(end of file) 訊息時，發出此錯誤。
NameError	區域變數或全域變數找不到時，發出此錯誤。
OSError	與作業系統有關的錯誤。
FileNotFoundError	檔案或資料夾找不到時，發出此錯誤。
ValueError	輸入資料與程式預期輸入資料型別不同時，發出此錯誤。

行號	範例 (🎯 : ch8\8-2-2-try-except-else.py)	執行結果

1
2
3
4
5
6
	``python
	try:
	    pwd = input(' 請輸入密碼 ')
	except EOFError:
	    print(' 輸入 EOF')
	else:
	    print(' 輸入密碼為 ', pwd)
	``
		若輸入「Ctrl+D」，則發出 EOFError 錯誤，顯示「輸入 EOF」；若輸入數字與字元則不會發生錯誤，密碼會儲存在變數 pwd，接著執行 else 區塊顯示「輸入密碼為」與變數 pwd。
		
		(1) 輸入數字與字元
		　請輸入密碼 abc123
		　輸入密碼為 abc123
		(2) 輸入「Ctrl+D」
		　請輸入密碼 ^D
		　輸入 EOF

程式解說

● **第 1 到 6 行**：顯示「請輸入密碼」在螢幕上，使用函式 input 輸入密碼，變數 pwd 會參考到此密碼 (第 1 到 2 行)。若輸入過程中輸入「ctrl+D」，則會跳到 except EOFError 區塊去執行，顯示「輸入 EOF」(第 3 到 4 行)；若沒有發生錯誤，則會跳到 else 區塊去執行，顯示「輸入密碼為」與變數 pwd 到螢幕上 (第 5 到 6 行)。

8-2-3　try-except-as-else

使用程式區塊「try…except…as…else…」可以攔截例外，在 try 區塊中撰寫可能發生錯誤的程式，若發生錯誤，則會跳到 except 區塊進行後續的處理，在 except 後面接上 as 就會將錯誤類別轉換成對應的錯誤類別物件，except 區塊個數可以有很多個，區分各種錯誤的類型，except 區塊內撰寫對應的錯誤處理程式；若沒有發生錯誤，則會跳到 else 區塊執行。

行號	範例 (　 : ch8\8-2-3-try-except-as-else.py)
1	try:
2	num = int(input(' 請輸入整數 '))
3	except EOFError:
4	print(' 輸入 EOF')
5	except ValueError as ve:
6	print(' 發生 ValueError 錯誤 ',ve)
7	except Exception as e:
8	print(' 發生其他錯誤 ',e)
9	else:
10	print(' 輸入整數爲 ', num)

執行結果

若輸入「Ctrl+D」，則發出 EOFError 錯誤，顯示「輸入 EOF」；若輸入英文字串則發出 ValueError 錯誤，命名爲 ve，顯示「發生 ValueError」與錯誤訊息 ve；若其他錯誤，則發出 Exception 錯誤，命名爲 e，顯示「發生其他錯誤」與錯誤訊息 e；若沒有出現錯誤，變數 num 會參考到輸入的整數，接著執行 else 區塊顯示「輸入整數爲」與變數 num。

(1) 輸入數字

```
請輸入整數 123
輸入整數爲 123
```

(2) 輸入「Ctrl+D」相當於輸入 EOF

```
請輸入整數 ^D
輸入 EOF
```

(3) 輸入「abc」

```
請輸入整數 abc
發生 ValueError 錯誤 invalid literal for int() with base 10: 號 abc 號
```

程式解說

● **第 1 到 10 行**：顯示「請輸入整數」在螢幕上，使用函式 input 輸入整數，使用函式 int 將字串轉換成整數物件，變數 num 參考到此物件 (第 1 到 2 行)。若輸入過程中輸入「ctrl+D」，則會跳到 except EOFError 區塊去執行，顯示「輸入 EOF」(第 3 到 4 行)；若輸入字串「abc」則會跳到 except ValueError as ve 區塊去執行，顯示「發生 ValueError 錯誤」與物件 ve 的訊息 (第 5 到 6 行)；若是其他的錯誤則會跳到 except Exception as e 區塊去執行，顯示「發生其他錯誤」與物件 e 的訊息 (第 7 到 8 行)；若沒有發生錯誤，則會跳到 else 區塊去執行，顯示「輸入整數爲」與變數 num 到螢幕上 (第 9 到 10 行)。

◇▶ 8-2-4 try-except-as-else 與自訂例外類別

可以自訂例外類別，自訂例外類別需要繼承系統例外類別 Exception，該類別就會成爲例外類別，可以傳入參數到自訂例外類別，將錯誤資訊儲存在自訂例外類別，使用指令 raise 發出例外，接著由 except 進行例外處理。

行號	範例 (　：ch8\8-2-4- 自訂例外類別 .py)
1	class PwdException(Exception):
2	def __init__(self,pwd,len):
3	super().__init__(self)
4	self.pwd=pwd
5	self.len=len
6	try:
7	pwd = input(' 請輸入密碼，長度至少 8 個字元 ')
8	if len(pwd) < 8:
9	raise PwdException(pwd,len(pwd))
10	except EOFError:
11	print(' 輸入 EOF')
12	except PwdException as pex:
13	print(' 密碼 ', pex.pwd, ' 長度爲 ', pex.len, ' 密碼長度不足 ')
14	else:
15	print(' 輸入密碼爲 ', pwd)

執行結果

若輸入「Ctrl+D」，則發出 EOFError 錯誤，顯示「輸入 EOF」；若輸入密碼長度小於 8，則發出 PwdException 錯誤，顯示密碼、密碼長度與「密碼長度不足」；若沒有出現錯誤，密碼會儲存在變數 pwd，接著執行 else 區塊顯示「輸入密碼為」接著顯示變數 pwd。以下為三種執行結果。

(1) 輸入密碼長度大於等於 8 個字元

```
請輸入密碼，長度至少 8 個字元 abcd1234
輸入密碼為 abcd1234
```

(2) 輸入「Ctrl+D」相當於輸入 EOF

```
請輸入密碼，長度至少 8 個字元 ^D
輸入 EOF
```

(3) 輸入「abc」

```
請輸入密碼，長度至少 8 個字元 abc
密碼 abc 長度為 3 密碼長度不足
```

程式解說

● **第 1 到 5 行**：定義類別 PwdException 繼承類別 Exception，定義方法「__init__」，方法「__init__」輸入參數為 self、pwd 與 len，使用「super()」呼叫基礎類別 Exception 的方法「__init__」傳入 self，設定 self.pwd 為 pwd，設定 self.len 為 len（第 2 到 5 行）。

● **第 6 到 15 行**：顯示「請輸入密碼，長度至少 8 個字元」在螢幕上，使用函式 input 輸入密碼，變數 pwd 參考到此密碼 (第 7 行)。若 pwd 的長度小於 8，則發出自訂的例外類別 PwdException，輸入參數 pwd 與 pwd 的長度 (第 8 到 9 行); 若輸入過程中輸入「ctrl+D」，則會跳到 except EOFError 區塊去執行，顯示「輸入 EOF」(第 10 到 11 行)；若長度小於 8 則跳到 except PwdException as pex 區塊去執行，顯示「密碼」串接 pex.pwd 串接「長度為」串接 pex.len 串接「密碼長度不足」(第 12 到 13 行)；若沒有發生錯誤，則會跳到 else 區塊去執行，顯示「輸入密碼為」與變數 pwd 到螢幕上 (第 14 到 15 行)。

◇ 8-2-5　try-except-as-else-finally 與自訂例外類別

使用程式區塊「try…except…as…else…finally…」可以攔截例外，在 try 區塊中撰寫可能發生錯誤的程式，若發生錯誤，則會跳到 except 區塊進行後續的處理，在 except 後面接上 as 就會將錯誤類別轉換成對應的錯誤類別物件，except 區塊個數可以有很多個，區分各種錯誤的類型，except 區塊內撰寫對應的錯誤處理程式；若沒有發生錯誤，則會跳到 else 區塊執行，不管有沒有發生錯誤，最後都要執行 finally 區塊。

行號	範例 (🕐 : ch8\8-2-5-try-except-as-else-finally.py)
1	class PwdException(Exception):
2	def __init__(self,pwd,len):
3	super().__init__(self)
4	self.pwd=pwd
5	self.len=len
6	try:
7	pwd = input(' 請輸入密碼，長度至少 8 個字元 ')
8	if len(pwd) < 8:
9	raise PwdException(pwd,len(pwd))
10	except EOFError:
11	print(' 輸入 EOF')
12	except PwdException as pex:
13	print(' 密碼 ', pex.pwd, ' 長度為 ', pex.len, ' 密碼長度不足 ')
14	else:
15	print(' 輸入密碼為 ', pwd)
16	finally:
17	print(' 請妥善保管密碼 ')

執行結果

若輸入「Ctrl+D」，則發出 EOFError 錯誤，顯示「輸入 EOF」；若輸入密碼長度小於 8，則發出 PwdException 錯誤，顯示密碼、密碼長度與「密碼長度不足」；若沒有出現錯誤，變數 pwd 參考到此密碼，接著執行 else 區塊顯示「輸入密碼為」與變數 pwd，最後都會執行 finally 區塊，顯示「請妥善保管密碼」。以下為三種執行結果。

(1) 輸入密碼長度大於等於 8 個字元

```
請輸入密碼，長度至少 8 個字元 abcd1234
輸入密碼為 abcd1234
請妥善保管密碼
```

(2) 輸入「Ctrl+D」相當於輸入 EOF

> 請輸入密碼，長度至少 8 個字元 ^D
> 輸入 EOF
> 請妥善保管密碼

(3) 輸入「abc」

> 請輸入密碼，長度至少 8 個字元 abc
> 密碼 abc 長度為 3 密碼長度不足
> 請妥善保管密碼

程式解說

● **第 1 到 5 行**：定義類別 PwdException 繼承類別 Exception，定義方法「__init__」，方法「__init__」輸入參數為 self、pwd 與 len，使用「super()」呼叫基礎類別 Exception 的方法「__init__」傳入 self，設定 self.pwd 為 pwd，設定 self.len 為 len(第 2 到 5 行)。

● **第 6 到 17 行**：顯示「請輸入密碼，長度至少 8 個字元」在螢幕上，使用函式 input 輸入密碼，變數 pwd 參考到此密碼 (第 7 行)。若 pwd 的長度小於 8，則發出自訂的例外類別 PwdException，輸入參數 pwd 與 pwd 的長度 (第 8 到 9 行)；若輸入過程中輸入「ctrl+D」，則會跳到 except EOFError 區塊去執行，顯示「輸入 EOF」(第 10 到 11 行)；若長度小於 8，會跳到 except PwdException as pex 區塊去執行，顯示「密碼」，串接 pex.pwd，串接「長度為」，串接 pex.len，串接「密碼長度不足」(第 12 到 13 行)；若沒有發生錯誤，則會跳到 else 區塊去執行，顯示「輸入密碼為」與變數 pwd 到螢幕上；最後不管有沒有錯誤，都會執行 finally 區塊，顯示「請妥善保管密碼」。

本章習題

實作題

1. 形狀類別

定義類別 Shape 內有方法 __init__ 與 length，方法 __init__ 用於新增形狀名稱，方法 length 沒有執行任何程式。定義類別 Tri 繼承類別 Shape，類別 Tri 的方法 __init__ 允許輸入形狀名稱爲「三角形」與三角形的三邊長，方法 length 回傳三角形的周長，新增類別 Shape 與類別 Tri 的物件，顯示形狀名稱與周長。

預覽結果

形狀
三角形 周長爲 12

2. 形狀類別 - 長方形與圓形

承實作題 1，定義類別 Shape 內有方法 __init__ 與 length，方法 __init__ 用於新增形狀名稱，方法 length 沒有執行任何程式。定義類別 Tri 繼承類別 Shape，類別 Tri 的方法 __init__ 允許輸入形狀名稱爲「三角形」與三角形的三邊長，方法 length 回傳三角形的周長。定義類別 Rec 繼承類別 Shape，類別 Rec 的方法 __init__ 允許輸入形狀名稱爲「長方形」與長方形的長與寬，方法 length 回傳長方形的周長。定義類別 Cir 繼承類別 Shape，類別 Cir 的方法 __init__ 允許輸入形狀名稱爲「圓形」與圓形的半徑，方法 length 回傳圓形的周長。新增類別 Shape、類別 Tri、類別 Rec 與類別 Cir 的物件，顯示形狀名稱與周長。

預覽結果

形狀
三角形 周長爲 12
長方形 周長爲 18
圓形 周長爲 31.400000000000002

本章
習題

3. 形狀類別 - 新增方法與多型

承實作題 2，在類別 Tri、類別 Rec 與類別 Cir，新增方法 area 用於計算各形狀的面積，新增方法 poly 以多型 (polymorphism) 的方式顯示形狀的面積到螢幕上，新增類別 Tri、類別 Rec 與類別 Cir 的物件，顯示形狀名稱與面積。

預覽結果

```
三角形 面積為 6.0
長方形 面積為 20
圓形 面積為 78.5
```

4. 形狀類別 - 特殊方法

承實作題 3，在類別 Tri、類別 Rec 與類別 Cir，新增特殊方法 __eq__ 用於運算子「==」的判斷，若面積相同，就回傳 True，否則回傳 False。新增類別 Tri 的兩個物件，顯示兩物件的形狀名稱與面積到螢幕上，使用運算子「==」比較兩物件，將結果顯示在螢幕上。

預覽結果

```
三角形 面積為 6.0
三角形 面積為 6.0
True
```

5. 自訂例外類別

Python 允許索引值為負值，表示從最右邊往左存取，自訂存取索引值為負值的例外，攔截索引值為負值的情形，產生自訂例外類別的錯誤。程式中新增串列 a 有四個元素，元素值為「1, 2, 3, 4」，允許使用者輸入索引值，若索引值正值且超出範圍存取串列時，系統會發出 IndexError 錯誤，若索引值為負時，產生自訂例外類別的錯誤。

本章習題

預覽結果

測試一

請輸入要存取的索引值？ 0
1

測試二

請輸入要存取的索引值？ 4
輸入索引值超出範圍

測試三

請輸入要存取的索引值？ -1
輸入索引值為 -1 索引值為負值

NOTE

Chapter

9

進階字串處理

9-1 ASCII 編碼

> Jupyter Notebook 範例檔：ch9\ch9.ipynb

ASCII 編碼是最早的電腦編碼系統，只包含大小寫英文字母、數字、英文標點符號、數學運算符號與控制符號等，共 128 個字。將二進位編碼的控制符號換算成十進位，控制符號編碼介於 0 到 31 共 32 個，再加上 127，所以控制符號共有 33 個字，模組 string 的 ASCII 編碼分類，將於下一節介紹。

◇ 9-1-1 模組 string

模組 string 提供 ASCII 字碼，相似功能的字元分在一起，如以下分類。

表 9-1　模組 string 說明

string 模組分類名稱	說明	結果	元素個數
string.ascii_letters	大小寫英文字母	abcdefghijklmnopqrstuvwxyzABCDEFGHIJKLMNOPQRSTUVWXYZ	52
string.ascii_lowercase	小寫英文字母	abcdefghijklmnopqrstuvwxyz	26
string.ascii_uppercase	大寫英文字母	ABCDEFGHIJKLMNOPQRSTUVWXYZ	26
string.digits	十進位數字	0123456789	10
string.hexdigits	十六進位數字	0123456789abcdefABCDEF	22
string.octdigits	八進位數字	01234567	8
string.punctuation	標點符號	!＂#$%&'()*+,-./:;<=>?@[\]^_`{|}~	32
string.printable	包含十進位數字、大小寫英文字母、標點符號與空白字符。	0123456789abcdefghijklmnopqrstuvwxyzABCDEFGHIJKLMNOPQRSTUVWXYZ!＂#$%&'()*+,-./:;<=>?@[\]^_`{|}~ 0x20(space)、0x09(tab,\t)、0x0a(line feed,\n)、0x0b(vertical tab,\v)、0x0c(form feed)、0x0d(carriage return,\r)	100
string.whitespace	空白字符	0x20(space)、0x09(tab,\t)、0x0a(line feed,\n)、0x0b(vertical tab,\v)、0x0c(form feed)、0x0d(carriage return,\r)	6

行號	範例 (🕐 ：ch9\9-1-1- 模組 string.py)
1	import string
2	print('ascii_letters 為 ', string.ascii_letters)
3	print('ascii_lowercase 為 ', string.ascii_lowercase)
4	print('ascii_uppercase 為 ', string.ascii_uppercase)
5	print('digits 為 ', string.digits)
6	print('hexdigits 為 ', string.hexdigits)
7	print('octdigits 為 ', string.octdigits)
8	print('punctuation 為 ', string.punctuation)
9	print("printable.encode('ascii') 為 ", string.printable.encode('ascii'))
10	print("whitespace.encode('ascii') 為 ", string.whitespace.encode('ascii'))

執行結果

```
ascii_letters 為 abcdefghijklmnopqrstuvwxyzABCDEFGHIJKLMNOPQRSTUVWXYZ
ascii_lowercase 為 abcdefghijklmnopqrstuvwxyz
ascii_uppercase 為 ABCDEFGHIJKLMNOPQRSTUVWXYZ
digits 為 0123456789
hexdigits 為 0123456789abcdefABCDEF
octdigits 為 01234567
punctuation 為 !"#$%&'()*+,-./:;<=>?@[\]^_`{|}~
printable.encode('ascii') 為 b'0123456789abcdefghijklmnopqrstuvwxyzABCDEFGHIJKL
MNOPQRSTUVWXYZ!"#$%&\'()*+,-./:;<=>?@[\\]^_`{|}~ \t\n\r\x0b\x0c'
whitespace.encode('ascii') 為 b' \t\n\r\x0b\x0c'
```

程式解說

● 第 1 行：匯入模組 string。

● 第 2 行：顯示字串「ascii_letters 為」與模組 string 的字串 ascii_letters 到螢幕上。

● 第 3 行：顯示字串「ascii_lowercase 為」與模組 string 的字串 ascii_lowercase 到螢幕上。

● 第 4 行：顯示字串「ascii_uppercase 為」與模組 string 的字串 ascii_uppercase 到螢幕上。

● 第 5 行：顯示字串「digits 為」與模組 string 的字串 digits 到螢幕上。

● 第 6 行：顯示字串「hexdigits 為」與模組 string 的字串 hexdigits 到螢幕上。

● 第 7 行：顯示字串「octdigits 為」與模組 string 的字串 octdigits 到螢幕上。

● 第 8 行：顯示字串「punctuation 為」與模組 string 的字串 punctuation 到螢幕上。

- 第 9 行：顯示字串「printable.encode('ascii') 為」與模組 string 的字串 printable 到螢幕上，因為 printable 最後 6 個空白字元只有 space 可以顯示，其餘無法顯示，所以使用函式 encode，將 ascii 字元轉換成 byte 的十六進位表示，最後 5 個空白字元轉換成「\t\n\r\x0b\x0c」顯示在螢幕上。

- 第 10 行：顯示字串「whitespace.encode('ascii') 為」與模組 string 的字串 whitespace 到螢幕上，最後 6 個空白字元只有 space 可以顯示，其餘無法顯示，所以使用函式 encode，將 ascii 字元轉換成 byte 的十六進位表示，最後 5 個空白字元轉換成「\t\n\r\x0b\x0c」顯示在螢幕上。

◆ 9-1-2 密碼隨機產生器

隨機產生長度為 8 到 12 的密碼，密碼由大小寫英文字母與數字所組成。

提示：使用 random.randint(8,12) 隨機產生 8 到 12 其中之一的數字，控制 for 迴圈產生長度為 8 到 12 的密碼。

行號	範例 (🖋 ：ch9\9-1-2- 密碼隨機產生器 .py)	執行結果
1 2 3 4 5 6 7	import string import random chs = string.ascii_letters + string.digits pwd="" for x in range(random.randint(8,12)): pwd+=random.choice(chs) print(pwd)	 vEaMlDaG

程式解說

- 第 1 行：匯入模組 string。

- 第 2 行：匯入模組 random。

- 第 3 行：設定 chs 為大小寫英文字母 (string.ascii_letters) 串接數字 0 到 9(string.digits)。

- 第 4 行：設定 pwd 為空字串。

- 第 5 到 6 行：使用 random.randint(8,12) 會回傳 8 到 12 的數字，使用 for 迴圈與 range(random.randint(8,12)) 控制迴圈執行 8 到 12 次，每次隨機從字串 chs 選出一個字元串接到 pwd。

- 第 7 行：顯示 pwd 到螢幕上。

9-2　**Unicode 編碼**

　　Unicode 編碼整合全世界各個國家的文字編碼，讓 Unicode 編碼可以通行全世界，支援多語言環境，不用每個國家都自訂一種編碼，讓資訊系統可以更簡單進行文字編碼與儲存，Python3 的預設文字編碼為 Unicode 編碼。

◇ 9-2-1　Unicode 字元的表示

　　一個 Unicode 字元可以經由十六進位編碼表示，也可以使用標準名稱表示，其中十六進位編碼又可以分成 4 個十六進位表示或 8 個十六進位表示，所以可以區分成以下三種。

1. 使用「\u」表示使用 4 個十六進位表示，例如：「\u6211」表示「我」的 Unicode 編碼。

2. 使用「\U」表示使用 8 個十六進位表示，例如：「\U00006211」表示「我」的 Unicode 編碼。

3. 使用「\N」表示使用標準名稱，例如：「\N{CJK UNIFIED IDEOGRAPH-6211}」表示「我」的 Unicode 標準名稱。

　　當然也可以使用輸入法輸入「我」，輸入法預設輸出的編碼，應該都是 Unicode 編碼。

　　使用模組 unicodedata 中的函式 name，將 Unicode 字元轉換成 Unicode 標準名稱，使用函式 lookup 將 Unicode 標準名稱轉換成 Unicode 字元。以下程式碼，使用函式 name 找出「我」的 Unicode 標準名稱。

```
import unicodedata
print(unicodedata.name(' 我 '))
```

　　顯示「我」的 Unicode 標準名稱如下。

```
CJK UNIFIED IDEOGRAPH-6211
```

　　以下程式碼，使用函式 lookup 找出 Unicode 標準名稱「CJK UNIFIED IDEOGRAPH-6211」的對應的 Unicode 字元。

```
import unicodedata
print(unicodedata.lookup('CJK UNIFIED IDEOGRAPH-6211'))
```

　　找出 Unicode 標準名稱「CJK UNIFIED IDEOGRAPH-6211」的對應的 Unicode 字元，如下：

```
我
```

「我」也可以使用「\u6211」或「\U00006211」或

「\N{CJK UNIFIED IDEOGRAPH-6211}」取代。

```
import unicodedata
print(unicodedata.name('\u6211'))
print(unicodedata.name('\U00006211'))
print(unicodedata.name('\N{CJK UNIFIED IDEOGRAPH-6211}'))
```

　　顯示「\u6211」、「\U00006211」與「\N{CJK UNIFIED IDEOGRAPH-6211}」的 Unicode 標準名稱如下。

```
CJK UNIFIED IDEOGRAPH-6211
CJK UNIFIED IDEOGRAPH-6211
CJK UNIFIED IDEOGRAPH-6211
```

　　綜合上述概念，自訂函式 unicode_name 將 Unicode 字元轉換成 Unicode 標準名稱，並顯示 Unicode 字元與 Unicode 標準名稱，並回傳 Unicode 標準名稱。自訂函式 unicode_lookup 將 Unicode 標準名稱轉換成 Unicode 字元，並顯示 Unicode 字元與 Unicode 標準名稱，並回傳 Unicode 字元。

行號	範例 (　：ch9\9-2-1-Unicode 字元 .py)
1	import unicodedata
2	def unicode_name(value):
3	name = unicodedata.name(value)
4	print('value=', value, 'name=', name)
5	return name
6	def unicode_lookup(name):
7	value = unicodedata.lookup(name)
8	print('name=', name, 'value=', value)
9	return value
10	name = unicode_name(' 我 ')

行號	範例（ 🎣：ch9\9-2-1-Unicode 字元 .py）
11	value = unicode_lookup(name)
12	name = unicode_name('\u6211')
13	value = unicode_lookup(name)
14	name = unicode_name('\U00006211')
15	value = unicode_lookup(name)
16	name = unicode_name('\N{CJK UNIFIED IDEOGRAPH-6211}')
17	value = unicode_lookup(name)

執行結果

```
value= 我 name= CJK UNIFIED IDEOGRAPH-6211
name= CJK UNIFIED IDEOGRAPH-6211 value= 我
value= 我 name= CJK UNIFIED IDEOGRAPH-6211
name= CJK UNIFIED IDEOGRAPH-6211 value= 我
value= 我 name= CJK UNIFIED IDEOGRAPH-6211
name= CJK UNIFIED IDEOGRAPH-6211 value= 我
value= 我 name= CJK UNIFIED IDEOGRAPH-6211
name= CJK UNIFIED IDEOGRAPH-6211 value= 我
```

程式解說

● 第 1 行：匯入模組 unicodedata。

● 第 2 到 5 行：定義函式 unicode_name，輸入 Unicode 字元參數 value，呼叫模組 unicodedata 的函式 name，以 value 為輸入，變數 name 參考到要回傳的 Unicode 標準名稱（第 3 行）。使用函式 print 顯示 Unicode 字元與 Unicode 標準名稱到螢幕上（第 4 行），最後回傳 name（第 5 行）。

● 第 6 到 9 行：定義函式 unicode_lookup，輸入 Unicode 標準名稱參數 name，呼叫模組 unicodedata 的函式 lookup，以 name 為輸入，變數 value 參考到要回傳的 Unicode 字元（第 7 行）。使用函式 print 顯示 Unicode 標準名稱與 Unicode 字元到螢幕上（第 8 行），最後回傳 value（第 9 行）。

● 第 10 行：呼叫函式 unicode_name，以「我」為輸入參數，變數 name 參考到函式回傳結果。

● 第 11 行：呼叫函式 unicode_lookup，以 name 為輸入參數，變數 value 參考到函式回傳結果。

- 第 12 行：呼叫函式 unicode_name，以「\u6211」為輸入參數，變數 name 參考到函式回傳結果。

- 第 13 行：呼叫函式 unicode_lookup，以 name 為輸入參數，變數 value 參考到函式回傳結果。

- 第 14 行：呼叫函式 unicode_name，以「\U00006211」為輸入參數，變數 name 參考到函式回傳結果。

- 第 15 行：呼叫函式 unicode_lookup，以 name 為輸入參數，變數 value 參考到函式回傳結果。

- 第 16 行：呼叫函式 unicode_name，以「\N{CJK UNIFIED IDEOGRAPH-6211}」為輸入參數，變數 name 參考到函式回傳結果。

- 第 17 行：呼叫函式 unicode_lookup，以 name 為輸入參數，變數 value 參考到函式回傳結果。

9-2-2 編碼與解碼

編碼 (encode)

　　將字串轉換成位元組 (byte) 稱作編碼 (encode)，而將已編碼的位元組 (byte) 還原回原來的字串稱作解碼 (decode)，現在存在許多編碼系統，目前最常用的是 UTF-8 編碼，由 Unicode 編碼轉換而來，讓每個 Unicode 字元由 1 到 4 個位元組表示，原來 ASCII 使用 1 個位元組表示，拉丁文、希臘文、阿拉伯文…等使用 2 個位元組表示，大部分的中文使用 3 個位元組表示，古義大利字母 (Old Italic)、日文假名補充 (Kana Supplement)、音樂符號 (Musical Symbols)…等使用 4 個位元組表示。

　　Python 提供函式 encode 可以將字串根據指定的編碼轉換成十六進位表示，1 個位元組 (byte) 可以使用 2 個十六進位表示。

　　函式 encode 所支援的常見編碼，如下表。

表 9-2　函式 encode 所支援的常見編碼

編碼代碼	說明	使用方式
ascii	7 位元的 ASCII。	字串 .encode('ascii')
utf-8	將 Unicode 編碼轉換成可變長度的編碼，以 1 到 4 個位元組表示一個 Unicode 字元。	字串 .encode('utf-8')

編碼代碼	說明	使用方式
unicode-escape	將 Unicode 編碼使用「\u」與「\U」表示。	字串 .encode('unicode-escape')
latin-1	也就是 ISO 8859-1，以 ascii 為基礎，支援使用於歐洲的語言。	字串 .encode('latin-1')

　　任何字串加上「.encode('unicode-escape')」，就可以轉換成 Unicode 編碼，例如要找出「我」的 Unicode 編碼，程式碼如下。

```
print(' 我 '.encode('unicode-escape'))
```

　　輸出「我」的 Unicode 編碼如下。

```
b'\\u6211'
```

■ 解碼 (decode)

　　Python 提供函式 decode 可以將十六進位表示的位元組解碼回原來的字串，也需指定解碼代碼，解碼代碼與編碼代碼要相同，編碼時指定的編碼代碼，解碼時也要使用相同的代碼進行解碼，解碼才會正確回到編碼前的字串。將「我」進行 Unicode 編碼與解碼程式碼如下。

```
byte = ' 我 '.encode('unicode-escape')
s = byte.decode('unicode-escape')
print(byte, s)
```

　　程式執行結果如下。

```
b'\\u6211' 我
```

　　將「我」使用 utf-8 進行編碼結果為「\xe6\x88\x91」，使用函式 len 測量字串「我」的長度會發現長度為 1，使用 utf-8 進行編碼後為「\xe6\x88\x91」，長度為 3，編碼後字串長度以 byte 計算，所以長度變長，使用函式 len 計算字串長度的程式碼如下。

```
print(len(' 我 '))
byte = ' 我 '.encode('utf-8')
print(byte,len(byte))
```

程式執行結果如下。

```
1
b'\xe6\x88\x91' 3
```

綜合上述，撰寫編碼與解碼程式如下。

行號	範例 (💿 ：ch9\9-2-2- 編碼與解碼 .py)
1	print(' 我 '.encode('unicode-escape'))
2	def utf8(data):
3	data_byte=data.encode('utf-8')
4	data2=data_byte.decode('utf-8')
5	print(' 將 ', data, ' 經由 utf-8 編碼後爲 ', data_byte)
6	print(' 將 ', data_byte, ' 經由 utf-8 解碼後爲 ', data2)
7	print(data, ' 的長度爲 ', len(data))
8	print(data_byte, ' 的長度爲 ', len(data_byte))
9	utf8(' 我 ')
10	utf8("\u6211")

執行結果

```
b'\\u6211'
將 我 經由 utf-8 編碼後爲 b'\xe6\x88\x91'
將 b'\xe6\x88\x91' 經由 utf-8 解碼後爲 我
我 的長度爲 1
b'\xe6\x88\x91' 的長度爲 3
將 我 經由 utf-8 編碼後爲 b'\xe6\x88\x91'
將 b'\xe6\x88\x91' 經由 utf-8 解碼後爲 我
我 的長度爲 1
b'\xe6\x88\x91' 的長度爲 3
```

程式解說

● 第 1 行：將「我」使用函式 encode 以「unicode-escape」進行編碼，顯示編碼結果在螢幕上。

● 第 2 到 8 行：定義函式 utf8，輸入 Unicode 字元參數 data，呼叫 data 的函式 encode，以 utf-8 爲編碼代碼，回傳的 data 的 utf-8 編碼結果指定給 data_byte(第 3 行)，呼叫 data_byte 的函式 decode，以 utf-8 爲解碼代碼，回傳的 data_byte 的 utf-8 解碼

結果指定給 data2(第 4 行)。使用函式 print 顯示將 data 編碼後 data_byte 的結果顯示在螢幕上 (第 5 行)，顯示將 data_byte 解碼後 data2 的結果顯示在螢幕上 (第 6 行)，顯示將 data 與 data 的長度在螢幕上 (第 7 行)，顯示將 data_byte 與 data_byte 的長度在螢幕上 (第 8 行)。

● 第 9 行：呼叫函式 utf8，以「我」為輸入參數。

● 第 10 行：呼叫函式 utf8，以「\u6211」為輸入參數。

9-3　正規表示式 (regular expression)

　　使用正規表示式找尋特定字串是否存在，找尋符合條件的字串，進行字串取代，正規表示式常用於字串的分析與擷取，Python 提供正規表示式的功能，需要匯入模組 re。

◆ 9-3-1　模組 re

　　模組 re 提供的重要函式，如下表。

表 9-3　模組 re 提供的重要函式

函式	說明	範例程式	執行結果
match(pattern, string)	找出 string 的開頭是否符合 pattern 格式，若找不到回傳 None，若找到則回傳 match 物件。	import re s=' 昔人已乘黃鶴去 ' ans = re.match(' 昔人 ',s) if ans: 　　print(ans.group())	昔人
search(pattern, string)	找出 string 中第一個符合 pattern 格式的字串，若找不到回傳 None，找到則回傳 match 物件。	import re s=' 昔人已乘黃鶴去 ' ans = re.search(' 黃鶴 ',s) if ans: 　　print(ans.group())	黃鶴
findall(pattern, string)	找出 string 中所有符合 pattern 格式的字串，回傳串列。	import re s=' 昔人已乘黃鶴去 ' ans = re.findall(' 黃鶴 ',s) if ans: 　　print(ans)	[' 黃鶴 ']

函式	說明	範例程式	執行結果
split(pattern, string)	將 string 使用 pattern 格式進行分割，最後回傳一個串列。	import re s=' 昔人已乘黃鶴去 ' ans = re.split(' 已 ',s) print(ans)	[' 昔人 ',' 乘黃鶴去 ']
sub(pattern, repl, string)	將 string 中符合 pattern 格式的字串以字串 repl 取代，最後回傳取代後的字串。	import re s=' 昔人已乘黃鶴去 ' ans = re.sub(' 去 ',' 來 ',s) print(ans)	昔人已乘黃鶴來

　　搜尋符合 pattern 格式的字串，pattern 格式可以使用「.」表示任何字元，使用「*」串接在字元後面，表示該字元任何數量都符合，所以使用「.*」表示任何字串都符合，而且越長越好。

　　範例程式如下，使用「.* 黃鶴」找尋符合條件的最長字串。

```
import re
s=' 昔人已乘黃鶴去，此地空余黃鶴樓。'
ans = re.match('.* 黃鶴 ',s)
if ans:
    print(ans.group())
else:
    print(" 找不到開頭是「.* 黃鶴」")
```

　　程式執行結果如下。

昔人已乘黃鶴去，此地空余黃鶴

　　綜合上述，正規表示式程式如下，本範例的詩為「黃鶴樓」，作者「崔顥」。

行號	範例 (：ch9\9-3-1-match-search.py)	執行結果
1	import re	
2	s=' 昔人已乘黃鶴去，此地空余黃鶴樓。\	
3	黃鶴一去不復返，白雲千載空悠悠。'	
4	print(s)	昔人已乘黃鶴去，此地空余黃鶴樓。黃鶴一去不復返，白雲千載空悠悠。
5	ans = re.match(' 昔人 ',s)	
6	if ans:	
7	print(ans.group())	昔人
8	else:	
9	print(" 找不到開頭是「昔人」")	
10	ans = re.match(' 黃鶴 ',s)	
11	if ans:	
12	print(ans.group())	
13	else:	
14	print(" 找不到開頭是「黃鶴」")	找不到開頭是「黃鶴」
15	ans = re.match('.* 黃鶴 ',s)	
16	if ans:	
17	print(ans.group())	昔人已乘黃鶴去，此地空余黃鶴樓。黃鶴
18	else:	
19	print(" 找不到開頭是「.* 黃鶴」")	
20	ans = re.search(' 黃鶴 ',s)	
21	if ans:	
22	print(ans.group())	黃鶴
23	else:	
24	print(" 找不到「黃鶴」")	
25	ans = re.findall(' 黃鶴 ',s)	
26	if ans:	
27	print(ans)	[' 黃鶴 ', ' 黃鶴 ', ' 黃鶴 ']
28	else:	
29	print(" 找不到「黃鶴」")	
30	ans = re.split('，',s)	
31	print(ans)	[' 昔人已乘黃鶴去 ', ' 此地空余黃鶴樓。黃鶴一去不復返 ', ' 白雲千載空悠悠。']
32	ans = re.sub('。',' ；',s)	
33	print(ans)	昔人已乘黃鶴去，此地空余黃鶴樓 ；黃鶴一去不復返，白雲千載空悠悠 ；

程式解說

● 第 1 行：匯入模組 re。

- **第 2 到 3 行**：字串 s 為「昔人已乘黃鶴去，此地空余黃鶴樓。黃鶴一去不復返，白雲千載空悠悠。」

- **第 4 行**：使用函式 print 顯示字串 s 到螢幕上。

- **第 5 行**：使用模組 re 的函式 match，找出字串 s 的開頭是否是為「昔人」，將結果指定給變數 ans。

- **第 6 到 9 行**：ans 為 match 物件，若 ans 不是 None，則使用函式 print 將 ans 的函式 group 結果顯示到螢幕上；否則顯示「找不到開頭是「昔人」」。

- **第 10 行**：使用模組 re 的函式 match，找出字串 s 的開頭是否是為「黃鶴」，將結果指定給變數 ans。

- **第 11 到 14 行**：ans 為 match 物件，若 ans 不是 None，則使用函式 print 將 ans 的函式 group 結果顯示到螢幕上；否則顯示「找不到開頭是「黃鶴」」。

- **第 15 行**：使用模組 re 的函式 match，找出字串 s 的開頭是否是為「.* 黃鶴」，將結果指定給變數 ans。

- **第 16 到 19 行**：ans 為 match 物件，若 ans 不是 None，則使用函式 print 將 ans 的函式 group 結果顯示到螢幕上；否則顯示「找不到開頭是「.* 黃鶴」」。

- **第 20 行**：使用模組 re 的函式 search，找出字串 s 的第一個字串為「黃鶴」，將結果指定給變數 ans。

- **第 21 到 24 行**：ans 為 match 物件，若 ans 不是 None，則使用函式 print 將 ans 的函式 group 結果顯示到螢幕上；否則顯示「找不到「黃鶴」」。

- **第 25 行**：使用模組 re 的函式 findall，找出字串 s 中所有字串為「黃鶴」，將結果指定給變數 ans。

- **第 26 到 29 行**：ans 為串列，若 ans 不是空串列，則顯示變數 ans 到螢幕上；否則顯示「找不到「黃鶴」」。

- **第 30 行**：使用模組 re 的函式 split，找出字串 s 中使用「，」進行分割，將結果指定給變數 ans。

- **第 31 行**：顯示變數 ans 到螢幕上。

- **第 32 行**：使用模組 re 的函式 sub，將字串 s 使用「；」取代「。」，將取代後的字串指定給變數 ans。

- **第 33 行**：顯示變數 ans 到螢幕上。

◆ 9-3-2　正規表示式的關鍵字

正規表示式定義了一些關鍵字，這些關鍵字對字元進行分類，是否為數字、是否為單字、是否為空白字符等。

表 9-4　正規表示式的關鍵字

關鍵字	說明	範例程式	範例程式執行結果
\d	匹配一個數字。	import re s='a1 + b_2' print(re.findall('\d',s))	['1', '2']
\D	匹配一個非數字。	import re s='a1 + b_2' print(re.findall('\D',s))	['a', ' ', '+', ' ', 'b', '_']
\s	匹配一個空白字符。	import re s='a1 + b_2' print(re.findall('\s',s))	[' ', ' ']
\S	匹配一個非空白字符。	import re s='a1 + b_2' print(re.findall('\S',s))	['a', '1', '+', 'b', '_', '2']
\w	匹配一個英文、數字或底線字元，也可以匹配一個中文字元。	import re s='a1 + b_2' print(re.findall('\w',s))	['a', '1', 'b', '_', '2']
\W	匹配不是一個英文、數字或底線字元，也可以匹配中文的標點符號。	import re s='a1 + b_2' print(re.findall('\W',s))	[' ', '+', ' ']
\b	匹配「\w」與「\W」的邊界。	import re print(re.findall(r'\b','abcd'))	['', '']
\B	匹配不在「\w」與「\W」的邊界。	import re print(re.findall('\B','abcd'))	['', '', '']

「'\b'」有另一種解釋為 backspace，若要指定為正規表示式的匹配「\w」與「\W」的邊界，需在前面加上「r」，變成「r'\b'」確定一定是正規表示式的匹配「\w」與「\W」的邊界，而非 backspace。

綜合上述，正規表示式程式如下。

行號	範例 (🕐 : ch9\9-3-2a- 正規表示式的關鍵字 .py)
1	import string
2	import re
3	pr=string.printable
4	print(re.findall('\d',pr))
5	print(re.findall('\D',pr))
6	print(re.findall('\s',pr))
7	print(re.findall('\S',pr))
8	print(re.findall('\w',pr))
9	print(re.findall('\W',pr))
10	print(re.findall(r'\b','abcd'))
11	print(re.findall('\B','abcd'))

執行結果

```
['0', '1', '2', '3', '4', '5', '6', '7', '8', '9']
['a', 'b', 'c', 'd', 'e', 'f', 'g', 'h', 'i', 'j', 'k', 'l', 'm', 'n', 'o', 'p', 'q', 'r', 's', 't', 'u', 'v', 'w', 'x', 'y', 'z',
'A', 'B', 'C', 'D', 'E', 'F', 'G', 'H', 'I', 'J', 'K', 'L', 'M', 'N', 'O', 'P', 'Q', 'R', 'S', 'T', 'U', 'V', 'W', 'X',
'Y', 'Z', '!', '"', '#', '$', '%', '&', "'", '(', ')', '*', '+', ',', '-', '.', '/', ':', ';', '<', '=', '>', '?', '@', '[', '\\', ']',
'^', '_', '`', '{', '|', '}', '~', ' ', '\t', '\n', '\r', '\x0b', '\x0c']
[' ', '\t', '\n', '\r', '\x0b', '\x0c']
['0', '1', '2', '3', '4', '5', '6', '7', '8', '9', 'a', 'b', 'c', 'd', 'e', 'f', 'g', 'h', 'i', 'j', 'k', 'l', 'm', 'n', 'o', 'p',
'q', 'r', 's', 't', 'u', 'v', 'w', 'x', 'y', 'z', 'A', 'B', 'C', 'D', 'E', 'F', 'G', 'H', 'I', 'J', 'K', 'L', 'M', 'N', 'O',
'P', 'Q', 'R', 'S', 'T', 'U', 'V', 'W', 'X', 'Y', 'Z', '!', '"', '#', '$', '%', '&', "'", '(', ')', '*', '+', ',', '-', '.',
'/', ':', ';', '<', '=', '>', '?', '@', '[', '\\', ']', '^', '_', '`', '{', '|', '}', '~']
['0', '1', '2', '3', '4', '5', '6', '7', '8', '9', 'a', 'b', 'c', 'd', 'e', 'f', 'g', 'h', 'i', 'j', 'k', 'l', 'm', 'n', 'o', 'p',
'q', 'r', 's', 't', 'u', 'v', 'w', 'x', 'y', 'z', 'A', 'B', 'C', 'D', 'E', 'F', 'G', 'H', 'I', 'J', 'K', 'L', 'M', 'N', 'O',
'P', 'Q', 'R', 'S', 'T', 'U', 'V', 'W', 'X', 'Y', 'Z', '_']
['!', '"', '#', '$', '%', '&', "'", '(', ')', '*', '+', ',', '-', '.', '/', ':', ';', '<', '=', '>', '?', '@', '[', '\\', ']',
'^', '`', '{', '|', '}', '~', ' ', '\t', '\n', '\r', '\x0b', '\x0c']
['', '']
['', '', '']
```

程式解說

● 第 1 行：匯入模組 string。

● 第 2 行：匯入模組 re。

- 第 3 行：設定變數 pr 為模組 string 的 printable，為可列印字元。
- 第 4 行：使用模組 re 的函式 findall，找出變數 pr 中所有數字 (\d)。
- 第 5 行：使用模組 re 的函式 findall，找出變數 pr 中所有非數字 (\D)。
- 第 6 行：使用模組 re 的函式 findall，找出變數 pr 中所有空白字符 (\s)。
- 第 7 行：使用模組 re 的函式 findall，找出變數 pr 中所有非空白字元 (\S)。
- 第 8 行：使用模組 re 的函式 findall，找出變數 pr 中所有英文、數字或底線字元 (\w)。
- 第 9 行：使用模組 re 的函式 findall，找出變數 pr 中所有非英文、數字或底線字元 (\W)。
- 第 10 行：使用模組 re 的函式 findall，找出變數 pr 中所有「\w」與「\W」的邊界 (\b)。
- 第 11 行：使用模組 re 的函式 findall，找出變數 pr 中所有非「\w」與「\W」的邊界 (\B)。

正規表示式定義另一些關鍵字，這些關鍵字表示出現的位置、出現的次數與有哪些字元符合條件等。

關鍵字	說明	範例程式	執行結果
^	位置在開頭。	import re s=' 昔人已乘黃鶴去 ' ans = re.findall('^ 昔人 ',s) print(ans)	[' 昔人 ']
$	位置在結尾。	import re s=' 昔人已乘黃鶴去 ' ans = re.findall(' 黃鶴去 $',s) print(ans)	[' 黃鶴去 ']
.	配對除了 Enter(\n) 以外的字元。	import re s=' 昔人已乘黃鶴去 ' ans = re.findall('. 已乘 ',s) print(ans)	[' 人已乘 ']
x|y	配對 x 或 y，x 與 y 可以以任何字元取代。	import re s=' 昔人已乘黃鶴去 ' ans = re.findall(' 已 | 人 ',s) print(ans)	[' 人 ', ' 已 ']

關鍵字	說明	範例程式	執行結果
[xy]	配對 x 或 y，x 與 y 可以以任何字元取代，可以不只兩個字元，例如：[xyz]，表示 x、y 或 z。	import re s=' 昔人已乘黃鶴去 ' ans = re.findall('[已人]',s) print(ans)	[' 人 ', ' 已 ']
[^xy]	不是 x 且不是 y，x 與 y 可以以任何字元取代，可以不只兩個字元。	import re s=' 昔人已乘黃鶴去 ' ans = re.findall('[^ 已人]',s) print(ans)	[' 昔 ', ' 乘 ', ' 黃 ', ' 鶴 ', ' 去 ']
x*	配對零個或多個 x，越多越好，x 可以以任何字元取代。	import re s=' 昔人已乘黃鶴去 ' ans = re.findall(' [已人]*',s) print(ans)	['', ' 人已 ', '', '', '', '', '']
x*?	配對零個或多個 x，越少越好，x 可以以任何字元取代。	import re s=' 昔人已乘黃鶴去 ' ans = re.findall(' [已人]*?',s) print(ans)	['', '', '', '', '', '', '']
x+	配對 1 個或多個 x，越多越好，x 可以以任何字元取代。	import re s=' 昔人已乘黃鶴去 ' ans = re.findall(' [已人]+',s) print(ans)	[' 人已 ']
[0-9]+	配對 1 個或多個的 0 到 9 的數字，越多越好。	import re s = '123342 3423434' ans = re.findall('[0-9]+',s) print(ans)	['123342', '3423434']
[A-Za-z]+	配對 1 個或多個的大小寫英文字母，越多越好。	import re s = 'Time is money' ans = re.findall('[A-Za-z]+',s) print(ans)	['Time', 'is', 'money']
x+?	配對 1 個或多個 x，越少越好，x 可以以任何字元取代。	import re s=' 昔人已乘黃鶴去 ' ans = re.findall(' [已人]+?',s) print(ans)	[' 人 ', ' 已 ']

關鍵字	說明	範例程式	執行結果
x{a}	配對連續 a 個 x，x 可以以任何字元取代。	import re s = 'xxxyy' ans = re.findall('x{2}',s) print(ans)	['xx']
x{a, b}	配對連續 a 到 b 個 x，越多越好，x 可以以任何字元取代。	import re s = 'xxxyy' ans = re.findall('x{2,3}',s) print(ans)	['xxx']
x{a, b}?	配對連續 a 到 b 個 x，越少越好，x 可以以任何字元取代。	import re s = 'xxxyy' ans = re.findall('x{2,3}?',s) print(ans)	['xx']
left(?=right)	配對 left，若後面有 right。	import re s=' 昔人已乘黃鶴去 ' ans = re.findall(' 乘 (?= 黃鶴)',s) print(ans)	[' 乘 ']
left(?!right)	配對 left，若後面沒有 right。	import re s=' 昔人已乘黃鶴去 ' ans = re.findall(' 乘 (?! 黃鶴)',s) print(ans)	[]
(?<=left) right	配對 right，若 right 之前有 left。	import re s=' 昔人已乘黃鶴去 ' ans = re.findall('(?<= 乘) 黃鶴 ',s) print(ans)	[' 黃鶴 ']
(?<!left) right	配對 right，若 right 之前沒有 left。	import re s=' 昔人已乘黃鶴去 ' ans = re.findall('(?<! 乘) 黃鶴 ',s) print(ans)	[]

綜合上述，正規表示式程式如下。

行號	範例 (💿 ：ch9\9-3-2b- 正規表示式的關鍵字 .py)
1	import re
2	s=' 昔人已乘黃鶴去，此地空余黃鶴樓。\
3	黃鶴一去不復返，白雲千載空悠悠。'
4	print(s)
5	ans = re.findall('^ 昔人 ',s)
6	print(ans)
7	ans = re.findall(' 空悠悠。$',s)
8	print(ans)
9	ans = re.findall('[黃白]',s)
10	print(ans)
11	ans = re.findall('\W',s)
12	print(ans)
13	ans = re.findall(' 黃鶴樓 \W',s)
14	print(ans)
15	ans = re.findall(' 黃鶴 .\W',s)
16	print(ans)
17	ans = re.findall('[^ 黃鶴]',s)
18	print(ans)

執行結果

```
昔人已乘黃鶴去，此地空余黃鶴樓。黃鶴一去不復返，白雲千載空悠悠。
[' 昔人 ']
[' 空悠悠。']
[' 黃 ',' 黃 ',' 黃 ',' 白 ']
['，',' 。',' ，',' 。']
[' 黃鶴樓。']
[' 黃鶴去，',' 黃鶴樓。']
[' 昔 ',' 人 ',' 已 ',' 乘 ',' 去 ',' ，',' 此 ',' 地 ',' 空 ',' 余 ',' 樓 ',' 。',' 一 ',' 去 ',' 不 ',' 復 ',' 返 ',
'，',' 白 ',' 雲 ',' 千 ',' 載 ',' 空 ',' 悠 ',' 悠 ',' 。']
```

程式解說

● **第 1 行**：匯入模組 re。

● **第 2 到 3 行**：設定變數 s 為「昔人已乘黃鶴去，此地空余黃鶴樓。黃鶴一去不復返，
白雲千載空悠悠。」

- 第 4 行：使用 print 印出變數 s 到螢幕上。

- 第 5 行：使用模組 re 的函式 findall，找出變數 s 的開頭是否爲「昔人」(^ 昔人)。

- 第 6 行：使用 print 印出變數 ans 到螢幕上。

- 第 7 行：使用模組 re 的函式 findall，找出變數 s 的結尾是否爲「空悠悠。」(空悠悠。$)。

- 第 8 行：使用 print 印出變數 ans 到螢幕上。

- 第 9 行：使用模組 re 的函式 findall，找出變數 s 的所有「黃」或「白」([黃白])。

- 第 10 行：使用 print 印出變數 ans 到螢幕上。

- 第 11 行：使用模組 re 的函式 findall，找出變數 s 的所有非中文字的標點符號 (\W)。

- 第 12 行：使用 print 印出變數 ans 到螢幕上。

- 第 13 行：使用模組 re 的函式 findall，找出變數 s 的所有「黃鶴樓」後面串接一個非中文字的字串 (黃鶴樓 \W)。

- 第 14 行：使用 print 印出變數 ans 到螢幕上。

- 第 15 行：使用模組 re 的函式 findall，找出變數 s 的所有「黃鶴」後面串接一個字元，再串接一個非中文字的字串 (黃鶴 .\W)。

- 第 16 行：使用 print 印出變數 ans 到螢幕上。

- 第 17 行：使用模組 re 的函式 findall，找出變數 s 的所有不是「黃」且也不是「鶴」的字 ([^ 黃鶴])。

- 第 18 行：使用 print 印出變數 ans 到螢幕上。

進階正規表示式程式，如下。

行號	範例 (🕐 ：ch9\9-3-2c- 正規表示式的關鍵字 .py)
1	import re
2	s=' 昔人已乘黃鶴去，此地空余黃鶴樓。\
3	黃鶴一去不復返，白雲千載空悠悠。'
4	print(s)
5	ans = re.findall('[一去]?', s)
6	print('[一去]?', ans)
7	ans = re.findall('[一去]*', s)
8	print('[一去]*', ans)
9	ans = re.findall('[一去]*?', s)
10	print('[一去]*?', ans)
11	ans = re.findall('[黃鶴樓]+',s)
12	print('[黃鶴樓]+', ans)
13	ans = re.findall('[黃鶴樓]+?',s)
14	print('[黃鶴樓]+?', ans)
15	ans = re.findall('[黃鶴樓]{2}',s)
16	print('[黃鶴樓]{2}', ans)
17	ans = re.findall('[黃鶴樓]{1,2}',s)
18	print('[黃鶴樓]{1,2}', ans)
19	ans = re.findall('[黃鶴樓]{1,2}?',s)
20	print('[黃鶴樓]{1,2}?', ans)
21	ans = re.findall(' 黃鶴 (?= 樓)',s)
22	print(' 黃鶴 (?= 樓)', ans)
23	ans = re.findall(' 黃鶴 (?! 樓)',s)
24	print('[黃鶴 (?! 樓)', ans)
25	ans = re.findall('(?<= 黃鶴) 樓 ',s)
26	print('(?<= 黃鶴) 樓 ', ans)
27	ans = re.findall('(?<! 黃鶴) 樓 ',s)
28	print('(?<! 黃鶴) 樓 *', ans)

執行結果

```
昔人已乘黃鶴去，此地空余黃鶴樓。黃鶴一去不復返，白雲千載空悠悠。
[ 一去 ]? ['', '', '', '', '', ' 去 ', '', '', '', '', '', '', '', '', '', ' 一 ', ' 去 ', '', '', '', '', '', '', '', '', '', '', '', '', '']
[ 一去 ]* ['', '', '', '', '', ' 去 ', '', '', '', '', '', '', '', '', ' 一去 ', '', '', '', '', '', '', '', '', '', '', '', '']
[ 一去 ]*? ['', '', '', '', '', '', '', '', '', '', '', '', '', '', '', '', '', '', '', '', '', '', '', '', '', '', '', '', '', '', '']
[ 黃鶴樓 ]+ [' 黃鶴 ', ' 黃鶴樓 ', ' 黃鶴 ']
[ 黃鶴樓 ]+? [' 黃 ', ' 鶴 ', ' 黃 ', ' 鶴 ', ' 樓 ', ' 黃 ', ' 鶴 ']
[ 黃鶴樓 ]{2} [' 黃鶴 ', ' 黃鶴 ', ' 黃鶴 ']
[ 黃鶴樓 ]{1,2} [' 黃鶴 ', ' 黃鶴 ', ' 樓 ', ' 黃鶴 ']
[ 黃鶴樓 ]{1,2}? [' 黃 ', ' 鶴 ', ' 黃 ', ' 鶴 ', ' 樓 ', ' 黃 ', ' 鶴 ']
黃鶴 (?= 樓 ) [' 黃鶴 ']
```

```
黃鶴 (?! 樓 ) [' 黃鶴 ', ' 黃鶴 ']
(?<= 黃鶴 ) 樓 [' 樓 ']
(?<! 黃鶴 ) 樓 []
```

程式解說

● 第 1 行：匯入模組 re。

● 第 2 到 3 行：設定變數 s 為「昔人已乘黃鶴去，此地空余黃鶴樓。黃鶴一去不復返，白雲千載空悠悠。」

● 第 4 行：使用函式 print 印出變數 s 到螢幕上。

● 第 5 行：使用模組 re 的函式 findall，找出變數 s 中 0 個或 1 個「一」或「去」([一去]?)。

● 第 6 行：使用函式 print 印出變數 ans 到螢幕上。

● 第 7 行：使用模組 re 的函式 findall，找出變數 s 中 0 個或多個「一」或「去」，越多越好 ([一去]*)。

● 第 8 行：使用函式 print 印出變數 ans 到螢幕上。

● 第 9 行：使用模組 re 的函式 findall，找出變數 s 中 0 個或多個「一」或「去」，越少越好 ([一去]*?)。

● 第 10 行：使用函式 print 印出變數 ans 到螢幕上。

● 第 11 行：使用模組 re 的函式 findall，找出變數 s 中 1 個或多個「黃」、「鶴」或「樓」，越多越好 ([黃鶴樓]+)。

● 第 12 行：使用函式 print 印出變數 ans 到螢幕上。

● 第 13 行：使用模組 re 的函式 findall，找出變數 s 中 1 個或多個「黃」、「鶴」或「樓」，越少越好 ([黃鶴樓]+?)。。

● 第 14 行：使用函式 print 印出變數 ans 到螢幕上。

● 第 15 行：使用模組 re 的函式 findall，找出變數 s 中「黃」、「鶴」或「樓」連續兩個 ([黃鶴樓]{2})。

● 第 16 行：使用函式 print 印出變數 ans 到螢幕上。

● 第 17 行：使用模組 re 的函式 findall，找出變數 s 中「黃」、「鶴」或「樓」連續一個到兩個，越多越好 ([黃鶴樓]{1,2})。

● 第 18 行：使用函式 print 印出變數 ans 到螢幕上。

- 第 19 行：使用模組 re 的函式 findall，找出變數 s 中「黃」、「鶴」或「樓」連續一個到兩個，越少越好 ([黃鶴樓]{1,2}?)。

- 第 20 行：使用函式 print 印出變數 ans 到螢幕上。

- 第 21 行：使用模組 re 的函式 findall，找出變數 s 中找出「黃鶴」，如果後面有接「樓」(黃鶴 (?= 樓))。

- 第 22 行：使用函式 print 印出變數 ans 到螢幕上。

- 第 23 行：使用模組 re 的函式 findall，找出變數 s 中找出「黃鶴」，如果後面沒有接「樓」(黃鶴 (?! 樓))。

- 第 24 行：使用函式 print 印出變數 ans 到螢幕上。

- 第 25 行：使用模組 re 的函式 findall，找出「樓」，如果「樓」之前，有接「黃鶴」，((?<= 黃鶴) 樓)。

- 第 26 行：使用函式 print 印出變數 ans 到螢幕上。

- 第 27 行：使用模組 re 的函式 findall，找出「樓」，如果「樓」之前，沒有接「黃鶴」，((?<! 黃鶴) 樓)。

- 第 28 行：使用函式 print 印出變數 ans 到螢幕上。

實作題

1. 查詢 Unicode 字元

   請印出 Unicode 編碼為「\u7a0b」所對應的字元，該字元的 Unicode 名稱與該字元使用 utf-8 編碼的結果，執行結果如下。

   預覽結果

   ```
   程
   CJK UNIFIED IDEOGRAPH-7A0B
   b'\xe7\xa8\x8b'
   ```

2. 配對整數與浮點數

   請找出文字中所有的整數與浮點數，例如：找出以下字串「123 ab 123.456 1d2.df -456」的所有整數與浮點數，執行結果如下。

   預覽結果

   ```
   ['123', '123.456', '-456']
   ```

3. 配對英文單字

   請找出文字中所有的英文單字，例如：找出以下字串「The best fish swim near the bottom.」的所有英文單字，執行結果如下。

   預覽結果

   ```
   ['The', 'best', 'fish', 'swim', 'near', 'the', 'bottom']
   ```

4. 配對中文句子與英文單字

請找出文字中所有的中文句子與英文單字，例如：找出以下字串『英文諺語「The best fish swim near the bottom.」，中文意思為「好酒沉甕底」。』的所有中文句子與英文單字，執行結果如下。

預覽結果

[' 英文諺語 ', 'The', 'best', 'fish', 'swim', 'near', 'the', 'bottom', ' 中文意思為 ', ' 好酒沉甕底 ']

5. 配對身分證字號

請找出文字中所有身分證字號，例如：找出以下字串「B342232223 Z123456789 Z1234543」的所有身分證字號，身分證字號由大寫英文字母，接著數字 1 或數字 2，最後串接 8 個數字，不須檢查身分證字號是否正確，執行結果如下。

預覽結果

['Z123456789']

6. 配對電話

請找出文字中所有電話，例如：找出以下字串「1234-567-789 123-4444-555 1234-55-5555」的所有電話，假設電話由 4 個數字，串接「-」，串接 3 個數字，串接「-」，串接 3 個數字所組成，執行結果如下。

預覽結果

['1234-567-789']

7. 配對電子郵件

請找出文字中所有電子郵件，例如：找出以下字串「asss@　aaa@xxx.go　ase2ss.xxx.
go」的所有電子郵件，電子郵件帳號由英文字母與數字組成，串接「@」，串接英文、
數字與字元「.」，執行結果如下。

預覽結果

['aaa@xxx.go']

NOTE

10

資料夾與檔案

Jupyter Notebook 範例檔：ch10\ch10.ipynb

資料可以儲存在檔案中，檔案可以放置於資料夾下。Python 利用資料夾與檔案相關模組，可以建立檔案、儲存資料到檔案、查詢檔案大小、從檔案中刪除資料、刪除檔案、建立資料夾、刪除資料夾、搜尋資料夾下特定副檔名的檔案等功能。我們要善用資料夾與檔案相關模組，讓 Python 可以直接操作資料夾與檔案。

10-1　資料夾與檔案相關模組

模組 os 內有許多資料夾與檔案的函式可以使用，可以對資料夾與檔案進行存取與管理，重要的資料夾與檔案函式如下。

模組 os 重要函式與說明	程式碼與執行結果
os.getcwd() 回傳目前所在的資料夾。	import os print(os.getcwd())
	c:\
os.chdir(path) 改變到 path 所指定的資料夾下。	import os os.chdir('c:\\') print(os.getcwd())
	c:\
os.mkdir(path, dir_fd=None) 建立 path 所指定的資料夾，path 所指定的資料夾不能事先存在。若 dir_fd 有設定資料夾路徑，則 path 為相對路徑，path 前須加上 dir_fd，建立的資料夾為 dir_fd\path；若 dir_fd 為 None 則 path 為絕對路徑。	import os os.mkdir('c:\\test')
	建立 c 磁碟下的 test 資料夾。
os.rmdir(path, *, dir_fd=None) 刪除 path 所指定的資料夾，但該資料夾需要是空的才能刪除。若 dir_fd 有設定資料夾路徑，則 path 為相對路徑，path 前須加上 dir_fd，刪除的檔案為 dir_fd\path；若 dir_fd 為 None 則 path 為絕對路徑。	import os os.rmdir('c:\\test')
	刪除 c 磁碟下的 test 資料夾。
os.remove(path, dir_fd=None) 刪除 path 所指定的檔案，若 dir_fd 有設定資料夾路徑，則 path 為相對路徑，path 前須加上 dir_fd，刪除的檔案為 dir_fd\path；若 dir_fd 為 None 則 path 為絕對路徑。	import os os.remove('c:\\test.chm')
	刪除檔案 c 磁碟下的檔案 test.chm。

模組 os 重要函式與說明	程式碼與執行結果
os.listdir(path='.') 以串列回傳 path 所指定資料夾下的檔案與資料夾。	import os print(os.listdir('f:\\')) ['teach', 'software', 'python']
os.path.abspath(path) 將 path 所指定的相對路徑轉換成絕對路徑。	import os print(os.path.abspath('.')) d:\python
os.path.join(path, *paths) 回傳 path 結合 *paths 的資料夾或檔案路徑。	import os root = 'c:\\test' file = 'zsg.jpg' print(os.path.join(root, file)) c:\test\zsg.jpg

os.walk(top, topdown=True, onerror=None, followlinks=False)
遞迴方式走訪 top 所指定的資料夾，預設使用 topdown 方式，由上而下，回傳一個 tuple 包含三個元素 (dirpath, dirnames, filenames)，dirpath 是字串，表示資料夾的絕對路徑，dirnames 是串列，表示 dirpath 下的所有子資料夾，filenames 是串列，表示 dirpath 下的所有非資料夾的元素。
	import os
	path = "c:\\test"
	for root, dirs, files in os.walk(path):
	　　for file in files:
	　　　　print(os.path.join(root, file))
	
	c:\test\zsg.jpg

os.path.isfile(path) 檢查 path 所指定的檔案或資料夾是否為檔案，若是檔案則回傳 True，否則回傳 False。	import os print(os.path.isfile("c:\\Windows")) False
os.path.isdir(path) 檢查 path 所指定的檔案或資料夾是否為資料夾，若是資料夾則回傳 True，否則回傳 False。	import os print(os.path.isdir("c:\\Windows")) True
os.path.exists(path) 檢查 path 所指定的檔案或資料夾是否存在，若是則回傳 True，否則回傳 False。	print(os.path.exists("c:\\Windows")) True
os.path.getsize(path) 回傳 path 所指定檔案的大小，單位為 byte。	print(os.path.getsize("f:\\zsg.jpg")) 1950

其他檔案與資料夾相關模組的重要函式，如下。

其他相關模組與說明	程式碼與執行結果
glob.glob(pathname) 找出 pathname 所指定類型的檔案。	```import os,glob\npath = "f:\\teach\\python"\nos.chdir(path)\nprint(glob.glob('*.py'))``` 註：「*」表示任何檔案名稱。
	`['test.py', 'hello.py']`
fnmatch.fnmatch(filename, pattern) 檢查 filename 是否滿足 pattern，若滿足 pattern 則回傳 True，否則回傳 False。	```import os,glob,fnmatch\npath = "f:\\teach\\python"\nos.chdir(path)\nfiles = glob.glob('*.py')\nfor file in files:\n print(fnmatch.fnmatch(file,'*.py'))``` 註：「*」表示任何檔案名稱。
	```True\nTrue```
fnmatch.filter(names, pattern) 可以使用 pattern 過濾 names 所匯入的檔案名稱串列，只找出 pattern 所指定的副檔名。	```import os,glob,fnmatch\npath = "f:\\teach\\python"\nos.chdir(path)\nfiles = glob.glob('*.py')\nprint(fnmatch.filter(files, '*.py'))``` 註：「*」表示任何檔案名稱。
	`['test.py', 'hello.py']`
str.endswith(suffix) 字串是否以 suffix 結尾。	```path = "f:\\teach\\python"\nos.chdir(path)\nfiles = glob.glob('*.py')\nfor file in files:\n if file.endswith('*.py'):\n print(file)``` 註：「*」表示任何檔案名稱。
	```test.py\nhello.py```

◇ 10-1-1　找出 C 磁碟下的檔案與資料夾

使用「os.listdir」找出路徑下的檔案與資料夾，接著利用「os.path.isdir」判斷是否爲資料夾，將檔案前加上「檔案:」，資料夾前加上「資料夾:」。

行號	範例 (🕐 : ch10\10-1-1- 找出檔案與資料夾 .py)
1	import os
2	os.chdir('c:\\\\')
3	print(os.getcwd())
4	fds = os.listdir('c:\\\\')
5	for fd in fds:
6	if os.path.isdir(fd):
7	print(' 資料夾 :', fd)
8	else:
9	print(' 檔案 :', fd)

執行結果

```
c:\
資料夾 : $Recycle.Bin
資料夾 : Documents and Settings
資料夾 : Program Files
資料夾 : Program Files (x86)
檔案 : PUTTY.EXE
資料夾 : Users
資料夾 : Windows
```

註：每個電腦的檔案與資料夾不一定相同，可以自行修改第 2 行函式 chdir 與第 4 行函式 listdir 所輸入的資料夾路徑，指向自訂的資料夾下。

程式解說

● 第 1 行：匯入模組 os。

● 第 2 行：使用模組 os 的函式 chdir 更改目錄到 C 磁碟。

● 第 3 行：使用函式 print 顯示模組 os 的函式 getcwd 的結果到螢幕上。

● 第 4 行：設定變數 fds 爲模組 os 的函式 listdir 找出 C 磁碟的所有資料夾與檔案的串列。

● 第 5 到 9 行：使用迴圈找出 fds 的每個元素到 fd，使用 os.path.isdir 判斷 fd 是否爲資料夾，若是則顯示「資料夾:」與資料夾名稱；否則顯示「檔案:」與檔案名稱。

◇▶ 10-1-2 使用串列生成式找出 C 磁碟下的檔案與資料夾

使用「os.listdir」找出路徑下的檔案與資料夾，接著利用「os.path.isfile」判斷是否為檔案，將檔案儲存到串列 files，接著利用「os.path.isdir」判斷是否為資料夾，將資料夾儲存到串列 dirs，分開顯示檔案與資料夾。

行號	範例 (⏱ : ch10\10-1-2- 串列生成式 .py)
1	import os
2	path = "c:\\"
3	files = [f for f in os.listdir(path) if os.path.isfile(os.path.join(path, f))]
4	dirs = [d for d in os.listdir(path) if os.path.isdir(os.path.join(path, d))]
5	print(files)
6	print(dirs)

執行結果

```
['PUTTY.EXE']
['$Recycle.Bin', 'Documents and Settings', 'Program Files', 'Program Files (x86)', 'Users',
'Windows']
```

註：每個電腦的檔案與資料夾不一定相同，可以自行修改第 2 行的變數 path，指向自訂的資料夾下。

程式解說

● 第 1 行：匯入模組 os。

● 第 2 行：設定 path 為 C 磁碟機。

● 第 3 行：使用串列生成式產生串列 files，使用 os.listdir 將 path 下所有檔案與資料夾列出來，依序放到變數 f，利用 os.path.join 結合 path 與 f，產生檔案或資料夾的絕對路徑，接著利用 os.path.isfile 判斷是否為檔案，若是則加入串列 files。

● 第 4 行：使用串列生成式產生串列 dirs，使用 os.listdir 將 path 下所有檔案與資料夾列出來，依序放到變數 d，利用 os.path.join 結合 path 與 d，產生檔案或資料夾的絕對路徑，接著利用 os.path.isdir 判斷是否為資料夾，若是則加入串列 dirs。

● 第 5 行：使用函式 print 顯示串列 files 到螢幕上。

● 第 6 行：使用函式 print 顯示串列 dirs 到螢幕上。

◇ 10-1-3　使用模組 glob 列出附檔名為 py 的檔案

使用「os.chdir」切換到指定的資料夾,接著使用「glob.glob」可以找出特定副檔名的檔案,使用「*.py」就可以找出附檔名為 py 的檔案,「*」表示任何檔案名稱。

行號	範例 (🕐 : ch10\10-1-3- 模組 glob.py)
1 2 3 4 5	import glob, os path = "f:\\teach\\python" os.chdir(path) for file in glob.glob("*.py"): 　print(file)

執行結果

```
test.py
hello.py
```

註:每個電腦的檔案與資料夾不一定相同,可以自行修改第 2 行的變數 path,指向自訂的資料夾下。

程式解說

● **第 1 行**:匯入模組 glob 與 os。

● **第 2 行**:設定變數 path 為「f:\teach\\python」。

● **第 3 行**:使用「os.chdir」切換工作目錄到變數 path 所指定的資料夾。

● **第4到5行**:使用「glob.glob("*.py")」找出目前工作目錄的所有副檔名為py的檔案,接著使用 for 迴圈與函式 print 顯示每一個檔案到螢幕上。

◆ 10-1-4　使用遞迴列出所有資料夾與檔案

自訂函式 find_dir，使用模組 os 的函式 listdir 列出指定資料夾下的所有資料夾與檔案將結果儲存到變數 fds，使用 for 迴圈依序取出變數 fds 的每個元素，若該元素是資料夾，則使用遞迴方式呼叫函式 find_dir 列出資料夾下的所有檔案與資料夾。

行號	範例 (💿 ：ch10\10-1-4- 遞迴列出資料夾與檔案 .py)
1	import os
2	path = 'f:\\python'
3	def find_dir(dir):
4	fds = os.listdir(dir)
5	for fd in fds:
6	full_path = os.path.join(dir, fd)
7	if os.path.isdir(full_path):
8	print(' 資料夾 :',full_path)
9	find_dir(full_path)
10	else:
11	print(' 檔案 :', full_path)
12	find_dir(path)

執行結果

```
檔案 : f:\python\python-3.5.1.exe
資料夾 : f:\python\ch1
檔案 : f:\python\ch1\basic.py
檔案 : f:\python\ch1\hello.py
檔案 : f:\python\ch1\input.py
檔案 : f:\python\ch1\print.py
檔案 : f:\python\ch1\this.py
檔案 : f:\python\ch1\versions.py
```

註：每個電腦的檔案與資料夾不一定相同，可以自行修改第 2 行的變數 path，指向自訂的資料夾下。

程式解說

● 第 1 行：匯入模組 os。

● 第 2 行：設定 path 為「f:\\python」。

- 第 3 到 11 行：自訂函式 find_dir，使用「os.listdir」列出 dir 下的所有資料夾與檔案
  將結果儲存到變數 fds(第 4 行)，使用 for 迴圈依序取出 fds 的每個元素到 fd，使
  用「os.path.join」結合 dir 與 fd 成為完整路徑到變數 full_path(第 6 行)，使用「os.
  path.isdir」判斷變數 full_path 是否為資料夾，若是資料夾則顯示「資料夾 :」與變
  數 full_path，使用遞迴呼叫函式 find_dir(第 7 到 9 行)，否則顯示「檔案 :」與變數
  full_path(第 10 到 11 行)。

- 第 12 行：呼叫函式 find_dir，以 path 為輸入。

◇ 10-1-5　使用 os.walk 列出所有 Python 檔案

使用「os.walk」會自動遞迴列出所有資料夾與檔案，接著使用「file.endswith(".
py")」，找出結尾是「.py」的檔案。

行號	範例 (🎣 ：ch10\10-1-5- 使用 os.walk 列出所有 Python 檔案 .py)

1
2
3
4
5
6
	import os
	path = "f:\\python"
	for root, dirs, files in os.walk(path):
	　for file in files:
	　　if file.endswith(".py"):
	　　　print(os.path.join(root, file))

執行結果

```
f:\python\ch1\basic.py
f:\python\ch1\hello.py
f:\python\ch1\input.py
f:\python\ch1\print.py
f:\python\ch1\this.py
f:\python\ch1\versions.py
```

註：每個電腦的檔案與資料夾不一定相同，可以自行修改第 2 行的變數 path，指向自
訂的資料夾下。

程式解說

- 第 1 行：匯入模組 os。

- 第 2 行：設定 path 為「f:\\python」。

● **第3到6行**：使用「os.walk」會自動遞迴列出路徑 path 下的所有資料夾與檔案，會回傳一個 tuple 物件，使用「root, dirs, files」解開此回傳的 tuple 物件，root 是字串，表示資料夾絕對路徑，dirs 是串列，表示 root 下的所有子資料夾，files 是串列，表示 root 下的所有非資料夾的元素 (第 3 行)，使用 for 迴圈依序取出 files 的每個元素到 file，使用「file.endswith(".py")」找出檔案結尾是「.py」的檔案，若是附檔名為「.py」的檔案，則使用「os.path.join」結合 root 與 file，使用函式 print 顯示此結合結果到螢幕上 (第 4 到 6 行)。

◇ 10-1-6　使用 os.walk 列出所有 JPG 與 PNG 檔案

使用「os.walk」會自動遞迴列出所有資料夾與檔案，接著使用「fnmatch.filter」，只將 JPG 與 PNG 檔案儲存到串列 matches。

行號	範例 (💿 ：ch10\10-1-6- 使用 os.walk 列出所有 JPG 與 PNG 檔案 .py)
1	import fnmatch, os
2	path = "f:\\python"
3	exts = ['*.jpg', '*.jpeg', '*.png']
4	matches = []
5	for root, dirs, files in os.walk(path):
6	for ext in exts:
7	for file in fnmatch.filter(files, ext):
8	matches.append(os.path.join(root, file))
9	for image in matches:
10	print(image)

執行結果

```
f:\python\zsg.jpg
f:\python\zsg2.jpg
f:\python\ch1\zsg.jpg
f:\python\ch2\small.png
```

註：每個電腦的檔案與資料夾不一定相同，可以自行修改第 2 行的變數 path，指向自訂的資料夾下。

程式解說

- 第 1 行：匯入模組 fnmatch 與 os。

- 第 2 行：設定 path 為「f:\\python」。

- 第 3 行：設定 exts 為串列 ['*.jpg', '*.jpeg', '*.png']，「*」表示任何檔案名稱。

- 第 4 行：設定 matches 為空串列。

- 第 5 到 8 行：使用「os.walk」會自動遞迴列出路徑 path 下的所有資料夾與檔案，會回傳一個 tuple 物件，使用「root, dirs, files」解開此回傳的 tuple 物件，root 是字串，表示資料夾絕對路徑，dirs 是串列，表示 root 下的所有子資料夾，files 是串列，表示 root 下的所有非資料夾的元素 (第 5 行)，接著使用 for 迴圈依序取出 exts 的每個元素到 ext(第 6 行)，接著使用 for 迴圈與「fnmatch.filter(files, ext)」找出檔案結尾是 ext 的檔案 (第 7 行)，最後使用「os.path.join」結合 root 與 file，將此檔案路徑新增到串列 matches(第 8 行)。

- 第 9 到 10 行：使用 for 迴圈依序取出串列 matches 的每一個元素到 image，使用函式 print 顯示檔案名稱 image 到螢幕上。

10-2　存取文字檔

　　這一節要取出檔案內的每一行，首先要學會開啓檔案、讀取檔案、寫入檔案與關閉檔案，處理的檔案類型可以是文字檔、csv 檔或二進位檔，本節介紹文字檔的讀取與寫入，以下爲檔案存取函式。

檔案存取函式與說明	程式碼與執行結果
open(filename, mode, encoding) 開啓檔案 filename，設定模式爲 mode，使用 encoding 爲文字編碼。 mode 所提供的模式，如下表。 | mode	說明
r	讀取
w	寫入，先刪除原先檔案的內容。
x	寫入，但檔案不能已經存在，防止複寫檔案。
a	寫入，若檔案已經存在，保留原本的資料，將新增的內容加到檔案的最後。
t	文字檔
b	二進位檔
+	可以讀取與寫入檔案。		`fin = open('poem.txt','rt',encoding='utf-8')` 開啓檔案 poem.txt，開啓檔案模式設定爲文字模式，且設定爲讀取模式，文字檔爲 utf-8 編碼。

read(size)
若不指定 size，則會讀取整個檔案，否則會讀取大小爲 size 位元組的資料。
	`fin = open('poem.txt','rt',encoding='utf-8')`
	`s = fin.read()`
	`print(s)`
	`fin.close()`
	
	昔人已乘黃鶴去，此地空余黃鶴樓。

readline()
從檔案中讀取一行。
	`fin = open('poem.txt','rt',encoding='utf-8')`
	`s = fin.readline()`
	`print(s)`
	`fin.close()`
	
	昔人已乘黃鶴去，此地空余黃鶴樓。

檔案存取函式與說明	程式碼與執行結果
readlines() 從檔案中讀取每一行資料，最後將每一行資料製作成串列。	fin = open('poem.txt','rt',encoding='utf-8') lines = fin.readlines() for line in lines: 　　print(line) fin.close()
	昔人已乘黃鶴去，此地空余黃鶴樓。
write(string) 將 string 寫入檔案。	s = 'Python' fout = open('my.txt','wt') fout.write(s) fout.close()
	開啓 my.txt 發現內容爲「Python」。
print(*objects, sep='', end='\n', file=sys.stdout) 函式 print 也可以寫入檔案，使用 file 指定要寫入的檔案，就可以使用函式 print 將 *objects 寫入檔案，而 sep 用於設定每個資料間的間隔字元，end 用於設定行與行之間的換行字元。	s = 'Python' fout = open('my.txt','wt') print(s, file=fout) fout.close()
	開啓 my.txt 發現內容爲「Python」。

◇ 10-2-1　使用函式 read 讀取純文字檔

　　使用函式 open 開啓檔案，接著利用函式 read 一次讀取整個檔案，最後使用函式 close 關閉檔案，需事先使用文字編輯器新增文字到文字檔，文字內容使用唐詩「黃鶴樓」，作者爲「崔顥」，檔名命名爲「poem.txt」，若使用其他檔名，需修改函式 open 內所指定的檔案名稱。使用函式 open 開起檔案，最後一定需要使用函式 close 關閉檔案。

行號	範例 (　：ch10\10-2-1- 使用函式 read 讀取 .py)
1	fin = open('poem.txt','rt',encoding='utf-8')
2	s=fin.read()
3	print(s)
4	fin.close()

執行結果

昔人已乘黃鶴去，此地空余黃鶴樓。黃鶴一去不復返，白雲千載空悠悠。

程式解說

● 第 1 行：使用函式 open 開啟檔案「poem.txt」，開啟檔案的模式設定為文字模式，
且設定為讀取模式，設定文字檔為 utf-8 編碼，開啟的檔案最後指定給檔案物件
fin。

● 第 2 行：使用「fin.read()」讀取檔案所有內容到變數 s。

● 第 3 行：顯示變數 s 到螢幕上。

● 第 4 行：使用「fin.close()」關閉物件 fin 所開啟的檔案。

◆ 10-2-2　使用 for 迴圈讀取純文字檔

使用函式 open 開啟檔案，接著利用 for 迴圈一行接著一行讀取檔案內容，最後使
用函式 close 關閉檔案，需事先使用文字編輯器新增文字到文字檔，檔名命名為「poem.
txt」，若使用其他檔名，需修改函式 open 內所指定的檔案名稱。

行號	範例 (🕐 ：ch10\10-2-2- 使用 for 迴圈讀取 .py)
1 2 3 4	fin = open('poem.txt','rt',encoding='utf-8') for line in fin: 　　print(line.rstrip()) fin.close()

執行結果

昔人已乘黃鶴去，此地空余黃鶴樓。黃鶴一去不復返，白雲千載空悠悠。

程式解說

● 第 1 行：使用函式 open 開啟檔案「poem.txt」，開啟檔案的模式設定為文字模式，
且為讀取模式，設定文字檔為 utf-8 編碼，開啟的檔案最後指定給檔案物件 fin。

● 第 2 到 3 行：使用 for 迴圈一行接著一行依序讀取物件 fin，使用函式 print 顯示字
串 line 到螢幕，字串 line 先使用函式 rstrip 刪去最後一個換行字元 (\n)，因為函式
print 每行會自動加上換行字元，若字串 line 不刪除最後的換行字元，則每行之間會
多空一行。

● 第 4 行：使用「fin.close()」關閉物件 fin 所開啟的檔案。

◇ 10-2-3　讀取指定資料夾下所有 Python 檔的程式

　　使用「glob.glob」找出指定資料夾下的所有 Python 檔，使用「with open as」開啓檔案，接著利用 for 迴圈一行接著一行讀取檔案內容，將每一行程式顯示在螢幕上。使用「with open as」開啓檔案會自動關閉檔案，不須再加上函式 close 關閉檔案。

行號	範例 (🕐 ：ch10\10-2-3- 讀取 Python 檔的程式 .py)
1	import glob
2	python_files = glob.glob('f:\\teach\\python*.py')
3	for file_name in python_files:
4	print(' 檔案爲 ' + file_name)
5	with open(file_name) as f:
6	for line in f:
7	print(line.rstrip())
8	print()

執行結果

```
檔案爲 f:\teach\python\num.py
num=input(' 請輸入一個數字 ')
print(num)

檔案爲 f:\teach\python\str.py
s=input(' 請輸入一個字串 ')
print(s)
```

程式解說

● 第 1 行：匯入模組 glob。

● 第 2 行：使用「glob.glob」找出資料夾「f:\\teach\\python\\」的所有 Python 檔，將所有檔案路徑儲存在串列 python_files。

● 第 3 到 8 行：使用 for 迴圈依序取出串列 python_files 的每一個元素到變數 file_name，顯示「檔案爲」與變數 file_name 到螢幕。使用「with open(file_name) as f」開啓檔案 file_name，將檔案內容儲存到物件 f(第 5 行)，使用 for 迴圈一行接著一行地依序讀取物件 f 的資料到字串 line，使用函式 print 顯示字串 line 到螢幕，字串 line 先使用函式 rstrip 刪去最後一個換行字元 (\n)，因爲函式 print 每行會自動加上換行字元，若字串 line 不刪除最後的換行字元，則每行會有兩個換行字元，導致每行多空一行 (第 6 到 7 行)，讀取完成一個 Python 檔案後，使用「print()」增加一個空行 (第 8 行)。

◇ 10-2-4　將字串寫入檔案

使用「with open as」開啓檔案進行寫入，接著利用函式 print 與函式 write 將字串寫入檔案。

行號	範例 (　　：ch10\10-2-4- 寫入檔案 .py)	執行結果
1 2 3 4 5	s=' 昔人已乘黃鶴去，此地空余黃鶴樓。\ 黃鶴一去不復返，白雲千載空悠悠。' with open('poem.txt','wt',encoding='utf-8') as fout: 　　print(s,file=fout) 　　fout.write(s)	需要開啓檔案 poem.txt， 看看檔案內是否出現兩次 字串 s 的內容。

程式解說

● **第 1 到 2 行**：設定字串 s 爲「昔人已乘黃鶴去，此地空余黃鶴樓。黃鶴一去不復返，白雲千載空悠悠。」。

● **第 3 到 5 行**：使用「with open('poem.txt','wt',encoding='utf-8') as fout」開啓檔案 poem.txt，開啓檔案的模式設定爲文字模式，且設定爲寫入模式，文字檔設定爲 utf-8 編碼，將檔案物件指定給物件 fout。使用函式 print 將字串 s 寫入檔案 fout(第 4 行)，使用函式「fout.write」將字串 s 寫入檔案物件 fout (第 5 行)，檔案內字串 s 會出現兩次。

◇ 10-2-5　將字串寫入檔案，使用 try 偵測錯誤

使用「try except」偵測檔案開啓是否有錯誤，使用「with open as」開啓檔案進行寫入，接著將字串寫入檔案。

行號	範例 (　　：ch10\10-2-5-try-except.py)	執行結果
1 2 3 4 5 6 7	s=' 昔人已乘黃鶴去，此地空余黃鶴樓。\ 黃鶴一去不復返，白雲千載空悠悠' try: 　　with open('poem.txt','wt',encoding='utf-8') as fout: 　　　　fout.write(s) except: 　　print(' 無法寫入檔案 ')	需要開啓檔案 poem.txt， 看看檔案內是否有字串 s 的內容。

程式解說

● **第1到2行**：設定字串 s 為「昔人已乘黃鶴去，此地空余黃鶴樓。黃鶴一去不復返，白雲千載空悠悠。」。

● **第3到7行**：使用「try except」偵測檔案開啓是否有錯誤，使用「with open('poem.txt','wt',encoding='utf-8') as fout」開啓檔案 poem.txt，開啓檔案的模式設定爲文字模式，且設定爲寫入模式，文字檔設定爲 utf-8 編碼，將檔案物件指定給物件 fout。使用函式「fout.write」將字串 s 寫入檔案 fout（第4到5行），開啓檔案過程中發生錯誤，則顯示「無法寫入檔案」（第6到7行）。

◇ 10-2-6 拷貝檔案

將檔案 poem.txt 內容拷貝到檔案 poem2.txt，需事先使用文字編輯器新增文字到文字檔，並將檔名命名爲「poem.txt」。(本範例會產生檔案 poem2.txt，請參考檔案 ch10\poem2.txt)

行號	範例 (🕐 ：ch10\10-2-6- 拷貝檔案 .py)	執行結果
1 2 3 4 5 6 7 8	fin=open('poem.txt','rt',encoding='utf-8') fout=open('poem2.txt','wt',encoding='utf-8') line=fin.readline() while line: 　　fout.write(line) 　　line=fin.readline() fin.close() fout.close()	需要開啓檔案 poem.txt 與 poem2.txt，看看兩個檔案內容是否相同。

程式解說

● **第1行**：使用「open('poem.txt','rt',encoding='utf-8')」開啓檔案 poem.txt，開啓檔案的模式設定爲文字模式，且設定爲讀取模式，文字檔設定爲 utf-8 編碼，將檔案物件指定給物件 fin。

● **第2行**：使用「open('poem2.txt','wt',encoding='utf-8')」開啓檔案 poem2.txt，開啓檔案的模式設定爲文字模式，且設定爲寫入模式，文字檔設定爲 utf-8 編碼，將檔案物件指定給物件 fout。

● **第3行**：使用「fin.readline()」從物件 fin 讀取一行資料指定給變數 line。

- 第 4 到 6 行：使用 while 迴圈，當 line 不是空的繼續執行迴圈，使用函式「fout. write」將變數 line 寫入檔案物件 fout，繼續使用「fin.readline()」從物件 fin 讀取一行資料指定給變數 line。
- 第 7 行：使用「fin.close()」關閉檔案物件 fin 所開啓的檔案。
- 第 8 行：使用「fout.close()」關閉檔案物件 fout 所開啓的檔案。

◇ 10-2-7　產生費氏數列儲存到檔案

產生費氏數列前 1000 個元素儲存到檔案 fib.txt。(本範例會產生檔案 fib.txt，請參考檔案 ch10\fib.txt)

行號	範例 (：ch10\10-2-7- 費氏數列儲存到檔案 .py)	執行結果

1
2
3
4
5
6
7
8
9
10
11
12
	`fout=open('fib.txt','wt')`
	`def fib(num):`
	`    count = 1`
	`    a = 1`
	`    b = 1`
	`    print(count, a, file=fout)`
	`    while(count < num):`
	`        a, b = b ,a+b`
	`        count += 1`
	`        print(count, a, file=fout)`
	`fib(1000)`
	`fout.close()`
		開啓檔案 fib.txt，有 1000 行的資料，檢查檔案內容前 10 行，是否與下面資料相同。
		
		1 1
		2 1
		3 2
		4 3
		5 5
		6 8
		7 13
		8 21
		9 34
		10 55

程式解說

- 第 1 行：使用「open('fib.txt','wt')」開啓檔案 fib.txt，開啓檔案的模式設定爲文字模式，且設定爲寫入模式，將檔案物件指定給物件 fout。
- 第 2 到 10 行：自訂函式 fib，輸入參數 num，產生前 num 個費氏數列，設定變數 count 爲 1(第 3 行)，設定變數 a 爲 1(第 4 行)，設定變數 b 爲 1(第 5 行)，使用函式 print 將變數 count 與變數 a 寫入檔案 fout(第 6 行)。使用 while 迴圈，當 count 小於 num 時，繼續執行迴圈，使用「a, b = b, a+b」產生費氏數列，變數 count 遞增 1，使用函式 print 將變數 count 與變數 a 寫入檔案 fout(第 7 到 10 行)。

- 第 11 行：使用「fib(1000)」產生費氏數列前 1000 個元素。
- 第 12 行：使用「fout.close()」關閉檔案物件 fout 所開啓的檔案。

10-3 存取 csv 檔

這一節要存取 csv 檔案內的每一行，首先要學會開啓檔案、讀取檔案、寫入檔案與關閉檔案，以下介紹模組 csv 的重要函式。

存取 csv 檔的函式與說明	程式碼與執行結果
csv.writer(csvfile) 將 csvfile 所指定的檔案轉換成 csv.writer 物件。	import csv with open('99.csv', 'wt', newline='') as fout: writer = csv.writer(fout)
	開啓檔案 99.csv，允許寫入資料，並轉換成 csv.writer 物件。
csv.reader(csvfile) 將 csvfile 所指定的檔案轉換成 csv.reader 物件。	import csv with open('99.csv', 'rt') as fin: reader = csv.reader(fin)
	開啓檔案 99.csv，允許讀取資料，並轉換成 csv.reader 物件。

writerows(rows)
將 rows 寫入 csv 檔。
	import csv
	with open('test.csv', 'wt', newline='') as fout:
	    writer = csv.writer(fout)
	    writer.writerows([(1,2,3)])

	開啓 test.csv，查看內容是否爲「1,2,3」

csv.DictReader(csvfile)
將 csvfile 所指定的檔案轉換成 csv.DictReader 物件。
	import csv
	with open('test.csv', 'wt', newline='') as fout:
	    writer = csv.writer(fout)
	    writer.writerows([(1,2,3)])
	with open('test.csv', 'rt') as fin:
	    reader = csv.DictReader(fin, fieldnames=['a','b','c'])
	    rows = [row for row in reader]
	    print(rows)

	[{'b': '2', 'a': '1', 'c': '3'}]

存取 csv 檔的函式與說明	程式碼與執行結果

csv.DictWriter(csvfile)
將 csvfile 所指定的檔案轉換成 csv.DictWriter 物件。
	`import csv`
	`with open('test.csv', 'wt', newline='') as fout:`
	`    writer = csv.writer(fout)`
	`    writer.writerows([(1,2,3)])`
	`with open('test.csv', 'rt') as fin:`
	`    reader = csv.DictReader(fin, fieldnames=['a','b','c'])`
	`    rows = [row for row in reader]`
	`    print(rows)`
	`fout = open('test2.csv', 'wt',newline='')`

writeheader()
寫入 csv 檔的標題列。
	`writer = csv.DictWriter(fout, fieldnames=['a','b','c'])`
	`writer.writeheader()`
	`writer.writerows(rows)`
	`fout.close()`

	將檔案 test.csv 拷貝到檔案 test2.csv，加上標題「a,b,c」，開啟 test2.csv 會發現檔案內容為「a,b,c 1,2,3」

◇ 10-3-1　使用模組 csv 對 csv 檔進行寫入與讀取

使用函式 open 開啟 csv 檔進行寫入資料，接著利用函式 csv.writer 產生寫入 csv 模組的 writer 物件，將九九乘法的被乘數、乘數與積寫入到 csv 檔案。使用函式 open 開啟 csv 檔案進行讀取資料，接著利用函式 csv.reader 產生讀取 csv 模組的 reader 物件，使用串列生成式讀取 csv 檔的 reader 物件，顯示九九乘法表到螢幕上。(本範例會產生 csv 檔，請參考檔案 ch10\99.csv)

行號	範例 (🕹：ch10\10-3-1- 寫入與讀取 csv 檔 .py)	執行結果

1
2
3
4
5
6
7
8
9
10
	`import csv`
	`with open('99.csv', 'wt', newline='') as fout:`
	`    writer = csv.writer(fout)`
	`    for i in range(1,10):`
	`        for j in range(1,10):`
	`            writer.writerows([(str(i),str(j),str(i*j))])`
	`with open('99.csv', 'rt') as fin:`
	`    reader = csv.reader(fin)`
	`    rows = [row for row in reader]`
	`    print(rows)`
		[['1', '1', '1'], ['1', '2', '2'], ['1', '3', '3'], ['1', '4', '4'], ['1', '5', '5'], ['1', '6', '6'], ['1', '7', '7'], ['1', '8', '8'], ['1', '9', '9'], ['2', '1', '2'], ['2', '2', '4'], ['2', '3', '6'],⋯ , ['9', '1', '9'], ['9', '2', '18'], ['9', '3', '27'], ['9', '4', '36'], ['9', '5', '45'], ['9', '6', '54'], ['9', '7', '63'], ['9', '8', '72'], ['9', '9', '81']]

程式解說

● **第 1 行**：匯入模組 csv。

● **第 2 到 6 行**：使用「with open as」開啟檔案「99.csv」，開啟檔案的模式設定為文字模式，且設定為寫入模式，且設定換行字元為空字元「"」，將檔案物件指定給 fout。使用函式 csv.writer 將 fout 轉換成 csv.writer 物件，設定給 writer(第 3 行)。使用巢狀迴圈產生九九乘法表，外層迴圈 i 控制被乘數與內層迴圈 j 控制乘數，使用 writer.writerows 寫入九九乘法表的被乘數、乘數與積到 csv 檔案 (第 4 到 6 行)。

● **第 7 到 10 行**：使用「with open as」開啟檔案「99.csv」，開啟檔案的模式設定為文字模式，且設定為讀取模式，將檔案物件指定給 fin。使用函式 csv.reader 將 fin 轉換成 csv.reader 物件，設定給 reader(第 8 行)。使用串列生成式讀取 reader 的每列資料到串列 rows(第 9 行)，使用函式 print 顯示串列 rows 到螢幕上 (第 10 行)。

◇ 10-3-2　使用模組 csv 寫入與讀取 csv 檔並加上標題

　　產生九九乘法表的 csv 檔，接著讀取此九九乘法表的 csv 檔，利用函式 csv.DictReader 將九九乘法表加上標題「被乘數」、「乘數」與「積」，顯示增加標題的九九乘法表到螢幕上，最後利用函式 csv.DictWriter 將九九乘法表寫入第二個 csv 檔，並加上標題「被乘數」、「乘數」與「積」。(本範例會讀取 csv 檔，請參考檔案 ch10\99.csv，會產出 csv 檔，請參考檔案 ch10\99b.csv)

行號	範例 (🎬 : ch10\10-3-2- 寫入與讀取 csv 檔並加上標題 .py)
1	import csv
2	with open('99.csv', 'wt', newline='') as fout:
3	writer = csv.writer(fout)
4	for i in range(1,10):
5	for j in range(1,10):
6	writer.writerows([(str(i),str(j),str(i*j))])
7	with open('99.csv', 'rt') as fin:
8	reader = csv.DictReader(fin, fieldnames=[' 被乘數 ',' 乘數 ',' 積 '])
9	rows = [row for row in reader]
10	print(rows)
11	fout = open('99b.csv', 'wt',newline='',encoding='utf-8')
12	writer = csv.DictWriter(fout, fieldnames=[' 被乘數 ',' 乘數 ',' 積 '])
13	writer.writeheader()
14	writer.writerows(rows)
15	fout.close()

執行結果

[{' 被乘數 ': '1', ' 乘數 ': '1', ' 積 ': '1'}, {' 被乘數 ': '1', ' 乘數 ': '2', ' 積 ': '2'}, {' 被乘數 ': '1', ' 乘數 ': '3', ' 積 ': '3'}, …, {' 被乘數 ': '9', ' 乘數 ': '6', ' 積 ': '54'}, {' 被乘數 ': '9', ' 乘數 ': '7', ' 積 ': '63'}, {' 被乘數 ': '9', ' 乘數 ': '8', ' 積 ': '72'}, {' 被乘數 ': '9', ' 乘數 ': '9', ' 積 ': '81'}]

程式解說

● 第 1 行：匯入模組 csv。

● 第 2 到 6 行：使用「with open as」開啟檔案「99.csv」，開啟檔案的模式設定為文字模式，且設定為寫入模式，設定換行字元為空字元「''」，將檔案物件指定給 fout。使用 csv.writer 將 fout 轉換成 csv.writer 物件，設定給 writer(第 3 行)。使用巢狀迴圈產生九九乘法表，外層迴圈 i 控制被乘數與內層迴圈 j 控制乘數，使用 writer. writerows 寫入九九乘法表的被乘數、乘數與積到 csv 檔案 (第 4 到 6 行)。

● 第 7 到 15 行：使用「with open as」開啟檔案「99.csv」，開啟檔案的模式設定為文字模式，且設定為讀取模式，將檔案物件設定給 fin。使用函式 csv.DictReader 將 fin 與指定的標題 fieldnames 轉換成 csv.DictReader 物件，設定給 reader(第 8 行)。使用串列生成式讀取 reader 的每列資料到串列 rows(第 9 行)，使用函式 print 顯示串列 rows 到螢幕上 (第 10 行)。使用函式 open 開啟檔案「99b.csv」，開啟檔案的模式設定為文字模式，且設定為寫入模式，設定換行字元為空字元「''」，編碼設定為 utf-8，將檔案物件設定給 fout。使用函式 csv.DictWriter 將 fout 與指定的標題 fieldnames 轉換成 csv.DictWriter 物件，設定給 writer(第 12 行)，使用函式 writer. writeheader() 寫入 csv 檔的標題，使用函式 writer.writerows(rows) 一次寫入多行資料 rows 到 csv 檔，最後使用「fout.close()」關閉 fout 所開啟的檔案。

10-4　存取二進位檔

這一節要存取二進位檔案，首先要學會開啓檔案、讀取檔案、寫入檔案與關閉檔案，以下介紹產生二進位資料的重要函式。

產生二進位資料函式與說明	程式碼與執行結果
bytes 不可變的二進位字串。	mbytes=bytes(range(0,8)) print(mbytes)
	b'\x00\x01\x02\x03\x04\x05\x06\x07'
bytearray 可以修改的二進位字串。	mbytearray=bytearray(range(0,8)) print(mbytearray)
	bytearray(b'\x00\x01\x02\x03\x04\x05\x06\x07')

◇▶ 10-4-1　產生二進位資料

使用函式 bytes 與 bytearray 產生二進位資料。

行號	範例 (🎧 ：ch10\10-4-1- 產生二進位資料 .py)
1 2 3 4	mbytes=bytes(range(0,32)) print(mbytes) mbytearray=bytearray(range(0,32)) print(mbytearray)

執行結果

```
b'\x00\x01\x02\x03\x04\x05\x06\x07\x08\t\n\x0b\x0c\r\x0e\x0f\x10\x11\x12\x13\x14\x15\
x16\x17\x18\x19\x1a\x1b\x1c\x1d\x1e\x1f'
bytearray(b'\x00\x01\x02\x03\x04\x05\x06\x07\x08\t\n\x0b\x0c\r\x0e\x0f\x10\x11\x12\x13\
x14\x15\x16\x17\x18\x19\x1a\x1b\x1c\x1d\x1e\x1f')
```

程式解說

● 第 1 行：使用函式 bytes 產生十進位數值 0 到 31 的二進位資料，每個數值以位元組 (byte) 爲儲存空間，變數 mbytes 參考到這些資料。

● 第 2 行：使用函式 print 顯示變數 mbytes 到螢幕上。

- 第 3 行：使用函式 bytearray 產生十進位數值 0 到 31 的二進位資料，每個數值以位元組 (byte) 為儲存空間，變數 mbytearray 參考到這些資料。

- 第 4 行：使用函式 print 顯示變數 mbytearray 到螢幕上。

◇ 10-4-2 存取二進位檔案

使用函式 write 與函式 read 存取二進位檔案。(本範例會產生二進位檔案，請參考檔案 ch10\binfile)

行號	範例 (🖋 ：ch10\10-4-2- 存取二進位檔案 .py)	執行結果

1
2
3
4
5
6
	bindata = bytes(range(0,32))
	with open('binfile','wb') as fout:
	    fout.write(bindata)
	with open('binfile','rb') as fin:
	    binary = fin.read()
	    print(binary)
		b'\x00\x01\x02\x03\x04\x05\
		x06\x07\x08\t\n\x0b\x0c\r\x0e\
		x0f\x10\x11\x12\x13\x14\x15\
		x16\x17\x18\x19\x1a\x1b\x1c\
		x1d\x1e\x1f'

程式解說

- 第 1 行：使用函式 bytes 產生十進位數值 0 到 31 的二進位資料，每個數值以 byte 為儲存空間，將這些資料指定給變數 bindata。

- 第 2 到 3 行：使用「with open as」開啟檔案「binfile」，開啟檔案的模式設定為二進位模式，且設定為寫入模式，將檔案物件設定給 fout(第 2 行)，使用函式「fout. write」將二進位變數 bindata 寫入檔案 fout (第 3 行)。

- 第 4 到 6 行：使用「with open as」開啟檔案「binfile」，開啟檔案的模式設定為二進位模式，且設定為讀取模式，將檔案物件設定給 fin(第 4 行)，使用函式「fin. read」讀取整個檔案的二進位資料到變數 binary (第 5 行)，顯示變數 binary 到螢幕上 (第 6 行)。

◇ 10-4-3 使用模組 pickle 將物件轉換成二進位檔案

使用模組 pickle 的函式 dump 將物件轉換成二進位檔案，接著使用模組 pickle 的函式 load 將二進位檔案還原成物件。(本範例會產生 pickle 格式的檔案，請參考檔案 ch10\pickle)

行號	範例 (⏱ ：ch10\10-4-3- 模組 pickle.py)	執行結果

1
2
3
4
5
6
7
	import pickle
	mylist = [a for a in range(1,10)]
	with open('pickle','wb') as fout:
	    pickle.dump(mylist, fout)
	with open('pickle','rb') as fin:
	    p = pickle.load(fin)
	    print(p)
		[1, 2, 3, 4, 5, 6, 7, 8, 9]

程式解說

● 第 1 行：匯入模組 pickle。

● 第 2 行：使用串列生成式產生數值 1 到 9 的串列資料，將這些資料儲存到變數 mylist。

● 第 3 到 4 行：使用「with open as」開啓檔案「pickle」，開啓檔案的模式設定爲二進位模式，且設定爲寫入模式，將檔案物件設定給 fout(第 3 行)，使用函式「pickle.dump」將物件 mylist 寫入檔案 fout (第 4 行)。

● 第 5 到 7 行：使用「with open as」開啓檔案「pickle」，開啓檔案的模式設定爲二進位模式，且設定爲讀取模式，將檔案物件設定給 fin(第 5 行)，使用函式「pickle.load」將二進位檔案 fin 還原成物件 p(第 6 行)，使用函式 print 顯示物件 p 到螢幕上 (第 7 行)。

本章習題

實作題

1. 找出大於 100MB 的檔案

   找出指定資料夾中大於 100MB 的檔案,執行結果如下。

   ```
   f:\software\pycharm-community-2016.1.4.exe
   ```

2. 計算文字的出現次數

   開啓本章範例檔案 poem.txt,內容使用唐詩「黃鶴樓」,作者爲「崔顥」,找出這首詩的文字與文字的出現次數,依照出現次數由大到小排列,將結果顯示到螢幕上,並寫入到檔案 ex2-poem.txt,執行結果如下。

   ```
   [('黃', 3), ('鶴', 3), ('空', 2), ('悠', 2), ('去', 2), ('千', 1), ('此', 1), ('昔', 1), ('人', 1), ('載', 1), ('樓', 1), ('乘', 1), ('不', 1), ('復', 1), ('白', 1), ('返', 1), ('雲', 1), ('已', 1), ('地', 1), ('一', 1), ('余', 1)]
   ```

3. 計算文字的出現次數到 csv 檔

   開啓本章範例檔案 poem.txt,內容使用唐詩「黃鶴樓」,作者爲「崔顥」,找出這首詩的文字與文字的出現次數,依照出現次數由大到小排列,將結果顯示到螢幕上,並寫入到檔案 ex3-poem.csv,執行結果如下。

   ```
   [('黃', 3), ('鶴', 3), ('去', 2), ('悠', 2), ('空', 2), ('不', 1), ('一', 1), ('余', 1), ('乘', 1), ('雲', 1), ('千', 1), ('返', 1), ('昔', 1), ('已', 1), ('樓', 1), ('白', 1), ('載', 1), ('此', 1), ('人', 1), ('地', 1), ('復', 1)]
   ```

Chapter

11

標準函式庫

Jupyter Notebook 範例檔：ch11\ch11.ipynb

Python 提供許多好用的模組，可以直接匯入使用，節省使用者開發程式的時間，在寫程式過程中可以先找一下標準函式庫是否已經有類似功能的程式，可以節省撰寫程式的時間，而這樣的哲學，Python 稱作內建電池 (batteries included)，以下介紹常用的電池。

11-1　系統相關的模組

模組 os 除了檔案與資料夾管理功能外，還有一些功能尚未介紹，以下介紹模組 os 的其他重要函式。

模組 os 重要函式與說明	程式碼與執行結果
os.system(command) 讓系統執行 command 所指定的指令，Windows 作業系統中指令是任何可以在「命令提示字元」執行的程式，Linux 作業系統中指令是任何可以在「Shell」執行的程式。	os.system('dir') os.system('ls') 註：Windows 作業系統使用「dir」，Linux 作業系統使用「ls」。
	列出目前所在目錄的檔案與資料夾。
os.getenv(key) 查詢系統 key 所對應的值。	print(os.getenv('USERNAME'))
	user

若要顯示程式目前的區域變數與全域變數，需使用以下系統函式，函式 locals 顯示區域變數，而函式 globals 顯示全域變數。

模組 os 重要函式與說明	程式碼與執行結果
locals() 系統使用字典儲存區域變數。	print(locals())
	{'__doc__': None, '__builtins__': <module 'builtins' (built-in)> , 省略一部分資料 ,'__name__': '__main__'}
globals() 系統使用字典儲存全域變數。	print(globals())
	{'__doc__': None, '__builtins__': <module 'builtins' (built-in)> , 省略一部分資料 ,'__name__': '__main__'}

模組 pprint 會自動將顯示的內容排列得更好看,以下介紹模組 pprint 的重要函式。

模組 pprint 重要函式與說明	程式碼與執行結果
pprint.pprint(data) 將 data 顯示在螢幕上。	pprint.pprint(globals()) {'__builtins__': \<module 'builtins' (built-in)\>, 省略一部分資料, '__name__': '__main__', 省略一部分資料, 'pprint': \<module 'pprint' from 'C:\\Users\\user\\AppData\\Local\\Programs\\Python\\Python35-32\\lib\\pprint.py'\>}

◆ 11-1-1 執行指令與顯示環境變數

使用「os.system」執行指令,接著利用「os.getenv」讀取系統環境變數。

行號	範例 (☉:ch11\11-1-1- 執行指令與顯示環境變數 .py)	執行結果
1 2 3 4 5 6	import os os.system('dir') print(os.getenv('COMPUTERNAME')) print(os.getenv('HOMEDRIVE')) print(os.getenv('HOMEPATH')) print(os.getenv('USERNAME'))	顯示程式所在資料夾下的檔案與資料夾,資料過多,省略執行結果。 USER-PC C: \Users\user user 註:每個電腦的電腦名稱、家目錄所在資料夾與使用者名稱不一定相同。

程式解說

● 第 1 行:匯入模組 os。

● 第 2 行:使用模組 os 的函式 system 執行指令「dir」,會顯示程式所在資料夾的檔案與資料夾。

● 第 3 行:使用函式 print 顯示模組 os 的函式 getenv('COMPUTERNAME'),顯示電腦名稱到螢幕上。

● 第 4 行:使用函式 print 顯示模組 os 的函式 getenv('HOMEDRIVE'),顯示家目錄所在磁碟機到螢幕上。

- 第 5 行：使用函式 print 顯示模組 os 的函式 getenv('HOMEPATH')，顯示家目錄所在路徑到螢幕上。

- 第 6 行：使用函式 print 顯示模組 os 的函式 getenv('USERNAME')，顯示使用者名稱到螢幕上。

◇ 11-1-2　使用 pprint 顯示區域變數與全域變數

使用「print」與「pprint.pprint」分別顯示區域變數與全域變數，比較兩者的差異。

行號	範例 (💿 : ch11\11-1-2- 顯示區域變數與全域變數 .py)
1	import pprint
2	print(' 在函式外，顯示全域變數 ', globals())
3	print(' 在函式外，顯示區域變數 ', locals())
4	def add(x, y):
5	sum = x+y
6	print(' 在函式內，顯示全域變數 ')
7	pprint.pprint(globals())
8	print(' 在函式內，顯示區域變數 ')
9	pprint.pprint(locals())
10	return sum
11	ans = add(1,2)

執行結果

在函式外，顯示全域變數 {'__spec__': None, '__cached__': None, 省略一部分資料 , '__builtins__': <module 'builtins' (built-in)>}
在函式外，顯示區域變數 {'__spec__': None, '__cached__': None, 省略一部分資料 , '__builtins__': <module 'builtins' (built-in)>}
在函式內，顯示全域變數
{'__builtins__': <module 'builtins' (built-in)>,
 '__cached__': None, 省略一部分資料 ,
 '__spec__': None,
 'add': <function add at 0x009E6C90>,
 'pprint': <module 'pprint' from 'C:\\Users\\pr3\\AppData\\Local\\Programs\\Python\\Python35-32\\lib\\pprint.py'>}
在函式內，顯示區域變數
{'sum': 3, 'x': 1, 'y': 2}

程式解說

- 第 1 行：匯入模組 pprint。

- 第 2 行：顯示字串「在函式外，顯示全域變數」與全域變數到螢幕。

- 第 3 行：顯示字串「在函式外，顯示區域變數」與區域變數到螢幕。

- 第 4 到 10 行：定義函式 add，輸入兩個參數 x 與 y，設定 sum 為 x 加 y (第 5 行)，顯示字串「在函式內，顯示全域變數」(第 6 行)，呼叫模組 pprint 的函式 pprint 顯示全域變數到螢幕 (第 7 行)，顯示字串「在函式內，顯示區域變數」(第 8 行)，呼叫模組 pprint 的函式 pprint 顯示區域變數到螢幕 (第 9 行)，回傳變數 sum (第 10 行)。

- 第 11 行：呼叫函式 add，以 1 與 2 為參數，將結果指定給變數 ans。

11-2　可迭代的函式庫

　　Python 提供許多可以處理可迭代物件的模組和函式，包含模組 itertools、函式 enumerate、zip、filter、map 與 reduce 等，以下分別介紹。

◇ 11-2-1　模組 itertools

　　模組 itertools 只要給定起始數字與遞增 (減) 值就可以產生無窮數列，也可以利用循環與重複功能產生數列，可以對數列進行運算，與產生指定元素的排列組合結果。

模組 itertools 重要函式與說明	程式碼與執行結果
itertools.count(start,[step]) 產生資料列，起始數字為 start，每次遞增 step。	import itertools nums = itertools.count(1,2)
	nums 為無窮數列 1 3 5 7 ⋯
itertools.cycle(iterable) 使用 iterable 不斷循環產生資料列。	import itertools nums = [1, 2, 3] cyclenums = itertools.cycle(nums)
	cyclenums 為無窮數列 1 2 3 1 2 3 1 2 3 ⋯

模組 itertools 重要函式與說明	程式碼與執行結果
itertools.repeat(object[,times]) 使用 object 重複 times 次產生資料列。	import itertools nums = [1, 2, 3] repeatnums = itertools.repeat(nums, 2) print(list(repeatnums))
	[[1, 2, 3], [1, 2, 3]]
itertools.accumulate(iterable[,func]) 將 iterable 物件使用函式 func 進行運算。	import itertools nums = [i for i in range(1, 6)] sums = itertools.accumulate(nums) print(list(sums))
	[1, 3, 6, 10, 15]
itertools.chain(*iterables) 將多個 iterable 物件，依序取出每個 iterable 的所有元素，串接成新的數列	import itertools s = itertools.chain('Py','thon') print(list(s))
	['P', 'y', 't', 'h', 'o', 'n']
itertools.permutations(iterable, r=None) 從 iterable 取 r 個元素的所有排列，若 r 為 None，則排列所有元素。	import itertools perm = itertools.permutations('ABC', r=2) print(list(perm))
	[('A', 'B'), ('A', 'C'), ('B', 'A'), ('B', 'C'), ('C', 'A'), ('C', 'B')]
itertools.combinations(iterable, r) 從 iterable 取 r 個元素的所有組合。	import itertools comb = itertools.combinations('ABC', 2) print(list(comb))
	[('A', 'B'), ('A', 'C'), ('B', 'C')]

1. 模組 itertools 的函式 count 範例

行號	範例 (🎧 : ch11\11-2-1a- 模組 itertools 的函式 count.py)	執行結果

1
2
3
4
5
	import itertools
	nums = itertools.count(1,2)
	for i in range(5):
	    num = nums.__next__()
	        print(num)
		1
		3
		5
		7
		9

程式解說

● 第 1 行：匯入模組 itertools。

● 第 2 行：使用模組 itertools 的函式 count(1,2)，將此物件指定給變數 nums。

● 第 3 到 5 行：使用 for 迴圈與 range(5) 讓迴圈執行五次，迴圈內使用「nums.__next__()」取出 nums 的下一個元素指定給變數 num(第 4 行)，印出變數 num 到螢幕 (第 5 行)。

2. 模組 itertools 的函式 cycle 範例

行號	範例 (：ch11\11-2-1b- 模組 itertools 的函式 cycle.py)	執行結果
1	import itertools	1
2	nums = [1, 2, 3]	2
3	cyclenums = itertools.cycle(nums)	3
4	for i in range(6):	1
5	num = cyclenums.__next__()	2
6	print(num)	3

程式解說

● 第 1 行：匯入模組 itertools。

● 第 2 行：串列 nums 設定為「1,2,3」。

● 第 3 行：使用模組 itertools 的函式 cycle，以串列 nums 為輸入，以串列 nums 重複循環產生數列，將此物件指定給變數 cyclenums。

● 第 4 到 6 行：使用 for 迴圈與 range(6) 讓迴圈執行六次，迴圈內使用「cyclenums.__next__()」取出 cyclenums 的下一個元素指定給變數 num(第 5 行)，印出變數 num 到螢幕 (第 6 行)。

3. 模組 itertools 的函式 repeat 範例

行號	範例 (：ch11\11-2-1c- 模組 itertools 的函式 repeat.py)	執行結果
1	import itertools	
2	nums = [1, 2, 3]	[1, 2, 3]
3	repeatnums = itertools.repeat(nums, 3)	[1, 2, 3]
4	for i in range(3):	[1, 2, 3]
5	num = repeatnums.__next__()	
6	print(num)	

程式解說

● 第 1 行：匯入模組 itertools。

● 第 2 行：串列 nums 設定為「1,2,3」。

● 第 3 行：使用模組 itertools 的函式 repeat，以串列 nums 與數字 3 為輸入，以串列 nums 重複 3 次產生物件，將此物件指定給變數 repeatnums。

● 第 4 到 6 行：使用 for 迴圈與 range(3) 讓迴圈執行三次，迴圈內使用「repeatnums.__next__()」取出 repeatnums 的下一個元素指定給變數 num(第 5 行)，印出變數 num 到螢幕 (第 6 行)。

4. 模組 itertools 的函式 accumulate 範例

行號	範例 (🕹 : ch11\11-2-1d- 模組 itertools 的函式 accumulate.py)	執行結果
1 2 3 4 5 6	import itertools nums = [i for i in range(1, 6)] sums = itertools.accumulate(nums) print(list(sums)) sums = itertools.accumulate(nums, lambda x,y:x*y) print(list(sums))	[1, 3, 6, 10, 15] [1, 2, 6, 24, 120]

程式解說

● 第 1 行：匯入模組 itertools。

● 第 2 行：使用串列產生式，產生串列「1,2,3,4,5」指定給變數 nums。

● 第 3 行：使用模組 itertools 的函式 accumulate，以串列 nums 為輸入產生物件，將此物件指定給變數 sums。

● 第 4 行：使用函式 list 將變數 sums 轉換成串列，使用函式 print 將串列顯示在螢幕。

● 第 5 行：使用模組 itertools 的函式 accumulate，以串列 nums 與兩個數字相乘的 lambda 函式為輸入產生物件，將此物件指定給變數 sums。

● 第 6 行：使用函式 list 將變數 sums 轉換成串列，使用函式 print 將串列顯示在螢幕。

5. 模組 itertools 的函式 chain 範例

行號	範例 (⏱ ：ch11\11-2-1e- 模組 itertools 的函式 chain.py)	執行結果
1 2 3	import itertools s = itertools.chain('Py','thon') print(list(s))	['P', 'y', 't', 'h', 'o', 'n']

程式解說

● 第 1 行：匯入模組 itertools。

● 第 2 行：使用模組 itertools 的函式 chain，以字串「Py」與字串「thon」為輸入產生物件，將此物件指定給變數 s。

● 第 3 行：使用函式 list 將變數 s 轉換成串列，使用函式 print 將串列顯示在螢幕。

6. 模組 itertools 的函式 permutations 與 combinations 範例

行號	範例 (⏱ ：ch11\11-2-1f- 模組 itertools 的函式 permutations 與 combinations.py)	執行結果
1 2 3 4 5	import itertools perm = itertools.permutations('ABC', 2) print(list(perm)) comb = itertools.combinations('ABC', 2) print(list(comb))	[('A', 'B'), ('A', 'C'), ('B', 'A'), ('B', 'C'), ('C', 'A'), ('C', 'B')] [('A', 'B'), ('A', 'C'), ('B', 'C')]

程式解說

● 第 1 行：匯入模組 itertools。

● 第 2 行：使用模組 itertools 的函式 permutations，以字串「ABC」與數字 2 為輸入產生從字串「ABC」中挑選 2 個字元的所有排列可能性，將此排列物件指定給變數 perm。

● 第 3 行：使用函式 list 將變數 perm 轉換成串列，使用函式 print 將串列顯示在螢幕。

● 第 4 行：使用模組 itertools 的函式 combinations，以字串「ABC」與數字 2 為輸入產生從字串「ABC」中挑選 2 個字元的所有組合可能性，將此物件指定給變數 comb。

● 第 5 行：使用函式 list 將變數 comb 轉換成串列，使用函式 print 將串列顯示在螢幕。

◇ 11-2-2 enumerate 與 zip

函式 enumerate 將可迭代物件的每一個元素給予編號，函式 zip 可以自動配對兩個以上可迭代物件的每個元素，一個一個依序對應產生新的物件。

函式與說明	程式碼與執行結果
enumerate(sequence, start=0) 將 sequence 中元素進行編號，由 start 開始編號。	days = [' 星期天 ', ' 星期一 ', ' 星期二 ', ' 星期三 ', ' 星期四 ', ' 星期五 ', ' 星期六 '] p = enumerate(days, start=1) print(list(p))
	[(1, ' 星期天 '), (2, ' 星期一 '), (3, ' 星期二 '), (4, ' 星期三 '), (5, ' 星期四 '), (6, ' 星期五 '), (7, ' 星期六 ')]
zip([iterable, ...]) 將所輸入的多個 iterable，每個 iterable 中依序由前到後每次取一個組成一個 tuple，這些 tuple 組成 zip 物件。	a = [1,2,3] b = ['a','b','c'] c = zip(a,b) print(list(c))
	[(1, 'a'), (2, 'b'), (3, 'c')]

以下為 enumerate 與 zip 範例。

行號	範例 (🕹 ：ch11\11-2-2-enumerate 與 zip.py)	執行結果
1	days = ['星期天', '星期一', '星期二', '星期三', '星期四', '星期五', '星期六']	1 星期天
2	p = enumerate(days, start=1)	2 星期一
3	for c, day in p:	3 星期二
4	print(c, day)	4 星期三
5	do = ['休息', '游泳','跑步', '籃球', '桌球', '羽球', '棒球', '壘球']	5 星期四
6	week = zip(days, do)	6 星期五
7	for day,sport in week:	7 星期六
8	print(day,sport)	星期天 休息
		星期一 游泳
		星期二 跑步
		星期三 籃球
		星期四 桌球
		星期五 羽球
		星期六 棒球

程式解說

- **第 1 行**：設定 days 為串列「'星期天','星期一','星期二','星期三','星期四','星期五','星期六'」。

- **第 2 行**：使用函式 enumerate 以串列 days 為輸入，start 為 1，將串列 days 由 1 開始編號，將獲得的 enumerate 物件指定給變數 p。

- **第 3 到 4 行**：使用 for 迴圈與 tuple 開箱 (unpacking)，將 enumerate 物件的變數 p，取出每一個元素，編號儲存到變數 c，元素儲存到變數 day，顯示變數 c 與變數 day 到螢幕。

- **第 5 行**：設定 do 為串列「'休息','游泳','跑步','籃球','桌球','羽球','棒球','壘球'」。

- **第 6 行**：使用函式 zip 以串列 days 與串列 do 為輸入，將獲得的 zip 物件指定給變數 week，串列 do 元素較串列 days 多一個元素，所以串列 do 最後一個元素「壘球」不會使用到。

- **第 7 到 8 行**：使用 for 迴圈依序取出變數 week 的每一個元素，第一個元素儲存到變數 day，第二個元素儲存到變數 sport，顯示變數 day 與變數 sport 到螢幕上。

◆ 11-2-3　filter、map 與 reduce

　　函式 filter 過濾可迭代物件，只保留符合條件的元素；函式 map 將多個可迭代物件根據輸入 map 的函式進行運算，回傳一個可迭代物件；模組 functools 的函式 reduce 將輸入的可迭代物件由左到右，使用輸入 reduce 的函式每次取可迭代物件的最左邊兩個進行運算，將運算結果與第 3 個物件進行運算，依此類推直到輸入的可迭代物件的所有元素都計算過，回傳計算的結果。

函式與說明	程式碼與執行結果
filter (function, iterable) 使用 function 作用到 iterable 的每個元素，將結果為 True 的元素保留下來。	nums = [i for i in range(1,10)] nums2 = filter(lambda x:x%2, nums) print(list(nums2))
	[1, 3, 5, 7, 9]

函式與說明	程式碼與執行結果
map(function, iterable, ...) 使用 function 作用到一個以上 iterable 的每個元素，function 若接收兩個參數，iterable 就需要兩個，最後回傳 function 作用到 iterable 的結果。	nums = [i for i in range(1,6)] def double(x): return 2*x nums2 = map(double, nums) print(list(nums2))
	[2, 4, 6, 8, 10]
functools.reduce(function, iterable[, initializer]) function 需要能輸入兩個參數，使用 function 作用到 iterable 由左到右的每個元素。如果有 initializer，則計算結果的初始值設定為 initializer，將第 1 個元素與第 2 個元素輸入到 function，產生的數字與第 3 個元素輸入到 function，產生的數字與第 4 個元素輸入到 function，依此類推直到輸入的可迭代物件的所有元素都計算過，回傳此計算結果。	from functools import reduce num = reduce(lambda x, y:x+y, range(1,10)) print(num)
	45

1. 函式 filter 範例

行號	範例 (🖱 : ch11\11-2-3a-filter.py)	執行結果
1 2 3 4 5	nums = [i for i in range(1,10)] nums2 = filter(lambda x:x%2, nums) print(list(nums2)) nums2 = filter(lambda x:x%2 == 0, nums) print(list(nums2))	[1, 3, 5, 7, 9] [2, 4, 6, 8]

程式解說

● **第 1 行**：使用串列生成式，使用 range(1, 10) 產生數字 1 到 9 的串列指定給變數 nums。

● **第2行**：使用函式 filter 將串列 nums 的每一個元素除以 2 的餘數為 1 的元素保留下來，將保留下來的元素指定給變數 nums2。

● **第3行**：將變數 nums2 使用函式 list 轉換成串列，最後使用函式 print 印出此串列。

- 第4行：使用函式 filter 將串列 nums 的每一個元素除以2的餘數為0的元素保留下來，將保留下來的元素指定給變數 nums2。
- 第5行：將變數 nums2 使用函式 list 轉換成串列，最後使用函式 print 印出此串列。

2. 函式 map 範例

行號	範例 (　🕐　: ch11\11-2-3b-map.py)	執行結果
1 2 3 4 5 6 7 8 9	nums = [i for i in range(1,6)] def double(x): 　　return 2*x nums2 = map(double, nums) print(list(nums2)) a = [i for i in range(1,6)] b = [i for i in range(6,11)] c = map(lambda x,y:x*y, a, b) print(list(c))	[2, 4, 6, 8, 10] [6, 14, 24, 36, 50]

程式解說

- 第 1 行：使用串列生成式，使用 range(1, 6) 產生數字 1 到 5 的串列指定給變數 nums。
- 第 2 到 3 行：定義函式 double，輸入參數 x，回傳 2 乘以 x。
- 第 4 行：使用函式 map 與函式 double 將串列 nums 的每一個元素乘以 2，將乘以 2 的 map 物件指定給變數 nums2。
- 第 5 行：將變數 nums2 使用函式 list 轉換成串列，最後使用函式 print 印出此串列。
- 第 6 行：使用串列生成式，使用 range(1, 6) 產生數字 1 到 5 的串列指定給變數 a。
- 第 7 行：使用串列生成式，使用 range(6, 11) 產生數字 6 到 10 的串列指定給變數 b。
- 第 8 行：使用函式 map 與 lambda 函式將串列 a 與串列 b 的每一個元素依序相乘，將相乘後的 map 物件指定給變數 c。
- 第 9 行：將變數 c 使用函式 list 轉換成串列，最後使用函式 print 印出此串列。

3. 模組 **functools** 的函式 **reduce** 範例

行號	範例 (🕹 ：ch11\11-2-3c-reduce.py)	執行結果
1 2 3 4 5	import functools num = functools.reduce(lambda x, y:x+y, range(1,10)) print(num) num = functools.reduce(lambda x, y:x+y, range(1,10),3) print(num)	45 48

程式解說

● 第 1 行：匯入模組 functools。

● 第 2 行：函式 lambda 輸入參數 x 與 y，回傳 x+y 的結果，使用函式 functools.reduce 與函式 lambda 作用於 range(1,10)，將計算結果指定到變數 num。

● 第 3 行：最後使用函式 print 印出變數 num。

● 第 4 行：函式 lambda 輸入參數 x 與 y，回傳 x+y 的結果，使用函式 functools.reduce 與函式 lambda 作用於 range(1,10)，初始值設定為 3，將計算結果指定到變數 num。

● 第 5 行：最後使用函式 print 印出變數 num。

◆ 11-2-4 篩選法求質數範例

使用篩選法 (Sieve of Eratosthenes) 求數值 2 到 1000 的所有質數，相當於依序將 2 的倍數數字刪除，接著將 3 的倍數數字刪除，將 5 的倍數數字刪除，將 7 的倍數數字刪除，…，最後還剩下的數字就都是質數。

行號	範例 (🕹 ：ch11\11-2-4-prime.py)	執行結果

1
2
3
4
5
6
7
8
9
10
11
	import itertools
	def iter_primes():
	   numbers = itertools.count(2)
	   while True:
	     prime = numbers.__next__()
	     yield prime
	     numbers = filter(prime.__rmod__, numbers)
	for p in iter_primes():
	  if p > 1000:
	   break
	  print(p,' ',end='')
		2 3 5 7 11 13 17
		19 23 29 31 37 …
		967 971 977 983
		991 997

程式解說

● 第 1 行：匯入模組 itertools。

● 第 2 到 7 行：定義生成式函式 iter_primes，設定 numbers 為模組 itertools 的函式 count，由 2 開始的無窮數列 (第 3 行)。使用 while 的無窮迴圈，設定 prime 為 numbers 的下一個數字 (第 5 行)，使用 yield 回傳 prime，yield 會回到上一次的狀態繼續執行 (第 6 行)，使用函式 filter 去掉 numbers 中 prime 的倍數 (第 7 行)。

● 第 8 到 11 行：使用 for 迴圈依序取出生成式 iter_primes 到變數 p，若變數 p 大於 1000，則中斷迴圈 (第 9 到 10 行)。使用函式 print 顯示變數 p 串接空白字元 (space)，設定 end 為空字元，也就是取消換行 (第 11 行)。

11-3　時間函式庫

時間函式庫包含模組 datetime、date 與 time 等，用於顯示目前時間與計算經過的時間，以下分別介紹。

◇ 11-3-1　模組 datetime 與 date

模組 datetime 處理日期與時間有關的功能，可以回傳目前的日期與時間，與建立新的 datetime 物件，而模組 date 處理日期有關的功能，可以回傳目前的日期。

重要函式與說明	程式碼與執行結果
datetime.now() 回傳目前的日期與時間。	from datetime import datetime now = datetime.now() print(now)
	2018-05-04 10:58:50.798852
datetime.datetime(year,month, day, hour=0, minute=0, second=0, microsecond=0) 使用 year、month、day、hour、minute、second、microsecond 建立 datetime 物件。	from datetime import datetime b = datetime(1995,1,1,21,30,0,0) print(b)
	1995-01-01 21:30:00

重要函式與說明	程式碼與執行結果
date.today() 回傳目前的日期。	from datetime import date now = date.today() print(now)
	2018-05-04

以下為模組 datetime 與 date 範例，以模組 datetime 與模組 date 顯示目前時間到螢幕上。

行號	範例 (🕐：ch11\11-3-1-datetime 與 date.py)	執行結果
1	from datetime import datetime, date	
2	now = date.today()	2018-05-04
3	print(now)	2018-05-04
4	now = datetime.now()	10:58:50.798852
5	print(now)	2018 5 4
6	print(now.year, now.month, now.day)	10 58 50 798852
7	print(now.hour, now.minute, now.second, now.microsecond)	

程式解說

● 第 1 行：從套件 datetime 匯入模組 datetime 與 date。

● 第 2 行：使用模組 date 的函式 today，將此物件指定給變數 now。

● 第 3 行：使用函式 print 顯示變數 now 到螢幕上。

● 第 4 行：使用模組 datetime 的函式 now，將此物件指定給變數 now。

● 第 5 行：使用函式 print 顯示變數 now 到螢幕上。

● 第 6 行：使用函式 print 顯示變數 now 的 year(目前為西元幾年)、變數 now 的 month(月份) 與變數 now 的 day(日) 到螢幕上。

● 第 7 行：使用函式 print 顯示變數 now 的 hour(小時)、變數 now 的 minute(分鐘)、變數 now 的 second(秒) 與變數 now 的 microsecond(微秒) 到螢幕上。

◇ 11-3-2　模組 time

模組 time 可以回傳累計從 1970 年 1 月 1 日凌晨 0 點 0 分 0 秒到目前為止的秒數，稱作「epoch」，顯示目前的時間，與依照指定的格式顯示時間等功能。

重要函式與說明	程式碼與執行結果
time.time() 累計從 1970 年 1 月 1 日凌晨 0 點 0 分 0 秒到目前為止的秒數。	import time now = time.time() print(now)
	1525403162.0861557
time.ctime([secs]) 將累計秒數 secs 轉換為以「年月日時分秒」表示的時間，若沒有輸入 secs，則預設以呼叫 time.time() 的回傳值為輸入。	import time print(time.ctime())
	Fri May 4 11:06:02 2018
time.localtime([secs]) 將累計秒數 secs 轉換為以物件 struct_time 表示的時間，若沒有輸入 secs，則以呼叫 time.time() 的回傳值為輸入。	import time t=time.localtime() print(t)
	time.struct_time(tm_year=2018, tm_mon=5, tm_mday=4, tm_hour=11, tm_min=6, tm_sec=2, tm_wday=4, tm_yday=124, tm_isdst=0)
time.strftime(format[,t]) t 為 struct_time 物件，以 format 格式顯示出來，若沒有輸入 t，則以呼叫 time.localtime() 的回傳值為輸入。	import time fmt = "%Y-%m-%d(%a) %H %M %S" print(' 現在時間為 ',time.strftime(fmt))
	現在時間為 2018-05-04(Fri) 11 06 02

函式 time.strftime 的參數 format 的格式如下表。

格式	顯示資料	格式	顯示資料
%a	縮寫的星期。	%d	以 01 到 31 顯示日期。
%A	不縮寫的星期。	%j	以 001 到 366 顯示一年的第幾天。
%y	顯示西元最後兩位。	%H	以 00 到 23(24 小時制) 顯示小時。
%Y	顯示西元的四位數。	%I	以 01 到 12(12 小時制) 顯示小時。
%m	以 01 到 12 顯示月份。	%p	顯示 AM 或 PM。
%b	縮寫的月份。	%M	以 00 到 59 顯示分鐘。
%B	不縮寫的月份。	%S	以 00 到 61 顯示秒。

以下為模組 time 範例，以模組 time 的函式 time、函式 ctime 與函式 localtime 顯示目前時間，並練習函式 strftime 的使用。

行號	範例 (💿 : ch11\11-3-2- 模組 time.py)	執行結果
1 2 3 4 5 6 7 8 9 10	import time now = time.time() print(now) print(time.ctime()) t=time.localtime() print(t) fmt = "%Y-%m-%d(%a) %H %M %S" print(' 現在時間為 ',time.strftime(fmt)) fmt2 = "%Y-%B-%d(%A) %p %I %M %S" print(' 現在時間為 ',time.strftime(fmt2))	1525403162.0861557 Fri May 4 11:06:02 2018 time.struct_time(tm_year=2018, tm_ mon=5, tm_mday=4, tm_hour=11, tm_min=6, tm_sec=2, tm_wday=4, tm_yday=124, tm_isdst=0) 現在時間為 2018-05-04(Fri) 11 06 02 現在時間為 2018-May-04(Friday) AM 11 06 02

程式解說

● 第 1 行：匯入模組 time。

● 第 2 行：使用模組 time 的函式 time，將此物件指定給變數 now。

● 第 3 行：使用函式 print 顯示變數 now 到螢幕上。

● 第 4 行：使用函式 print 將模組 time 函式 ctime 的結果顯示在螢幕上。

● 第 5 行：使用模組 time 的函式 localtime，將此物件指定給變數 t。

● 第 6 行：使用函式 print 顯示變數 t 到螢幕上。

● 第 7 行：設定時間格式字串 fmt 為「%Y-%m-%d(%a) %H %M %S」。

● 第 8 行：使用函式 print 顯示「目前時間為」，串接模組 time 函式 strftime 以時間格式字串 fmt 為輸入的結果顯示到螢幕上。

● 第 9 行：設定時間格式字串 fmt2 為「%Y-%B-%d(%A) %p %I %M %S」。

● 第 10 行：使用函式 print 顯示「目前時間為」，串接模組 time 函式 strftime 以時間格式字串 fmt2 為輸入的結果顯示到螢幕上。

◇ 11-3-3　模組 timedelta

模組 timedelta 表示經過的時間間隔，將物件 datetime 加上模組 timedelta，就可以計算物件 datetime 經過模組 timedelta 後的時間。

重要函式與說明	程式碼與執行結果
datetime.timedelta(days=0, seconds=0, microseconds=0, milliseconds=0, minutes=0, hours=0, weeks=0) 表示兩個時間點的差距，以 days、seconds、microseconds、milliseconds、minutes、hours 與 weeks 初始化物件 timedelta。輸入 days 的數值需在 -999999999 到 999999999 之間 (含邊界值)，輸入 seconds 的數值需在 0 到 86399 之間 (含邊界值)，輸入 microseconds 的數值需在 0 到 999999 之間 (含邊界值)。	from datetime import datetime,timedelta now = datetime.now() now1000 = now + timedelta(days=1000) print(now) print(now1000)
	2016-06-20 10:28:11.313910 2019-03-17 10:28:11.313910

以下為模組 time 範例，假設生日為西元 1995 年 1 月 1 日晚上 9 點 30 分，請計算 10000 天後的日期與時間。

行號	範例 (💾 ：ch11\11-3-3- 模組 timedelta.py)	執行結果
1 2 3 4 5 6	from datetime import datetime, timedelta birthday = datetime(1995,1,1,21,30,0,0) print(birthday) day10000 = timedelta(days=10000) someday = birthday + day10000 print(someday)	1995-01-01 21:30:00 2022-05-19 21:30:00

程式解說

● **第 1 行**：從模組 datetime 匯入函式 datetime 與函式 timedelta。

● **第 2 行**：使用函式 datetime 以「1995,1,1,21,30,0,0」為輸入，將此物件指定給變數 birthday。

● **第 3 行**：使用函式 print 顯示變數 birthday 到螢幕上。

● **第 4 行**：使用函式 timedelta 以「days=10000」為輸入，將此物件指定給變數 day10000。

● **第 5 行**：將變數 birthday 加上變數 day10000，將此物件指定給變數 someday。

● **第 6 行**：使用函式 print 顯示變數 someday 到螢幕上。

◇ 11-3-4　使用模組 time 計算程式執行時間

想要知道程式區塊執行所需時間，請在程式區塊前後加上模組 time 的函式 time，將結果指定給兩個變數，將後者減去前者就可以知道執行時間。

行號	範例 (🖱 ：ch11\11-3-4- 模組 time 計算執行時間 .py)	執行結果
1 2 3 4 5 6 7	import time as t def count(): 　st = t.time() 　[x for x in range(10000000)] 　et = t.time() 　print (' 執行所需時間爲 ',et-st,' 秒 ') count()	執行所需時間爲 0.9958915710449219 秒

程式解說

● 第 1 行：匯入模組 time，重新命名爲 t。

● 第 2 到 6 行：定義函式 count，使用模組 t 的函式 time，將此物件指定給變數 st，執行串列生成式產生數字 0 到 9999999 的串列，使用模組 t 的函式 time，將此物件指定給變數 et，最後使用函式 print 顯示「執行所需時間爲」，et 減去 st，加上「秒」。

● 第 7 行：呼叫函式 count。

11-4　collections 套件

套件 collections 包含模組 OrderDict、deque 與 Counter 等，各有用途，以下分別介紹。

◇ 11-4-1　模組 OrderDict

模組 OrderDict 能夠紀錄每個鍵與值建立順序的字典，可以依照順序顯示出來。

重要函式與說明	程式碼與執行結果
collections.OrderedDict([items]) 使用 items 建立具有順序性的 OrderDict 物件。	import collections d = collections.OrderedDict([('Cr', 1),('To', 2)]) print(d)
	OrderedDict([('Cr', 1), ('To', 2)])

以下為模組 OrderDict 範例，從範例中可以比較函式 dict 與函式 OrderDict 建立字典的差異。

行號	範例 (🕐 : ch11\11-4-1- 模組 OrderDict.py)	執行結果
1 2 3 4 5 6 7 8 9	import collections days = [' 星期天 ',' 星期一 ',' 星期二 ',' 星期三 ',' 星期四 ',' 星期五 ',' 星期六 '] sport = [' 休息 ',' 游泳 ',' 跑步 ',' 籃球 ',' 桌球 ',' 羽球 ',' 棒球 '] week = zip(days, sport) d1 = dict(week) print(d1) week = zip(days, sport) d2 = collections.OrderedDict(week) print(d2)	{' 星期二 ':' 跑步 ',' 星期三 ':' 籃球 ',' 星期一 ':' 游泳 ',' 星期六 ':' 棒球 ',' 星期四 ':' 桌球 ',' 星期五 ':' 羽球 ',' 星期天 ':' 休息 '} OrderedDict([(' 星期天 ',' 休息 '), (' 星期一 ',' 游泳 '), (' 星期二 ',' 跑步 '), (' 星期三 ',' 籃球 '), (' 星期四 ',' 桌球 '), (' 星期五 ',' 羽球 '), (' 星期六 ',' 棒球 ')])

程式解說

● 第 1 行：匯入模組 collections。

● 第 2 行： 設定 days 為串列「' 星期天 ',' 星期一 ',' 星期二 ',' 星期三 ',' 星期四 ',' 星期五 ',' 星期六 '」。

- **第 3 行**：設定 sport 為串列「'休息','游泳','跑步','籃球','桌球','羽球','棒球'」。
- **第 4 行**：使用函式 zip 以串列 days 與串列 sport 為輸入，將獲得的 zip 物件指定給變數 week。
- **第 5 行**：使用函式 dict 以 week 建立字典，將獲得的字典物件指定給變數 d1。
- **第 6 行**：使用函式 print 顯示變數 d1 到螢幕上。
- **第 7 行**：需要再次使用函式 zip 以串列 days 與串列 sport 為輸入，將獲得的 zip 物件指定給變數 week。
- **第 8 行**：使用模組 collections 的函式 OrderedDict 以變數 week 建立 OrderedDict 物件，將獲得的 OrderedDict 物件指定給變數 d2。
- **第 9 行**：使用函式 print 顯示變數 d2 到螢幕上。

◇ 11-4-2　模組 deque

套件 colletcions 中模組 deque 能夠將資料分別從左右兩邊插入與取出，向左或向右旋轉 n 筆資料，計算某項資料出現的次數，反轉所有資料等功能，以下介紹模組 deque 的常用函式。

重要函式與說明	程式碼與執行結果
collections.deque(iterable) 使用 iterable 建立 deque 物件。	from collections import deque nums = [i for i in range(1,6)] dq = deque(nums) print(dq)
	deque([1, 2, 3, 4, 5])
deque.pop() 從 deque 中刪除最右邊的元素。	from collections import deque nums = [i for i in range(1,6)] dq = deque(nums) dq.pop() print(dq)
	deque([1, 2, 3, 4])

重要函式與說明	程式碼與執行結果

deque.popleft()
從 deque 中刪除最左邊的元素。
	``python
	from collections import deque
	nums = [i for i in range(1,6)]
	dq = deque(nums)
	dq.popleft()
	print(dq)
	``

	deque([2, 3, 4, 5])

deque.append(x)
將 x 加到 deque 的右邊。
	``python
	from collections import deque
	nums = [i for i in range(1,6)]
	dq = deque(nums)
	dq.append(6)
	print(dq)
	``

	deque([1, 2, 3, 4, 5, 6])

deque.appendleft(x)
將 x 加到 deque 的左邊。
	``python
	from collections import deque
	nums = [i for i in range(1,6)]
	dq = deque(nums)
	dq.appendleft(6)
	print(dq)
	``

	deque([6, 1, 2, 3, 4, 5])

deque.remove(x)
從 deque 中第一個遇到數值為 x 的元素刪除,若沒有發現數值為 x 的元素,將發出 ValueError 錯誤。
	``python
	from collections import deque
	nums = [i for i in range(1,6)]
	dq = deque(nums)
	dq.remove(3)
	print(dq)
	``

	deque([1, 2, 4, 5])

deque.count(x)
計算 deque 中數值 x 出現的次數。
	``python
	from collections import deque
	nums = [i for i in range(1,6)]
	dq = deque(nums)
	print(dq.count(3))
	``

	1

deque.rotate(n)
當 n 值大於 0,則 deque 中所有元素向右旋轉 n 個元素,超過部分依序補到 deque 的左邊;當 n 值小於 0,則 deque 中所有元素向左旋轉 n 個元素,超過部分依序補到 deque 的右邊。
	``python
	from collections import deque
	nums = [i for i in range(1,6)]
	dq = deque(nums)
	dq.rotate(1)
	print(dq)
	``

	deque([5, 1, 2, 3, 4])

重要函式與說明	程式碼與執行結果
deque.reverse() 將 deque 所有元素反轉。	from collections import deque nums = [i for i in range(1,6)] dq = deque(nums) dq.reverse() print(dq)
	deque([5, 4, 3, 2, 1])

以下為模組 deque 範例。

行號	範例 (🕐：ch11\11-4-2- 模組 deque.py)	執行結果
1 2 3 4 5 6 7 8 9 10 11 12 13 14 15 16 17	from collections import deque nums = [i for i in range(1,6)] dq = deque(nums) print(dq) dq.rotate(1) print(dq) dq.pop() print(dq) dq.popleft() print(dq) dq.append(8) print(dq) dq.appendleft(8) print(dq) print(dq.count(8)) dq.reverse() print(dq)	deque([1, 2, 3, 4, 5]) deque([5, 1, 2, 3, 4]) deque([5, 1, 2, 3]) deque([1, 2, 3]) deque([1, 2, 3, 8]) deque([8, 1, 2, 3, 8]) 2 deque([8, 3, 2, 1, 8])

程式解說

● 第 1 行：從套件 collections 匯入模組 deque。

● 第 2 行：設定 nums 為串列生成式「i for i in range(1,6)」，相當於產生數字 1 到 5 加到串列 nums 中。

● 第 3 行：使用函式 deque 以串列 nums 為輸入，將獲得的物件 deque 指定給物件 dq。

● 第 4 行：使用函式 print 顯示物件 dq 到螢幕上。

- 第 5 行：使用物件 dq 的函式 rotate，以 1 為輸入，讓物件 dq 向右旋轉一個元素。

- 第 6 行：使用函式 print 顯示物件 dq 到螢幕上。

- 第 7 行：使用物件 dq 的函式 pop，取出物件 dq 最右邊的元素。

- 第 8 行：使用函式 print 顯示物件 dq 到螢幕上。

- 第 9 行：使用物件 dq 的函式 popleft，取出物件 dq 最左邊的元素。

- 第 10 行：使用函式 print 顯示物件 dq 到螢幕上。

- 第 11 行：使用物件 dq 的函式 append，以 8 為輸入，在物件 dq 最右邊新增數值 8。

- 第 12 行：使用函式 print 顯示物件 dq 到螢幕上。

- 第 13 行：使用物件 dq 的函式 appendleft，以 8 為輸入，在物件 dq 最左邊新增數值 8。

- 第 14 行：使用函式 print 顯示物件 dq 到螢幕上。

- 第 15 行：使用函式 print 顯示物件 dq 的函式 count，以 8 為輸入，顯示結果到螢幕上，相當於顯示數值 8 出現的次數。

- 第 16 行：使用物件 dq 的函式 reverse，反轉物件 dq。

- 第 17 行：使用函式 print 顯示物件 dq 到螢幕上。

11-4-3 模組 Counter

套件 colletcions 中模組 Counter 能夠分類各類元素的個數、各類元素出現次數中最多或最少的個數，以下介紹模組 Counter 的常用函式。

重要函式與說明	程式碼與執行結果
collections.Counter([iterable | mapping]) 可以使用 iterable 或 mapping 初始化 Counter 物件。	from collections import Counter x = ['a', 'a', 'b', 'b', 'b'] c = Counter(x) print(c) c = Counter({'a':2,'b':3}) print(c)
	Counter({'b': 3, 'a': 2}) Counter({'b': 3, 'a': 2})
Counter.elements() 將 Counter 物件依照元素與出現次數還原回原始串列，串列中每個元素都要符合出現頻率的次數。	from collections import Counter c = Counter({'a':2,'b':3,'c':1}) print(list(c.elements()))
	['a', 'a', 'b', 'b', 'b', 'c']

重要函式與說明	程式碼與執行結果
Counter.values() Counter 物件相當於字典，顯示 Counter 物件對應的出現次數。	from collections import Counter c = Counter({'a':2,'b':3,'c':1}) print(c.values())
	dict_values([2, 3, 1])
Counter.keys() Counter 物件相當於字典，顯示 Counter 物件對應的「鍵」。	from collections import Counter c = Counter({'a':2,'b':3,'c':1}) print(c.keys())
	dict_keys(['a', 'b', 'c'])
Counter.most_common([n]) 顯示 Counter 物件最常出現的前 n 個元素與出現次數，當沒有提供 n 值，則顯示所有元素與出現次數。	from collections import Counter c = Counter({'a':2,'b':3,'c':1}) print(c.most_common())
	[('b', 3), ('a', 2), ('c', 1)]

1. 模組 Counter 初始化範例

行號	範例 (🕐：ch11\11-4-3a- 模組 Counter 初始化 .py)	執行結果
1 2 3 4 5 6 7 8 9 10	from collections import Counter c = Counter('Python') print(c) x = ['a', 'a', 'b', 'b', 'b'] c = Counter(x) print(c) c = Counter({'a':2,'b':3}) print(c) c = Counter(a=2, b=3) print(c)	Counter({'y': 1, 't': 1, 'h': 1, 'n': 1, 'P': 1, 'o': 1}) Counter({'b': 3, 'a': 2}) Counter({'b': 3, 'a': 2}) Counter({'b': 3, 'a': 2})

程式解說

● 第 1 行：從套件 collections 匯入模組 Counter。

● 第 2 行：將物件 Counter 以「Python」為輸入，將獲得的 Counter 物件指定給物件 c。

● 第 3 行：使用函式 print 顯示物件 c 到螢幕上。

● 第 4 行：設定串列 x 為「'a', 'a', 'b', 'b', 'b'」。

● 第 5 行：將物件 Counter 以串列 x 為輸入，將獲得的 Counter 物件指定給物件 c。

- 第 6 行：使用函式 print 顯示物件 c 到螢幕上。

- 第 7 行：將物件 Counter 以「{'a':2,'b':3}」為輸入，將獲得的 Counter 物件指定給物件 c。

- 第 8 行：使用函式 print 顯示物件 c 到螢幕上。

- 第 9 行：將物件 Counter 以「a=2, b=3」為輸入，將獲得的 Counter 物件指定給物件 c。

- 第 10 行：使用函式 print 顯示物件 c 到螢幕上。

2. 模組 Counter 應用範例

計算出現最多次數與最少次數範例。

行號	範例 (　　：ch11\11-4-3b- 模組 Counter 的應用 .py)	執行結果
1	from collections import Counter	Counter({'b': 3, 'a': 2, 'c': 1})
2	c = Counter({'a':2,'b':3,'c':1})	['b', 'b', 'b', 'a', 'a', 'c']
3	print(c)	dict_values([3, 2, 1])
4	print(list(c.elements()))	dict_keys(['b', 'a', 'c'])
5	print(c.values())	[('b', 3), ('a', 2), ('c', 1)]
6	print(c.keys())	[('b', 3)]
7	print(c.most_common())	[('c', 1), ('a', 2), ('b', 3)]
8	print(c.most_common(1))	[('c', 1)]
9	print(c.most_common()[::-1])	
10	print(c.most_common()[-2:-1])	

程式解說

- 第 1 行：從套件 collections 匯入模組 Counter。

- 第 2 行：將物件 Counter 以「{'a':2,'b':3,'c':1}」為輸入，將獲得的物件 Counter 指定給物件 c。

- 第 3 行：使用函式 print 顯示物件 c 到螢幕上。

- 第 4 行：使用函式 list，以物件 c 的函式 elements 為輸入，最後使用函式 print 將結果顯示到螢幕上。

- 第 5 行：使用函式 print 顯示物件 c 函式 values 的結果到螢幕上，表示顯示物件 c 中所有元素的出現次數。

- 第 6 行：使用函式 print 顯示物件 c 函式 keys 的結果到螢幕上，表示顯示物件 c 中所有元素。

- **第 7 行**：使用函式 print 顯示物件 c 的函式 most_common，表示依照出現次數由高到低顯示物件 c 所有元素與出現次數。

- **第 8 行**：使用函式 print 顯示物件 c 的函式 most_common，以 1 為輸入，表示顯示物件 c 中出現最多次數的元素與出現次數到螢幕上。

- **第 9 行**：使用函式 print 顯示物件 c 的函式 most_common，後方加上「[::-1]」，表示依照出現次數由低到高顯示物件 c 所有元素與出現次數。

- **第 10 行**：使用函式 print 顯示物件 c 的函式 most_common，後方加上「[:-2:-1]」，表示顯示物件 c 中出現最少次數的元素與出現次數到螢幕上。

以下介紹模組 Counter 的運算子，這些運算子用於將兩個 Counter 物件進行運算。

運算子	說明	程式碼與執行結果
a+b	a 與 b 的所有元素與出現次數進行累加。	```from collections import Counter\na = Counter(a=2, b=3)\nb = Counter(b=2, c=1)\nprint(a + b)```
		Counter({'b': 5, 'a': 2, 'c': 1})
a-b	a 的元素與次數，減去 b 的元素與次數。	```from collections import Counter\na = Counter(a=2, b=3)\nb = Counter(b=2, c=1)\nprint(a - b)```
		Counter({'a': 2, 'b': 1})
a&b	a 與 b 兩者都有的元素與次數，次數取較少者。	```from collections import Counter\na = Counter(a=2, b=3)\nb = Counter(b=2, c=1)\nprint(a & b)```
		Counter({'b': 2})
a|b	a 或 b 只要一個有就可以納入，次數取較多者。	```from collections import Counter\na = Counter(a=2, b=3)\nb = Counter(b=2, c=1)\nprint(a | b)```
		Counter({'b': 3, 'a': 2, 'c': 1})

3. 模組 Counter 運算子範例

行號	範例 (🕐 ：ch11\11-4-3c- 模組 Counter 的運算子 .py)	執行結果
1 2 3 4 5 6 7	from collections import Counter a = Counter(a=2, b=3) b = Counter(b=2, c=1) print(a + b) print(a - b) print(a & b) print(a | b)	Counter({'b': 5, 'a': 2, 'c': 1}) Counter({'a': 2, 'b': 1}) Counter({'b': 2}) Counter({'b': 3, 'a': 2, 'c': 1})

程式解說

● **第 1 行**：從套件 collections 匯入模組 Counter。

● **第 2 行**：將物件 Counter 以「a=2, b=3」為輸入，將獲得的 Counter 物件指定給物件 a。

● **第 3 行**：將物件 Counter 以「b=2, c=1」為輸入，將獲得的 Counter 物件指定給物件 b。

● **第 4 行**：使用函式 print 顯示「a + b」運算結果到螢幕上。

● **第 5 行**：使用函式 print 顯示「a - b」運算結果到螢幕上。

● **第 6 行**：使用函式 print 顯示「a & b」運算結果到螢幕上。

● **第 7 行**：使用函式 print 顯示「a | b」運算結果到螢幕上。

◇▶ 11-4-4 找出文字檔中出現次數最多的 5 個字

在 Python 中執行「import this」，會出現 Python 的禪學，作者為 Tim Peters，將

```
The Zen of Python, by Tim Peters

Beautiful is better than ugly.
Explicit is better than implicit.
Simple is better than complex.
Complex is better than complicated.
Flat is better than nested.
Sparse is better than dense.
Readability counts.
Special cases aren't special enough to break the rules.
Although practicality beats purity.
Errors should never pass silently.
Unless explicitly silenced.
In the face of ambiguity, refuse the temptation to guess.
There should be one-- and preferably only one --obvious way to do it.
Although that way may not be obvious at first unless you're Dutch.
Now is better than never.
Although never is often better than *right* now.
If the implementation is hard to explain, it's a bad idea.
If the implementation is easy to explain, it may be a good idea.
Namespaces are one honking great idea -- let's do more of those!
```

此段話儲存到 zen.txt，請開啟檔案將檔案內容讀取出來，全部都轉換成小寫字母，並分析出所有的單字，請找出出現次數最多的 5 個單字。

行號	範例 (🐷 ：ch11\11-4-4- 找出出現次數最多的 5 個字 .py)	執行結果
1 2 3 4 5 6 7	from collections import Counter import re fin = open('zen.txt', 'rt') s = fin.read().lower() words = re.findall(r'[\w\']+',s) c = Counter(words) print(c.most_common(5))	[('is', 10), ('better', 8), ('than', 8), ('the', 6), ('to', 5)]

<u>程式解說</u>

● 第 1 行：從套件 collections 匯入模組 Counter。

● 第 2 行：匯入模組 re。

● 第 3 行：開啓檔案「zen.txt」，以純文字與讀取模式開啓檔案，將回傳的物件指定給物件 fin。

● 第 4 行：物件 fin 使用函式 read，一次讀取檔案內所有內容，在使用函式 lower 轉換成小寫字母，將結果指定給物件 s。

● 第 5 行：使用模組 re 的函式 findall，找出由大小寫英文字母、數字、底線與單引號 (') 所組成的單字，越長越好，將結果指定給物件 words。

● 第 6 行：將物件 Counter 以 words 爲輸入，將獲得的 Counter 物件指定給物件 c。

● 第 7 行：使用函式 print 顯示物件 c 的函式 most_common，以 5 爲輸入，表示顯示物件 c 中出現次數前 5 多的元素與出現次數到螢幕上。

11-5　綜合應用—備份資料夾

　　使用壓縮軟體 7-zip 將指定的資料夾壓縮成 zip 檔，壓縮後 zip 檔的檔案名稱爲資料夾名稱加上日期與時間，需事先安裝自由軟體 7-zip，並將 7z.exe 所在資料夾加入到系統變數 PATH 內，才找的到壓縮程式 7z.exe。

行號	範例 (💿 ：ch11\11-5- 備份資料夾 .py)
1	import os
2	import time
3	src_dir = ['d:\\blog']
4	for d in src_dir:
5	index=d.rfind('\\')
6	fmt = '%Y%m%d_%H%M%S'
7	target_file = 'd:\\backup\\' + d[index+1:] + '_' + time.strftime(fmt) + '.zip '
8	zipcmd = '7z a -tzip ' + target_file + d
9	if os.system(zipcmd) == 0:
10	print(' 備份成功 ')
11	else:
12	print(' 備份失敗 ')

執行結果

本程式會備份磁碟 d 的資料夾 blog，如果備份成功，會顯示「備份成功」，否則顯示「備份失敗」。

程式解說

- 第 1 行：匯入模組 os。

- 第 2 行：匯入模組 time。

- 第 3 行：設定串列 src_dir 為「'd:\\blog'」，表示需要備份的資料夾，可以加入多個資料夾，加入串列 src_dir 的資料夾都會進行備份。

- 第 4 到 12 行：使用迴圈取出串列 src_dir 的每個資料夾到字串物件 d，找出字串物件 d 從右邊找過來的第一個字元「\」的索引值指定給物件 index(第 5 行)，設定時間格式 fmt 為「%Y%m%d_%H%M%S」(第 6 行)，設定字串物件 target_file(備份檔案所在路徑) 為「d:\\backup\\」，串接字串物件 d 的 index 的下一個索引值開始到最後，也就是備份的資料夾名稱，串接目前時間的日期與時間 (time.strftime(fmt))，最後串接「.zip」(第 7 行)，設定字串物件 zipcmd(壓縮資料夾指令) 為字串「7z a -tzip」，表示使用 7z 將資料壓縮為 zip 格式的壓縮檔，串接字串物件 target_file，串接字串變數 d(第 8 行)。若使用模組 os 的函式 system 執行壓縮資料夾指令 zipcmd，如果執行成功，則顯示「備份成功」，否則顯示「備份失敗」(第 9 到 12 行)。

實作題

1. 韓信點兵

   找出 1 到 2000 的所有數字滿足五個五個一數餘 2，七個七個一數餘 1，十一個十一個一數餘 4，執行結果如下。

   預覽結果

   [92, 477, 862, 1247, 1632]

2. 星期與英文的對應

   使用 OrderDict 產生星期與英文的對應，執行結果如下。

   預覽結果

   OrderedDict([(' 星期天 ', 'Sunday'), (' 星期一 ', 'Monday'), (' 星期二 ', 'Tuesday'), (' 星期三 ', 'Wednesday'), (' 星期四 ', 'Thursday'), (' 星期五 ', 'Friday'), (' 星期六 ', 'Saturday')])

3. 顯示下個星期的日曆

   使用模組 datetime 計算目前時間下一個星期的日曆，執行結果如下。

   預覽結果

   2018-05-04(Fri)
   2018-05-05(Sat)
   2018-05-06(Sun)
   2018-05-07(Mon)
   2018-05-08(Tue)
   2018-05-09(Wed)
   2018-05-10(Thu)

4. 樂透包牌

   從 10 個數字 4, 6, 7, 8, 11, 24, 35, 37, 40, 48 取 6 個數字，求所有組合的可能性，使用
   函式 enumerate 進行編號。

   共 210 個組合可能性，顯示最後五個組合。

預覽結果

```
206 (8, 11, 24, 35, 40, 48)
207 (8, 11, 24, 37, 40, 48)
208 (8, 11, 35, 37, 40, 48)
209 (8, 24, 35, 37, 40, 48)
210 (11, 24, 35, 37, 40, 48)
```

5. 找出一首詩中出現頻率最多的 2 個字

   使用模組 re 去除詩的標點符號，經由模組 Counter 計算出現頻率最多的 2 個字，本
   題以「李白」的「將進酒」為範例，執行結果如下。

預覽結果

```
[(' 君 ', 6), (' 不 ', 5)]
```

12

擷取網頁資料

✂ Jupyter Notebook 範例檔：ch12\ch12.ipynb

使用 Python 所提供模組可以直接擷取網頁中的資料，先介紹如何取得網頁，接著介紹 JSON 與 XML 檔案的讀取與分析，最後介紹網頁分析的第三方函式庫 BeautifulSoup 的使用。

12-1 模組 urllib.request、urllib.response 與 requests

模組 urllib.request 用於下載指定網址的網頁，程式碼較為複雜，第三方函式庫 requests，也可以下載指定網址的網頁，程式碼較為簡潔。以下介紹模組 urllib.request 的重要函式。

重要函式與說明	程式碼與執行結果
urlopen(url) 開啟 url 所指定的網頁，並回傳 urllib.response 物件。	import urllib.request as ur url='http://www.python.org' resp=ur.urlopen(url) print(resp)
	\<http.client.HTTPResponse object at 0x02A92570>

以下介紹模組 urllib.response 的重要函式與屬性。

重要函式與說明	程式碼與執行結果
read() 讀取物件 urllib.response 的所有資料，資料皆為 byte，需要使用函式 decode 轉換成字串。	import urllib.request as ur url='https://www.python.org' resp=ur.urlopen(url) data=resp.read() print(data)
	b'\<!doctype html>\n\<!--[if lt IE 7]> \<html class="no-js ie6 lt-ie7 lt-ie8 lt-ie9">…\<![endif]-->\n\n \n\n \n \n\n\</body>\n\</html>\n'

重要函式與說明	程式碼與執行結果
geturl() 讀取物件 urllib.response 的網址。	import urllib.request as ur url='https://www.python.org' resp=ur.urlopen(url) print(resp.geturl())
	https://www.python.org
getheader() 讀取物件 urllib.response 的網頁表頭。	import urllib.request as ur url='https://www.python.org' resp=ur.urlopen(url) print(resp.getheaders())
	[('Server', 'nginx'), ('Content-Type', 'text/html; charset=utf-8'),⋯, 'max-age=63072000; includeSubDomains')]
status 伺服器回傳的常見狀態碼，如下。 | 狀態碼	表示
2xx	成功獲得資料，例如：200 表示「OK」。
4xx	用戶端錯誤，例如：404 表示「找不到」
5xx	伺服器錯誤，例如：502 表示「閘道故障」		import urllib.request as ur url='https://www.python.org' resp=ur.urlopen(url) print(resp.status)
	200

模組 requests 為第三方函式庫，需要使用 pip 進行安裝，若是 Windows 作業系統，在「命令提示字元」程式下，使用指令「pip install requests」，會自動從網路下載安裝模組 requests，模組 requests 的重要函式如下。

重要函式與說明	程式碼與執行結果
requests.get(url) 開啟 url 所指定的網頁。	import requests url = 'http://www.python.org' data = requests.get(url) print(data)
	顯示整個網頁的原始碼，因為過長而省略。

◇ 12-1-1 使用模組 **urllib.request** 下載網頁

使用模組 urllib.request，下載網址為「https://www.python.org」的網頁。

行號	範例 (🕐 ：ch12\12-1-1- 模組 urllib.request.py)
1	import urllib.request as ur
2	url='https://www.python.org'
3	resp=ur.urlopen(url)
4	print(resp.geturl())
5	print(resp.status)
6	print(resp.getheaders())
7	data=resp.read()
8	print(data)
9	print(data.decode())

執行結果

```
https://www.python.org
200
[('Server', 'nginx'), ('Content-Type', 'text/html; charset=utf-8'),…, 'max-age=63072000;
includeSubDomains')]
b'<!doctype html>\n<!--[if lt IE 7]>    <html class="no-js ie6 lt-ie7 lt-ie8 lt-ie9">…資料過長
省略…<![endif]-->\n\n    \n\n    \n    \n\n</body>\n</html>\n'
<!doctype html>
<!--[if lt IE 7]>    <html class="no-js ie6 lt-ie7 lt-ie8 lt-ie9">    <![endif]-->
…資料過長省略…
</body>
</html>
```

程式解說

● 第 1 行：匯入模組 urllib.request，重新命名為 ur。

● 第 2 行：設定 url 為「https://www.python.org」。

● 第 3 行：顯示模組 ur 的函式 urlopen，以 url 為輸入，將回傳的 urllib.response 物件，指定物件名稱為 resp。

● 第 4 行：使用函式 print 顯示物件 resp 的函式 geturl(網址) 到螢幕上。

● 第 5 行：使用函式 print 顯示物件 resp 的屬性 status(網頁狀態) 到螢幕上。

- 第 6 行：使用函式 print 顯示物件 resp 的函式 getheaders(網頁表頭) 到螢幕上。

- 第 7 行：顯示物件 resp 的函式 read，將回傳的網頁資料物件，指定物件名稱為 data。

- 第 8 行：使用函式 print 將物件 data 的網頁原始碼，以 byte 方式顯示到螢幕上。

- 第 9 行：使用函式 decode 將物件 data 的網頁原始碼 byte 資料轉換成字串，最後使用函式 print 將轉換後的字串顯示到螢幕上。

◇ 12-1-2　使用函式庫 requests 下載網頁

使用第三方函式庫 requests，下載網址為「https://www.python.org」的網頁。

行號	範例 (🕐 ：ch12\12-1-2-requests.py)
1	import requests
2	url = 'http://www.python.org'
3	data = requests.get(url)
4	print(data.encoding)
5	print(data.status_code)
6	print(data.headers)
7	print(data.text)

執行結果

```
utf-8
200
{'Connection': 'keep-alive', 'Public-Key-Pins': 'max-age=600;…, 'Date': 'Tue, 21 Jun 2016
06:01:20 GMT', 'Content-Length': '47462'}
<!doctype html>
<!--[if lt IE 7]>   <html class="no-js ie6 lt-ie7 lt-ie8 lt-ie9">   <![endif]-->
…資料過長省略…
</body>
</html>
```

程式解說

- 第 1 行：匯入模組 requests。

- 第 2 行：設定 url 為「https://www.python.org」。

- **第 3 行**：顯示模組 requests 的函式 get，以 url 為輸入，將回傳物件命名為 data。
- **第 4 行**：使用函式 print 顯示物件 data 的屬性 encoding(網頁編碼) 到螢幕上。
- **第 5 行**：使用函式 print 顯示物件 data 的屬性 status_code(網頁狀態) 到螢幕上。
- **第 6 行**：使用函式 print 顯示物件 data 的屬性 headers(網頁表頭) 到螢幕上。
- **第 7 行**：使用函式 print 顯示物件 data 的屬性 text(網頁內容) 到螢幕上。

12-2 存取 JSON

　　JavaScript Object Notatio(JSON) 是常用的資料交換格式，可以由網頁下載 JSON 格式的資料，經由 Python 支援對 JSON 格式的轉換，使用模組 json 進行轉換，可以將 Python 資料結構轉換成 JSON 格式，也可將 JSON 格式轉換成 Python 資料結構，以下介紹模組 json 的常用函式。

重要函式與說明	程式碼與執行結果
dumps(obj) 將 Python 的資料結構物件 obj 轉換成 JSON 字串。	import json dic = { 1: 'a',2: 'b',3: 'c'} js = json.dumps(dic) print(js)
	{"1": "a", "2": "b", "3": "c"}
loads(s) 將 JSON 字串 (s) 轉換成 Python 的資料結構物件。	import json dic = { 1: 'a',2: 'b',3: 'c'} js = json.dumps(dic) dic2 = json.loads(js) print(dic2)
	{'1': 'a', '2': 'b', '3': 'c'}

12-2-1 模組 json 的使用

　　使用模組 json 將 Python 資料結構轉換成 JSON 格式，接著將 JSON 格式轉換成 Python 資料結構，JSON 格式如下，有點像是 Python 的字典。

```
{"1": "a", "2": "b", "3": "c"}
```

行號	範例 (　：ch12\12-2-1- 模組 json.py)	執行結果
1 2 3 4 5 6	import json dic = { 1: 'a',2: 'b',3: 'c'} js = json.dumps(dic) print(js) dic2 = json.loads(js) print(dic2)	{"1": "a", "2": "b", "3": "c"} {'3': 'c', '1': 'a', '2': 'b'}

程式解說

● 第 1 行：匯入模組 json。

● 第 2 行：設定字典 dic 為「1: 'a',2: 'b',3: 'c'」。

● 第 3 行：使用模組 json 的函式 dumps，以 dic 為輸入，將 Python 資料結構轉換成 JSON 格式，轉換後的 JSON 物件名稱為 js。

● 第 4 行：使用函式 print 顯示物件 js 到螢幕上。

● 第 5 行：使用模組 json 的函式 loads，以 js 為輸入，將 JSON 格式轉換成 Python 資料結構，轉換後的 Python 物件名稱為 dic2。

● 第 6 行：使用函式 print 顯示物件 dic2 到螢幕上。

◇ 12-2-2　讀取全台 PM2.5 測站資料

使用政府資料開放平台 (https://data.gov.tw) 下載全台 PM2.5 測站資料，會以 JSON 格式回傳，經由 Python 分析 JSON 格式資料，獲得全台 PM2.5 測站資料。

行號	範例 (　：ch12\12-2-2- 讀取全台 PM2.5 測站資料 .py)
1 2 3 4 5 6 7	import requests import json url="https://opendata.epa.gov.tw/ws/Data/ATM00625/?$format=json" result=requests.get(url, verify=False) data=json.loads(result.text) for item in data: 　　print(item['county'],item['Site'],item['PM25'],item['DataCreationDate'])

執行結果

新北市 富貴角 13 2018-11-12 20:00
雲林縣 麥寮 36 2018-11-12 20:00
臺東縣 關山 11 2018-11-12 20:00
澎湖縣 馬公 31 2018-11-12 20:00
金門縣 金門 20 2018-11-12 20:00

程式解說

● 第 1 行：匯入模組 requests。

● 第 2 行：匯入模組 json。

● 第 3 行：設定 url 為「https://opendata.epa.gov.tw/ws/Data/ATM00625/?$format=json」。

● 第 4 行：顯示模組 requests 的函式 get，以 url 為輸入，設定 verify 為 False 表示忽略 https 認證，將回傳物件命名為 result。

● 第 5 行：使用模組 json 的函式 loads，以物件 result 的屬性 text 為輸入，將 JSON 格式轉換成 Python 資料結構，轉換後的 Python 物件名稱為 data。

● 第 6 到 7 行：外層使用 for 迴圈找出 data 的所有資料，依序指定給變數 item，item['county'] 表示縣市名稱，item['Site'] 表示地點，item['PM25'] 表示 PM2.5 的數值，item['DataCreationDate'] 表示量測日期與時間。

12-3　存取 XML

　　XML 是一種標記的語法，使用標籤來標記資料，標籤可以嵌套於其他標籤內，可以用於資訊的傳遞，例如：網站提供最新消息的 RSS 功能就是一種 XML 格式。以下為 XML 格式範例，此 XML 檔存放在資料夾 ch12 檔案名稱為 my.xml。

```
<class>
  <morning time="8:00-12:00"> 上午課程
   <item time="8:10-10:00" where=" 電腦教室 "> 電腦 </item>
   <item time="10:10-12:00"> 英文 </item>
  </morning>
  <afternonn time="13:00-17:00"> 下午課程
   <item time="13:10-14:00" where=" 操場 "> 體育 </item>
   <item time="14:10-16:00"> 數學 </item>
   <item time="16:10-17:00"> 地理 </item>
  </afternonn>
</class>
```

說明

1. 標籤 class 內有標籤 morning 與標籤 afternoon，標籤 morning 與標籤 afternoon 內還有標籤 item。

2. time 與 where 是 item 的「屬性」。

3. 標籤內可以擺放「值」，例如下午第一節課為「體育」，「體育」為下午第一節課標籤 item 的「值」。

　　Python 提供模組 xml.etree.ElementTree 分析 XML 格式的資料，以下介紹模組 xml.etree.ElementTree 的常用函式。

重要函式與說明	程式碼與執行結果
ElementTree.ElementTree(xml_file) 將 xml_file 轉 換 成 ElementTree，回傳 ElementTree 物件。	import xml.etree.ElementTree as xmltree tree = xmltree.ElementTree(file='my.xml') 註：my.xml 為本節的 XML 格式範例。
	執行結果： 匯入 my.xml 檔到 ElementTree，獲得 ElementTree 物件指定給物件 tree。

重要函式與說明	程式碼與執行結果
ElementTree.ElementTree(xml_file).getroot() ElementTree 物件的函式 getroot 會回傳 Element 物件。	```import xml.etree.ElementTree as xmltree tree = xmltree.ElementTree(file='my.xml') root = tree.getroot() print(root.tag)``` 註：my.xml 為本節的 XML 格式範例。
	執行結果： class
ElementTree.fromstring(xml_string) 將 xml_string 轉換成 Element，回傳物件 Element。	```import requests import xml.etree.ElementTree as xmltree url="https://pypi.python.org/pypi?%3Aaction=rss" result=requests.get(url) element=xmltree.fromstring(result.text)```
	執行結果： 從網址 https://pypi.python.org/pypi?%3Aaction=rss，讀取 RSS 檔，轉換成字串 result.text，經由函式 fromstring 轉換成物件 Element。
ElementTree.dump(element) 將 Element 物件轉成 XML 格式。	```import requests import xml.etree.ElementTree as xmltree url="https://pypi.python.org/pypi?%3Aaction=rss" result=requests.get(url) element=xmltree.fromstring(result.text) print(xmltree.dump(element))```
	執行結果： 從網址 https://pypi.python.org/pypi?%3Aaction=rss，讀取 RSS 檔，轉換成字串 result.text，經由函式 fromstring 轉換成物件 Element，最後經由函式 dump 將物件 Element 轉換成 XML 格式。

以下介紹模組 xml.etree.Element 的常用函式。

重要函式與說明	程式碼與執行結果
ElementTree.Element.iter(tag) 回傳 Element 物件中標籤爲 tag 的所有標籤。	import xml.etree.ElementTree as xmltree tree = xmltree.ElementTree(file='my.xml') root = tree.getroot() for item in root.iter('item'): 　　print(item.attrib , item.text) 註：my.xml 爲本節的 XML 格式範例。
	執行結果： {'time': '8:10-10:00', 'where': ' 電腦教室 '} 電腦 {'time': '10:10-12:00'} 英文 {'time': '13:10-14:00', 'where': ' 操場 '} 體育 {'time': '14:10-16:00'} 數學 {'time': '16:10-17:00'} 地理
ElementTree.Element.findall(match) 找出符合 match 所指定標籤路徑的所有標籤。	import xml.etree.ElementTree as xmltree tree = xmltree.ElementTree(file='my.xml') root = tree.getroot() for item in root.findall('./morning/item'): 　　print(' 標籤爲 ', item.tag, ' ，屬性 ', item.attrib, ' ，值 ', item.text)
	執行結果： 標籤爲 item ，屬性 {'where': ' 電腦教室 ', 'time': '8:10-10:00'} ，值 電腦 標籤爲 item ，屬性 {'time': '10:10-12:00'} ，值 英文

◇ 12-3-1　使用模組 xml.etree.ElementTree 分析 XML

使用模組 xml.etree.ElementTree 讀取 XML 檔案，列出 XML 檔案中的標籤、屬性與值。

行號	範例 (檔案名稱：ch12\12-3-1- 分析 XML.py)
1	import xml.etree.ElementTree as xmltree
2	tree = xmltree.ElementTree(file='my.xml')
3	root = tree.getroot()
4	print(root.tag)
5	for a in root:
6	print(' 標籤 ', a.tag, '，屬性 ', a.attrib, '，值 ', a.text)
7	for b in a:
8	print(' 標籤 ', b.tag, '，屬性 ', b.attrib, '，值 ', b.text)
9	for item in root.iter('item'):
10	print(item.attrib , item.text)
11	for item in root.findall('./morning/item'):
12	print(' 標籤為 ', item.tag, '，屬性 ', item.attrib, '，值 ', item.text)

執行結果

```
class
標籤 morning ，屬性 {'time': '8:00-12:00'} ，值 上午課程
標籤 item ，屬性 {'time': '8:10-10:00', 'where': ' 電腦教室 '} ，值 電腦
標籤 item ，屬性 {'time': '10:10-12:00'} ，值 英文
標籤 afternoon ，屬性 {'time': '13:00-17:00'} ，值 下午課程
標籤 item ，屬性 {'time': '13:10-14:00', 'where': ' 操場 '} ，值 體育
標籤 item ，屬性 {'time': '14:10-16:00'} ，值 數學
標籤 item ，屬性 {'time': '16:10-17:00'} ，值 地理
{'time': '8:10-10:00', 'where': ' 電腦教室 '} 電腦
{'time': '10:10-12:00'} 英文
{'time': '13:10-14:00', 'where': ' 操場 '} 體育
{'time': '14:10-16:00'} 數學
{'time': '16:10-17:00'} 地理
標籤為 item ，屬性 {'time': '8:10-10:00', 'where': ' 電腦教室 '} ，值 電腦
標籤為 item ，屬性 {'time': '10:10-12:00'} ，值 英文
```

程式解說

● 第 1 行：匯入模組 xml.etree.ElementTree，重新命名為 xmltree。

- **第 2 行**：使用模組 xmltree 的函式 ElementTree，以檔案 my.xml 為輸入，將回傳的物件 ElementTree 指定給物件 tree。
- **第 3 行**：執行物件 tree 的函式 getroot，回傳物件 Element 指定給物件 root。
- **第 4 行**：使用函式 print 顯示物件 root 的屬性 tag。
- **第 5 到 8 行**：使用巢狀迴圈，顯示物件 root 的往下兩層的標籤、屬性與值。外層迴圈使用 for 迴圈取出物件 root 的下一層標籤到物件 a，顯示物件 a 的標籤、屬性與值到螢幕上 (第 6 行)，內層迴圈使用 for 迴圈取出物件 a 的下一層標籤到物件 b，顯示物件 b 的標籤、屬性與值到螢幕上 (第 8 行)。
- **第 9 到 10 行**：使用物件 root 的函式 iter，以標籤名稱「item」，找出所有標籤為「item」的標籤，接著使用 for 迴圈將這些標籤指定給物件 item，顯示物件 item 的屬性與值到螢幕上。
- **第 11 到 12 行**：使用物件 root 的函式 findall，以路徑「./morning/item」，找出物件 root 的下一層標籤為「morning」中的下一層標籤為「item」的所有標籤，接著使用 for 迴圈將這些標籤指定給物件 item，顯示物件 item 的標籤、屬性與值到螢幕上。

◆ 12-3-2 從 PyPI 網站讀取最後更新 50 個套件的 RSS

使用模組 xml.etree.ElementTree 讀取 PyPI 網站最後更新 50 個套件的 RSS 檔，列出 RSS 檔中指定標籤的標籤名稱與對應的值。

行號	範例 (：ch12\12-3-2- 讀取 RSS.py)
1	import requests
2	import xml.etree.ElementTree as xmltree
3	url="https://pypi.python.org/pypi?%3Aaction=rss"
4	result=requests.get(url)
5	element=xmltree.fromstring(result.text)
6	print(xmltree.dump(element))
7	for item in element.findall('./channel/item'):
8	for b in item:
9	print(b.tag, b.text)
10	print()

執行結果

```
<rss version="0.91">
  <channel>
    <title>PyPI recent updates</title>
    …資料過長省略…
    <item>
      <title>dmpdfparserdata 1.0.2</title>
      <link>https://pypi.org/project/dmpdfparserdata/1.0.2/</link>
      <description>dmpdfparserdata</description>
      <pubDate>Fri, 04 May 2018 08:16:05 GMT</pubDate>
    </item>
    …資料過長省略…
  </channel>
</rss>
title dmpdfparserdata 1.0.2
link https://pypi.org/project/dmpdfparserdata/1.0.2/
description dmpdfparserdata
pubDate Fri, 04 May 2018 08:16:05 GMT
…資料過長省略…
```

程式解說

- 第 1 行：匯入模組 requests。
- 第 2 行：匯入模組 xml.etree.ElementTree，重新命名爲 xmltree。
- 第 3 行：設定 url 爲「https://pypi.python.org/pypi?%3Aaction=rss」，此爲 PyPI 網站最後更新 50 個套件的 RSS 網址。
- 第 4 行：使用模組 requests 的函式 get，以 url 爲輸入，將回傳物件命名爲 result。
- 第 5 行：使用模組 xmltree 的函式 fromstring，以檔案物件 result 的屬性 text 爲輸入，將回傳的物件 Element 指定給物件 element。
- 第 6 行：使用模組 xmltree 的函式 dump，以物件 element 爲輸入，將結果使用函式 print 顯示在螢幕上。
- 第 7 到 10 行：使用物件 element 的函式 findall，以路徑「./channel/item」，找出物件 element 的下一層標籤爲「channel」中的下一層標籤爲「item」的所有標籤，接著外層迴圈使用 for 迴圈將這些標籤指定給物件 item，內層迴圈使用 for 迴圈將物件 item 下一層標籤指定給物件 b，顯示物件 b 的標籤與值到螢幕上 (第 9 行)，內層迴圈結束後，使用函式 print 進行換行 (第 10 行)。

12-4 使用套件 Beautiful Soup 存取 HTML

HTML(HyperText Markup Language) 是一種標記語言，瀏覽器經由讀取標籤與資料，使用標籤決定資料顯示在網頁對應的功能與位置上。以下為 HTML 格式範例，此 HTML 檔存放在資料夾 ch12 檔案名稱為 web.htm。

```html
<html>
<head>
<meta http-equiv="Content-Type" content="text/html; charset=utf-8" />
<title>Python 相關網站 </title>
<style type="text/css">
<!--
.table_head {
        font-family: Arial, Helvetica, sans-serif;
        font-size: 24px;
        color: #0000FF;
        background-color: #FFFF33;
}
.table_sitename {
        font-family: "Times New Roman", Times, serif;
        font-size: 22px;
        color: #FF0000;
        background-color: #CCCCCC;
}
.table_siteurl {
        font-family: "Times New Roman", Times, serif;
        color: #0000FF;
        background-color: #CCCCCC;
        font-size: 22px;
}
.style1 {
        font-size: x-large
}
-->
</style>
</head>
<body>
<p class="style1">Python 相關網站 </p>
<table width="732" border="1">
  <tr>
    <td width="205" class="table_head"> 網站名稱 </td>
    <td width="511" class="table_head"> 網址 </td>
```

```
  </tr>
  <tr>
   <td class="table_sitename">Python</td>
   <td class="table_siteurl"><a href="https://www.python.org/">https://www.python.org/</a></td>
  </tr>
  <tr>
   <td class="table_sitename">PyPI</td>
   <td class="table_siteurl"><a href="https://pypi.python.org/pypi">https://pypi.python.org/pypi</a></td>
  </tr>
</table>
</body>
</html>
```

說明

標籤以「< 標籤名稱 ></ 標籤名稱 >」表示標籤的範圍，以「< 標籤名稱 >」為開始，「</ 標籤名稱 >」為結束。例如：HTML 格式的最外層為 <html></html>，表示 HTML 的開始與結束，標籤 <html></html> 內分成 <head></head> 與 <body></body> 兩部分。

目前常用的第三方函式庫 Beautiful Soup 進行 HTML 網頁的分析，需要使用 pip 進行安裝，若是 Windows 作業系統，在「命令提示字元」程式下，使用指令「pip install beautifulsoup4」，會自動從網路下載安裝套件 beautifulsoup4，模組 BeautifulSoup 的重要函式如下。

重要函式與說明	程式碼與執行結果
BeautifulSoup(html, 'html.parser') 參數 html 為 HTML 格式的字串，輸入到模組 BeautifulSoup，轉換成 Python 物件。	from bs4 import BeautifulSoup as soup fin = open('web.htm', encoding='utf-8') s = fin.read() htm = soup(s, 'html.parser') 註：web.htm 為本節的 HTML 範例。
	執行結果： 讀取檔案 web.htm 的內容經由 BeautifulSoup 轉換成 Python 物件。

重要函式與說明	程式碼與執行結果

BeautifulSoup.find_all(tag)
BeautifulSoup.find_all(tag, attr)
從 HTML 找出標籤為「tag」的所有元素。若參數 attr 存在，則從 HTML 找出標籤為「tag」的所有元素，且屬性也要符合「attr」的要求。
	``python
	from bs4 import BeautifulSoup as soup
	fin = open('web.htm', encoding='utf-8')
	s = fin.read()
	htm = soup(s, 'html.parser')
	for item in htm.find_all('tr'):
	    print(item)
	for item in htm.find_all('td',class_='table_head'):
	    print(item)
	``
	註：web.htm 為本節的 HTML 範例。

	執行結果：
	`<tr>`
	`<td class="table_head" width="205"> 網站名稱 </td>`
	`<td class="table_head" width="511"> 網址 </td>`
	`</tr>`
	`<tr>`
	`<td class="table_sitename">Python</td>`
	`<td class="table_siteurl"><a href="https://www.python.org/">https://www.python.org/</a></td>`
	`</tr>`
	`<tr>`
	`<td class="table_sitename">PyPI</td>`
	`<td class="table_siteurl"><a href="https://pypi.python.org/pypi">https://pypi.python.org/pypi</a></td>`
	`</tr>`
	`<td class="table_head" width="205"> 網站名稱 </td>`
	`<td class="table_head" width="511"> 網址 </td>`

重要函式與說明	程式碼與執行結果
BeautifulSoup.prettify() 將 HTML 資料轉換成較容易閱讀的方式呈現。	from bs4 import BeautifulSoup as soup fin = open('web.htm', encoding='utf-8') s = fin.read() htm = soup(s, 'html.parser') print(htm.title.prettify()) 註：web.htm 為本節的 HTML 範例。
	執行結果： \<title\> Python 相關網站 \</title\>

以下介紹模組 BeautifulSoup 的重要屬性。

重要屬性與說明	程式碼與執行結果
tag.contents 找出第一個遇到標籤為「tag」所對應的值，所有值都會加入串列中，回傳此串列。	from bs4 import BeautifulSoup as soup fin = open('web.htm', encoding='utf-8') s = fin.read() htm = soup(s, 'html.parser') print(htm.title.contents) print(htm.title.contents[0]) 註：web.htm 為本節的 HTML 範例。
	執行結果： ['Python 相關網站 '] Python 相關網站
tag.name 找出第一個遇到標籤為「tag」所對應的標籤名稱。	from bs4 import BeautifulSoup as soup fin = open('web.htm', encoding='utf-8') s = fin.read() htm = soup(s, 'html.parser') print(htm.title.name) 註：web.htm 為本節的 HTML 範例。
	執行結果： title

重要屬性與說明	程式碼與執行結果

tag.string
找出第一個遇到標籤為「tag」，當該標籤只有一個值，且為字串或數值，則回傳該值。
	```from bs4 import BeautifulSoup as soup```
	```fin = open('web.htm', encoding='utf-8')```
	```s = fin.read()```
	```htm = soup(s, 'html.parser')```
	```print(htm.title.string)```
	
	執行結果：
	Python 相關網站

tag['attr']
找出第一個遇到標籤為「tag」，且該標籤有屬性「attr」，則回傳該屬性所對應的值。
	```from bs4 import BeautifulSoup as soup```
	```fin = open('web.htm', encoding='utf-8')```
	```s = fin.read()```
	```htm = soup(s, 'html.parser')```
	```print(htm.head.meta)```
	```print(htm.head.meta['content'])```
	
	執行結果：
	<meta content="text/html; charset=utf-8" http-equiv="Content-Type"/>
	text/html; charset=utf-8

12-4-1　使用模組 BeautifulSoup 分析 HTML

使用模組 BeautifulSoup 讀取 HTML 檔案，找出 HTML 檔案指定標籤的名稱、屬性或值，本範例的 HTML 檔放在此範例程式資料夾下，檔案名稱為「web.htm」。

行號	範例 (🕐 ：ch12\12-4-1- 模組 BeautifulSoup.py)
1	from bs4 import BeautifulSoup as soup
2	fin = open('web.htm', encoding='utf-8')
3	s = fin.read()
4	htm = soup(s, 'html.parser')
5	print(htm.title.prettify())
6	print(htm.title.contents)
7	print(htm.title.contents[0])
8	print(htm.title.name)
9	print(htm.title.string)
10	print(htm.meta)
11	print(htm.meta['content'])
12	for item in htm.find_all('td'):
13	print(item)
14	for item in htm.find_all('td',class_='table_head'):
15	print(item)
16	for item in htm.find_all('td',class_='table_siteurl'):
17	print(item.a['href'])

執行結果

```
<title>
 Python 相關網站
</title>

['Python 相關網站 ']
Python 相關網站
title
Python 相關網站
<meta content="text/html; charset=utf-8" http-equiv="Content-Type"/>
text/html; charset=utf-8
<td class="table_head" width="205"> 網站名稱 </td>
<td class="table_head" width="511"> 網址 </td>
<td class="table_sitename">Python</td>
```

```
<td class="table_siteurl"><a href="https://www.python.org/">https://www.python.org/</
a></td>
<td class="table_sitename">PyPI</td>
<td class="table_siteurl"><a href="https://pypi.python.org/pypi">https://pypi.python.org/
pypi</a></td>
<td class="table_head" width="205"> 網站名稱 </td>
<td class="table_head" width="511"> 網址 </td>
https://www.python.org/
https://pypi.python.org/pypi
```

程式解說

● **第 1 行**：從套件 bs4 匯入模組 BeautifulSoup，重新命名為 soup。

● **第 2 行**：開啟檔案 web.htm，以 utf-8 為文字編碼，指定給物件 fin。

● **第 3 行**：使用物件 fin 的函式 read 讀取檔案內容，指定給物件 s。

● **第 4 行**：使用模組 soup，以物件 s 與「html.parser」，轉換成 Python 物件，指定給物件 htm。

● **第 5 行**：使用物件 htm 下，找到第一個標籤「title」，使用函式 prettify，轉換成較容易閱讀的方式呈現。

● **第 6 行**：使用物件 htm 下，找到第一個標籤「title」的屬性 contents，將標籤「title」所包夾的所有子標籤元素，記錄在屬性 contents。

● **第 7 行**：使用物件 htm 下，找到第一個標籤「title」的屬性 contents[0]，取出標籤「title」所包夾的子標籤串列的第 1 個元素。

● **第 8 行**：使用物件 htm 下，找到第一個標籤「title」的屬性 name(標籤名稱)。

● **第 9 行**：使用物件 htm 下，找到第一個標籤「title」的屬性 string(標籤對應值)。

● **第 10 行**：使用物件 htm 下，找到第一個標籤「meta」，使用函式 print 將結果顯示在螢幕上。

● **第 11 行**：使用物件 htm 下，找到第一個標籤「meta」屬性「content」，使用函式 print 將結果顯示在螢幕上。

● **第 12 到 13 行**：從物件 htm 找出標籤為「td」的所有元素，依序取出這些元素指定給物件 item，使用函式 print 將物件 item 顯示在螢幕上。

● **第 14 到 15 行**：從物件 htm 找出標籤為「td」，且屬性「class」等於「table_head」的所有元素，依序取出這些元素指定給物件 item，使用函式 print 將物件 item 顯示在螢幕上。

● **第 16 到 17 行**：從物件 htm 找出標籤為「td」，且屬性「class」等於「table_siteurl」的所有元素，依序取出這些元素指定給物件 item，使用函式 print 將物件 item 的標籤「a」的屬性「href」顯示在螢幕上。

◇ 12-4-2 使用模組 Beautiful Soup 找出網頁中所有超連結網址

使用模組 requests 讀取網址中的網頁，接著使用模組 Beautiful Soup，找出網頁中的所有超連結網址。

行號	範例 (🕐 : ch12\12-4-2- 使用 BeautifulSoup 找出所有超連結 .py)
1	import requests
2	from bs4 import BeautifulSoup as soup
3	url='http://www.python.org'
4	def h(url):
5	if url[:4] == 'http' or url[:5]=='https':
6	return True
7	def links(url):
8	page = requests.get(url).text
9	htm=soup(page,'html.parser')
10	alinks=[item['href'] for item in htm.find_all('a')]
11	links=[x for x in alinks if h(x)]
12	return links
13	print(' 找出網址為 ',url,' 的 http 與 https 開頭的超連結 ')
14	for link in links(url):
15	print(link)

執行結果

找出網址為 http://www.python.org 的 http 與 https 開頭的超連結
https://docs.python.org
https://pypi.python.org/
…資料過長省略…
https://github.com/python/pythondotorg/issues
https://status.python.org/

程式解說

● **第 1 行**：匯入模組 requests。

● **第 2 行**：從套件 bs4 匯入模組 BeautifulSoup，重新命名爲 soup。

● **第 3 行**：設定 url 爲「http://www.python.org」。

● **第 4 到 6 行**：定義函式 h，輸入參數 url，若 url 開頭爲「http」或「https」，則回傳 True。

● **第 7 到 12 行**：定義函式 links，輸入參數 url，使用模組 requests 的函式 get，以 url 爲輸入，取回傳物件的屬性 text，指定給物件 page(第 8 行)。使用模組 soup，以物件 page 與「html.parser」，轉換成 Python 物件，指定給物件 htm(第 9 行)。使用串列生成式，使用物件 htm 的函式 find_all，找出標籤爲「a」的所有物件，依序指定給物件 item，取出物件 item 的屬性「href」加入到串列 alinks(第 10 行)，使用串列生成式，串列 alinks 的所有物件，依序指定給物件 x，使用函式 h 以物件 x 爲輸入，若結果爲 True，則加入到串列 links(第 11 行)，回傳物件 links(第 12 行)。

● **第 13 行**：使用函式 print 顯示「找出網址爲」，串接物件 url，串接「的 http 與 https 開頭的超連結」到螢幕上。

● **第 14 到 15 行**：呼叫函式 links，以 url 爲輸入，將回傳的串列使用 for 迴圈依序取出到物件 link，接著使用函式 print 顯示物件 link 到螢幕上。

◇▶ 12-4-3　使用模組 Beautiful Soup 找出 Python 網站的最新消息

使用模組 requests 讀取 Python 網站 (http://www.python.org/) 的首頁，接著使用模組 Beautiful Soup，找出首頁中最新消息，使用瀏覽器瀏覽 http://www.python.org/，接著檢視網頁原始碼後，發現最新消息區塊的 HTML 網頁如下。

1	`<div class="shrubbery">`
2	`<h2 class="widget-title"><span aria-hidden="true" class="icon-news"></span>Latest News</h2>`
3	`<p class="give-me-more"><a href="http://blog.python.org" title="More`
4	`News">More</a></p>`
5	`<ul class="menu">`
6	`<li><time datetime="2016-06-14T06:06:00.000001+00:00"><span class="say-no-more">2016-</span>06-14</time><a href="http://feedproxy.google.com/~r/PythonInsider/~3/yaupkpp9kLc/python-2712-release-candidate-available.html">The first release candidate of Python 2.7.12, the next bugfix ...</a></li>`
7	`<li><time datetime="2016-06-14T04:06:00.000001+00:00"><span class="say-no-more">2016-</span>06-14</time><a href="http://feedproxy.google.com/~r/PythonInsider/~3/nE_a_L4mHfk/python-360-alpha-2-preview-release-is.html">Python 3.6.0a2 has been released. 3.6.0a2 is the second of four planned alpha ...</a></li>`
8	`<li><time datetime="2016-06-13T03:18:00+00:00"><span class="say-no-more">2016-</span>06-13</time><a href="http://feedproxy.google.com/~r/PythonInsider/~3/sDMmUdw_7RU/python-352rc1-and-python-345rc1-are-now.html">Python 3.5.2rc1 and Python 3.4.5rc1 are now available for download. ...</a></li>`
9	`<li><time datetime="2016-05-17T22:57:00.000001+00:00"><span class="say-no-more">2016-</span>05-17</time><a href="http://feedproxy.google.com/~r/PythonInsider/~3/cxjZIK_6b9Y/python-360-alpha-1-preview-release-is.html">Python 3.6.0a1 has been released. 3.6.0a1 is the first of four planned alpha ...</a></li>`
10	`<li><time datetime="2015-12-07T05:51:00+00:00"><span class="say-no-more">2015-</span>12-07</time><a href="http://feedproxy.google.com/~r/PythonInsider/~3/F9ApGB7BGB4/python-351-and-python-344rc1-are-now.html">Python 3.5.1 and Python 3.4.4rc1 are now available for download. ...</a></li>`
11	`</ul>` `</div><!-- end .shrubbery -->`

發現最新消息在標籤 <div class="shrubbery"> 內，首頁中有 4 個標籤 <div class="shrubbery">，需要符合 <h2 class="widget-title"><span aria-hidden="true" class="icon-news"></span>Latest News</h2> 才是最新消息區塊，也就是標籤 h2 的第二個標籤值是「Latest News」，使用 h2.contents[1] 取得標籤 h2 的第二個標籤值，最後發現每則最新消息都是一個標籤 <li>。

行號	範例 (🕐 ：ch12\12-4-3- 使用 BeautifulSoup 找出 Python 網站的最新消息 .py)
1	import requests
2	from bs4 import BeautifulSoup as soup
3	url='http://www.python.org/'
4	def getnews(url):
5	page = requests.get(url).text
6	doc=soup(page,'html.parser')
7	items = [elem for elem in doc.find_all('div', class_='shrubbery')]
8	for item in items:
9	if item.h2.contents[1] == 'Latest News':
10	ys = [y for y in item.find_all('li')]
11	for y in ys:
12	time = y.time['datetime']
13	link = y.a['href']
14	title = y.a.string
15	print(time, title, link)
16	getnews(url)

執行結果

2016-06-14T06:06:00.000001+00:00 The first release candidate of Python 2.7.12, the next bugfix ... http://feedproxy.google.com/~r/PythonInsider/~3/yaupkpp9kLc/python-2712-release-candidate-available.html
…資料過長省略 ..
2015-12-07T05:51:00+00:00 Python 3.5.1 and Python 3.4.4rc1 are now available for download. ... http://feedproxy.google.com/~r/PythonInsider/~3/F9ApGB7BGB4/python-351-and-python-344rc1-are-now.html

程式解說

● 第 1 行：匯入模組 requests。

● 第 2 行：從套件 bs4 匯入模組 BeautifulSoup，重新命名為 soup。

- 第 3 行：設定 url 為「http://www.python.org」。

- 第 4 到 15 行：定義函式 getnews，輸入參數 url，使用模組 requests 的函式 get，以 url 為輸入，取回傳物件的屬性 text，指定給物件 page(第 5 行)。使用模組 soup，以物件 page 與「html.parser」，轉換成 Python 物件，指定給物件 doc(第 6 行)。使用串列生成式，使用物件 doc 的函式 find_all，找出標籤為「div」且屬性 class 等於「shrubbery」的所有物件，指定此串列給物件 items(第 7 行)。

- 第 8 到 15 行：使用 for 迴圈依序取出串列 items 的元素到物件 item，若物件 item 中標籤「h2」的標籤值的第 2 個元素等於「Latest News」，則使用串列生成式以物件 item 的函式 find_all，找出標籤為「li」的所有物件加入串列，指定此串列給物件 ys(第 10 行)，使用 for 迴圈依序取出串列 ys 的元素到物件 y，取出物件 y 中標籤「time」的屬性「datetime」指定給物件 time(第 12 行)，取出物件 y 中標籤「a」的屬性「href」指定給物件 link(第 13 行)，取出物件 y 中標籤「a」的值指定給物件 title(第 14 行)，使用函式 print 顯示物件 time、title 與 link 到螢幕上 (第 15 行)。

- 第 16 行：呼叫函式 getnews，以 url 為輸入。

本章習題

實作題

1. 下載古蹟 XML 資訊進行分析

   從政府開放平台 (http://data.gov.tw/) 下載古蹟資訊，由文化部提供的開放資料，古蹟 XML 資訊網址為「http://cloud.culture.tw/frontsite/trans/emapOpenDataAction.do?method=exportEmapXML&typeId=A&classifyId=1.1」，分析此網頁的 XML 資訊，列出古蹟名稱、古蹟等級、所在縣市與古蹟地址，執行結果如下，列出最前面的三個。

   預覽結果

   > 艋舺地藏庵 直轄市定古蹟 臺北市　萬華區 西昌街 245 號
   > 士林慈諴宮 直轄市定古蹟 臺北市　士林區 大南路 84 號
   > 芝山岩惠濟宮 直轄市定古蹟 臺北市　士林區 至誠路一段 326 巷 26 號

2. 下載古蹟 JSON 資訊進行分析

   從政府開放平台 (http://data.gov.tw/) 下載古蹟資訊，由文化部提供的開放資料，古蹟 JSON 資訊網址為「http://cloud.culture.tw/frontsite/trans/emapOpenDataAction.do?method=exportEmapJson&typeId=A&classifyId=1.1」，分析此網頁的 JSON 資訊，列出古蹟名稱、古蹟等級、所在縣市與古蹟地址，執行結果如下，列出最前面的三個。

   預覽結果

   > 艋舺地藏庵 直轄市定古蹟 臺北市　萬華區 西昌街 245 號
   > 士林慈諴宮 直轄市定古蹟 臺北市　士林區 大南路 84 號
   > 芝山岩惠濟宮 直轄市定古蹟 臺北市　士林區 至誠路一段 326 巷 26 號

NOTE

13

關聯式資料庫

Jupyter Notebook 範例檔：ch13\ch13.ipynb

資料庫是常見資料儲存系統，若需要儲存大量資料，會以資料庫儲存於電腦系統中，其中關聯式資料庫 (Relational database) 提供結構化方式儲存資料，可以結合資料庫中多個資料表，資料庫提供在資料表中新增、刪除與更新資料，依據條件取出所需資料等功能。許多系統的資料儲存都是使用關連式資料庫，例如：校務行政系統、進出貨系統、學校網頁等，廣泛應用於各個領域。

目前大數據所使用的資料庫，因為資料量過大，無法使用關聯式資料庫儲存，需使用 NoSQL(not only SQL) 資料庫進行儲存，NoSQL 的概念與實作，跟關聯式資料庫有很大的差異，因為本書只針對關聯式資料庫進行介紹。

13-1　關聯式資料庫概論

關聯式資料庫由事先定義好的多個資料表 (table) 組合而成，資料表中可以包含多筆資料，每一筆資料也稱作一筆記錄，佔用一列 (row)，每一列可以包含多個欄位 (column) 資料。

一個資料庫可以有很多張資料表，以學生成績系統為例，至少需要有學生基本資料表與成績表，學生資料表可能有學號、姓名、身分證字號與電話等欄位，成績表可能有學號、學期、科目與成績等欄位，舉例如下。

stu(學生資料表)

stuid(學號)	name(姓名)	pid(身分證字號)	phone(電話)
104001	Claire	B342222	245667
104002	John	J224122	222455
104003	Fiona	A152453	132435

score(成績表)

stuid(學號)	sem(學期)	sub(科目)	score(成績)
104001	1041	CH	95
104001	1041	EN	83
104002	1041	CH	65

stuid(學號)	sem(學期)	sub(科目)	score(成績)
104002	1041	EN	96
104003	1041	CH	85
104003	1041	EN	87

　　可以在資料表設定某個欄位為主索引鍵 (primary key)，成為主索引鍵需符合資料表中每一列資料的主索引鍵不能重複，且不可以是空值 (null)，空值 (null) 表示該儲存格沒有資料。在學生資料表中就要設定學號 (stuid) 為主索引鍵，每個學生都分配到一個學號，且不能與其他人重複，也就是不允許兩個學生使用相同學號，若兩個學生有相同的學號，成績進入資料庫就不知道是哪個學生的成績。

13-2　SQL 語法

　　SQL(Structural Query Language) 是操作關聯式資料庫的語法，可以建立與刪除資料庫，建立與刪除資料表，插入、刪除與更新資料到資料表，結合多張資料表依據條件取出資料等操作都可以使用 SQL 語法達成。

　　SQL 分成 DDL(Data Definition Language)、DML(Data Manipulation Language) 與 DCL(Data Control Language) 三部分。DDL 用於建立資料庫與定義資料表的資料結構，DML 用於選取、新增、刪除與更新資料表資料，DCL 用於資料庫的權限控管，學會這些語法就可以管理關聯式資料庫。

　　常用 DDL 指令，如下表。

指令	說明	語法與範例
CREATE	建立資料庫或資料表	CREATE DATABASE [資料庫名稱] CREATE TABLE [資料表名稱] ([資料表中每個欄位的定義]) CREATE DATABASE school CREATE TABLE stu (　　stuid　INTEGER　　PRIMARY KEY, 　　name　VARCHAR(50)　not null, 　　pid　VARCHAR(20)　not null, 　　phone VARCHAR(20)　not null)

指令	說明	語法與範例
DROP	刪除資料庫或資料表	DROP [DATABASE 或 TABLE] [資料庫或資料表名稱]
		DROP DATABASE school DROP TABLE stu
USE	切換資料庫	USE [資料庫名稱]
		USE school
ALTER	修改資料表欄位	ALTER TABLE [資料表名稱] [動作]
		ALTER TABLE stu ADD addr VARCHAR(100) ALTER TABLE stu DROP COLUMN addr

常用 DML 指令，如下表。

指令	說明	語法與範例
SELECT	從資料表選取資料	SELECT 欄位名稱 FROM [資料表名稱] [WHERE 條件]
		SELECT * FROM stu WHERE stuid='104001'
INSERT	將資料插入資料表	INSERT INTO [資料表名稱] (欄位名稱 1 [, 欄位名稱 2, …]) VALUES (數值 1 [, 數值 2,…])
		INSERT INTO stu (stuid,name,pid,phone) VALUES (104001,'Claire','B342222','1245667') 或 INSERT INTO stu VALUES (104001,'Claire','B342222','1245667')
UPDATE	更新資料表中資料	UPDATE [資料表名稱] SET 欄位名稱 1 = 數值 1 [, 欄位名稱 2 = 數值 2 ...] [WHERE 條件]
		UPDATE stu SET phone = '1245678' WHERE stuid=104001
DELETE	刪除資料表中資料	DELETE FROM [資料表名稱] [WHERE 條件];
		DELETE FROM stu WHERE stuid = 104003

常用 DCL 指令，如下表。

指令	說明	語法與範例
GRANT	允許特定使用者存取指定資料庫的權限。	GRANT [權限] ON [資料庫名稱].[資料表名稱] TO [資料庫使用者]
		GRANT SELECT, UPDATE ON school.* TO john@localhost
REVOKE	取消特定使用者存取指定資料庫的權限。	REVOKE [權限] ON [資料庫名稱].[資料表名稱] TO [資料庫使用者]
		REVOKE SELECT, UPDATE ON school.* TO john@localhost

13-3　存取 SQLite

　　SQLite 為檔案型的關聯式資料庫，使用一個檔案當成資料庫，不用安裝資料庫伺服器，就可以練習 SQL 語法操作資料庫，因為 SQLite 資料庫的資料存取速度不是很好，當所需儲存的資料不多，就可以使用 SQLite 資料庫。Python 提供模組 sqlite3 實作 SQLite 資料庫，以下介紹模組 sqlite3 的重要函式。

　　模組 sqlite3 用於管理 SQLite 資料庫，經由模組 sqlite3 所提供的函式來連線資料庫，進行資料庫的新增、刪除與更新資料。以下介紹模組 sqlite3 的重要函式。

重要函式與說明	程式碼與執行結果
sqlite3.connect(file) 連線檔案 file 為 SQLite 資料庫，回傳物件 sqlite3.Connection。	import sqlite3 con=sqlite3.connect('school.db')
	建立 sqlite3 資料庫檔案 school.db
sqlite3.Connection.cursor() 將物件 sqlite3.Connection 經由函式 cursor，回傳物件 sqlite3.Cursor。	import sqlite3 con=sqlite3.connect('school.db') cur=con.cursor()
	產生物件 sqlite3.Cursor。

重要函式與說明	程式碼與執行結果
sqlite3.Cursor.execute(sql) 經由物件 sqlite3.Cursor 執行 SQL 語法管理指定的 SQLite 資料庫。	import sqlite3 con=sqlite3.connect('school.db') cur=con.cursor() cur.execute('DROP TABLE stu')
	刪除資料表 stu。
sqlite3.Cursor.fetchall() 配合 sqlite3.Cursor.execute(sql) 中 sql 語法所選取的資料，使用函式 fetchall，取出所有資料儲存到串列。	import sqlite3 con=sqlite3.connect('school.db') cur=con.cursor() cur.execute('SELECT * FROM stu') rows=cur.fetchall()
	從資料表 stu 取出所有資料。
sqlite3.Cursor.close() 關閉指定的物件 Cursor。	import sqlite3 con=sqlite3.connect('school.db') cur=con.cursor() cur.close()
	關閉指定的物件 Cursor。

◇ 13-3-1 使用模組 sqlite3 管理 SQLite 資料庫

使用模組 sqlite3 新增資料庫 school，新增資料表 stu，用於儲存學生學號、姓名、身份證字號與電話，並練習新增一筆資料到資料表 stu。

行號	範例 (　：ch13\13-3-1- 使用 sqlite3 管理 SQLite 資料庫 .py)
1 2 3 4 5 6 7 8 9	import sqlite3 con=sqlite3.connect('school.db') cur=con.cursor() #cur.execute('DROP TABLE stu') cur.execute('''CREATE TABLE stu (　stuid　INTEGER　　PRIMARY KEY, 　name　VARCHAR(50)　not null, 　pid　VARCHAR(20)　not null, 　phone　VARCHAR(20)　not null)''')

10	cur.execute("INSERT INTO stu VALUES (104001,'Claire','B342222','1245667')")
11	cur.execute('SELECT * FROM stu')
12	rows=cur.fetchall()
13	print(rows)
14	cur.close()

執行結果

程式所在資料夾下多出檔案 school.db。
螢幕出現以下訊息，
[(104001, 'Claire', 'B342222', '1245667')]

程式解說

● 第 1 行：匯入模組 sqlite3。

● 第 2 行：使用模組 sqlite3 的函式 connect 連線檔案 school.db，將回傳的物件 sqlite3. Connection，指定物件名稱為 con。

● 第 3 行：使用物件 con 的函式 cursor 產生物件 sqlite3.Cursor，指定給物件 cur。

● 第 4 行：使用物件 cur 的函式 execute 執行 SQL 語法「DROP TABLE stu」，刪除資料表 stu，第一次執行時，此行程式需加上「#」表示此行不執行，第二次以後執行此程式時，因為檔案 school.db 已經有資料表 stu，須使用此行程式先刪除資料表 stu，否則會出現資料表 stu 已經存在的錯誤訊息。

● 第 5 到 9 行：使用物件 cur 的函式 execute 執行 SQL 語法「CREATE TABLE stu(stuid INTEGER PRIMARY KEY, name VARCHAR(50) not null, pid VARCHAR(20) not null , phone VARCHAR(20) not null)」，建立資料表 stu，每列資料有四個欄位，分別是 stuid、name、pid 與 phone。

● 第 10 行：使用物件 cur 的函式 execute 執行 SQL 語法「INSERT INTO stu VALUES (104001,'Claire','B342222','1245667')」，插入一筆資料到資料表 stu。

● 第 11 行：使用物件 cur 的函式 execute 執行 SQL 語法「SELECT * FROM stu」，從資料表 stu 取出所有資料。

● 第 12 行：使用物件 cur 的函式 fetchall 取出第 11 行的執行結果到物件 rows。

● 第 13 行：使用函式 print 顯示物件 rows 到螢幕上。

● 第 14 行：使用物件 cur 的函式 close 關閉資料庫連線。

13-4 Mysql 資料庫

Mysql 資料庫是關聯式資料庫，開放原始碼的自由軟體，可以經由網路下載程式進行安裝，XAMPP 整合 Apache、PHP 與 Mysql 等功能，安裝 XAMPP 就會安裝 Mysql，以下介紹 XAMPP 的下載與安裝。

◇ 13-4-1 下載與安裝 XAMPP

STEP 01 連線 https://www.apachefriends.org/index.html，下載 XAMPP 安裝程式，點選「XAMPP for Windows 7.2.4」下載安裝程式。

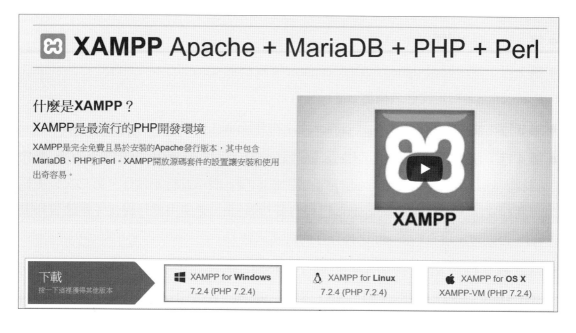

STEP 02 點選剛剛下載的安裝程式「xampp-win32-x.x.x-installer.exe」進行安裝 XAMPP，出現以下畫面，警告不要安裝 XAMPP 到 C:\Program Files 資料夾下，XAMPP 預設安裝在 C:\xampp 資料夾，所以沒有問題，點選「OK」。

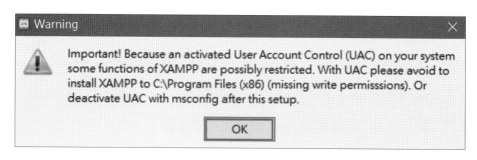

點選「Next」。

預設安裝 Aapche 與 PHP，選擇要額外安裝的元件，例如：❶ MySQL 與 ❷ phpMyAdmin，接著❸點選「Next」。

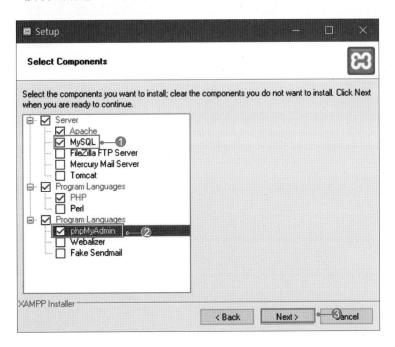

選擇安裝資料夾，預設為「C:\xampp」，點選「Next」。

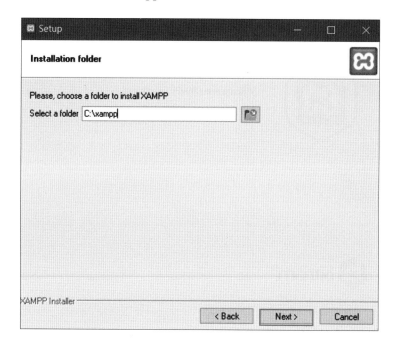

點選「Next」。

點選「Next」開始安裝。

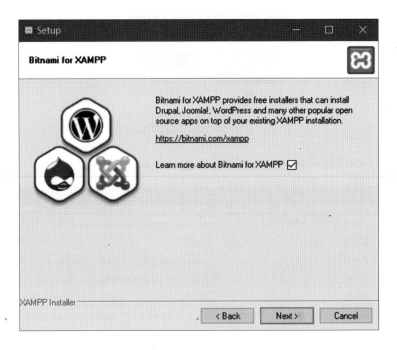

到此安裝完成，若勾選「Do you want to start the Control Panel now?」，點選「Finish」時會開啟 XAMPP 的控制面板。

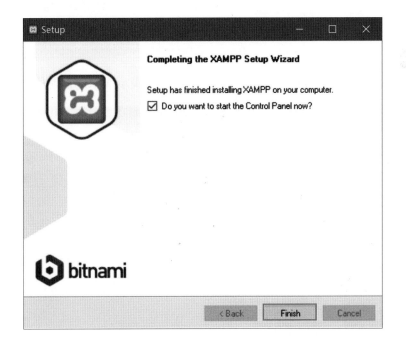

選擇 XAMPP 控制面板的語言，❶選擇「美語」，最後❷點選「Save」。

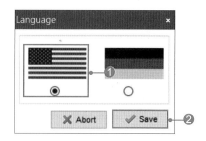

點選「MySQL」的按鈕「Start」，啟用 MySQL。

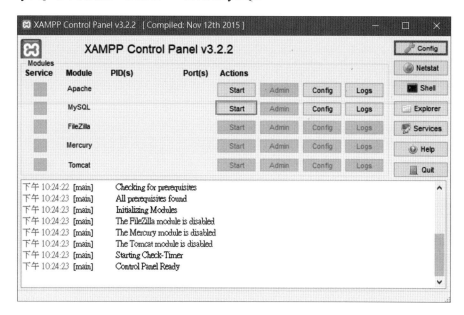

MySQL 啟用後，可以看到 MySQL 的 Port 為 3306，表示 MySQL 啟用成功。

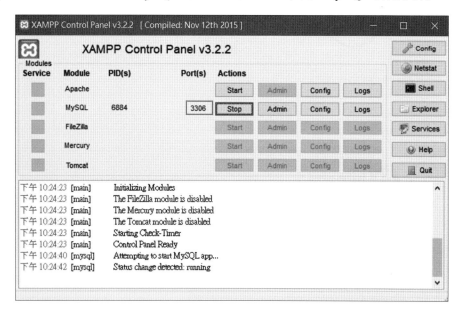

◇ 13-4-2　測試 Mysql 資料庫

STEP 01 在 XAMPP 控制面板，點選「Shell」啓用命令提示字元視窗。

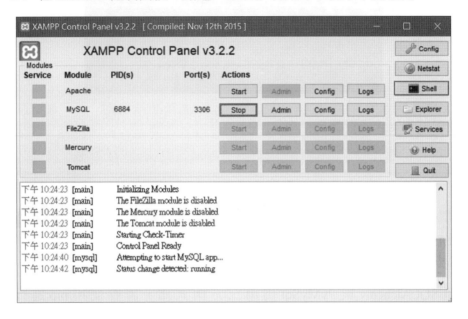

點選「Shell」後，出現以下畫面，輸入「mysql –u root」登入 MySQL。

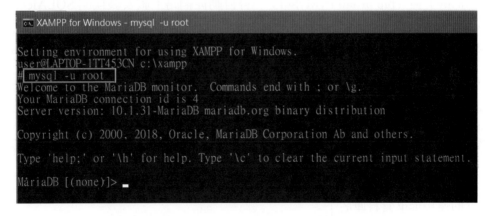

STEP 02 輸入 SQL 語法「create database school」，用於新增資料庫 school。

輸入 SQL 語法「drop database school」，刪除資料庫 school。

到此完成測試 Mysql 伺服器。

13-5 使用 SQLAlchemy 與 PyMySql 存取 Mysql

　　模組 SQLAlchemy 與 PyMySql 為第三方函式庫，需要使用 pip 進行安裝，若是 Windows 作業系統，在「命令提示字元」程式下，使用指令「pip install SQLAlchemy」與「pip install PyMySql」，會自動從網路下載安裝模組 SQLAlchemy 與 PyMySql，模組 SQLAlchemy 用於連線資料庫，而模組 PyMySql 是模組 SQLAlchemy 連線資料庫時，所指定的 Mysql 資料庫驅動程式。模組 SQLAlchemy 的重要函式如下。

重要函式與說明	程式碼與執行結果
sqlalchemy.create_engine(db) 連線字串 db 格式如下： 資料庫類型＋驅動程式 :// 使用者名稱:密碼 @ 主機名稱 [:Mysql 的連接埠]/ 資料庫名稱 利用物件 Sqlalchemy 的函式 create_engine，以連線字串 db 為輸入，連線指定的資料庫，回傳物件 Connection。	import sqlalchemy as sa dbc = 'mysql+pymysql://root:passwd@localhost:3306/db' con = sa.create_engine(dbc)
	執行結果： 以使用者名稱 root 與密碼為 passwd，連線 mysql 資料庫，使用驅動程式 pymysql，主機名稱設定為 localhost，連接埠設定為 3306，資料庫名稱設定為 db。

重要函式與說明	程式碼與執行結果
sqlalchemy.engine.Connection.execute(sql) 利用物件 Connection 的函式 execute 執行指定的 sql，回傳物件 ResultProxy。	``` import sqlalchemy as sa dbc = 'mysql+pymysql://root:passwd@localhost:3306/db' con = sa.create_engine(dbc) result=con.execute("SELECT * FROM stu") ``` 利用物件 con 的函式 execute 執行「SELECT * FROM stu」，回傳物件 ResultProxy，指定給物件 result。
sqlalchemy.engine.ResultProxy.fetchall() 利用物件 ResultProxy 的函式 fetchall 取出物件 ResultProxy 的所有資料到串列。	``` import sqlalchemy as sa dbc = 'mysql+pymysql://root:passwd@localhost:3306/db' con = sa.create_engine(dbc) result=con.execute("SELECT * FROM stu") rows = result.fetchall() ``` 利用物件 result 的函式 fetchall 取出物件 result 的所有資料到串列，指定給物件 rows。

◈ 13-5-1 使用模組 SQLAlchemy 與 PyMySql 管理 Mysql 資料庫

使用模組 SQLAlchemy 與 PyMySql 連線 Mysql 資料庫，建立資料庫 school 與資料表 stu，插入資料到資料表 stu，取出資料表 stu 的所有資料，最後刪除資料表 stu 與資料庫 school。

行號	範例 (🕐 ：ch13\13-5-1- 模組 SQLAlchemy 與 PyMysql 管理 Mysql 資料庫 .py)
1	import sqlalchemy as sa
2	dbc = 'mysql+pymysql://root: @localhost:3306'
3	con = sa.create_engine(dbc)
4	con.execute('CREATE DATABASE school')
5	con.execute('USE school')
6	sql = """CREATE TABLE stu (
7	stuid INTEGER PRIMARY KEY,
8	name VARCHAR(50) not null,
9	pid VARCHAR(20) not null,
10	phone VARCHAR(20) not null)"""
11	con.execute(sql)
12	sql="INSERT INTO stu VALUES (104001,'Claire','B342222','1245667')"
13	con.execute(sql)
14	result=con.execute("SELECT * FROM stu")
15	rows = result.fetchall()
16	print(rows)
17	con.execute('DROP TABLE stu')
18	con.execute('DROP DATABASE school')

執行結果

[(104001, 'Claire', 'B342222', '1245667')]

程式解說

● 第 1 行：匯入模組 sqlalchemy，重新命名為 sa。

● 第 2 行：設定連線字串 dbc 為「mysql+pymysql://root:@localhost:3306」，表示以使用者名稱 root，沒有設定 root 的密碼，連線 mysql 資料庫，使用驅動程式 pymysql，主機名稱設定為 localhost，連接埠設定為 3306。若 root 的密碼為「password」，則連線字串改為「mysql+pymysql://root:password@localhost:3306」。

● 第 3 行：使用模組 sa 的函式 create_engine，以字串 dbc 為輸入，連線 Mysql 資料庫，將回傳的物件 sqlalchemy.engine.Connection，指定物件名稱為 con。

● 第 4 行：使用物件 con 的函式 execute 執行 SQL 語法「CREATE DATABASE school」，建立資料庫 school。

● 第 5 行：使用物件 con 的函式 execute 執行 SQL 語法「USE　school」，切換到資料庫 school。

● 第 6 到 10 行：設定字串 sql 為「CREATE TABLE stu(stuid　INTEGER　PRIMARY KEY, name　VARCHAR(50)　not null, pid　　VARCHAR(20)　not null，phone VARCHAR(20)　not null)」，建立資料表 stu，每列資料有四個欄位，分別是 stuid、name、pid 與 phone。

● 第 11 行：使用物件 con 的函式 execute，以字串 sql 為輸入，建立資料表 stu。

● 第 12 行：設定字串 sql 為「INSERT INTO stu VALUES (104001, 'Claire', 'B342222', '1245667')」。

● 第 13 行：使用物件 con 的函式 execute，以字串 sql 為輸入，插入一筆資料到資料表 stu。

● 第 14 行：使用物件 con 的函式 execute 執行 SQL 語法「SELECT * FROM stu」，從資料表 stu 取出所有資料，回傳物件 sqlalchemy.engine.ResultProxy，指定物件名稱為 result。

● 第 15 行：使用物件 result 的函式 fetchall，取出物件 result 的所有資料到物件 rows。

● 第 16 行：使用函式 print 顯示物件 rows 到螢幕上。

● 第 17 行：使用物件 con 的函式 execute 執行 SQL 語法「DROP　TABLE　stu」，刪除資料表 stu。

● 第 18 行：使用物件 con 的函式 execute 執行 SQL 語法「DROP　DATABASE school」，刪除資料庫 school。

實作題

1. 查詢學生成績

在 Mysql 資料庫中，新增學生基本資料表與成績表，學生基本資料表定義如下。

CREATE TABLE stu (
    stuid INTEGER   PRIMARY KEY,
    name VARCHAR(50) not null,
    pid   VARCHAR(20) not null,
    phone VARCHAR(20) not null)

學生基本資料表的資料如下。

stuid(學號)	name(姓名)	pid(身分證字號)	phone(電話)
104001	Claire	B342222	245667
104002	John	J224122	222455

成績表定義如下。

CREATE TABLE score (
    stuid INTEGER   not null,
    sem VARCHAR(50) not null,
    sub   VARCHAR(20) not null,
    score INTEGER not null)

成績表的資料如下。

stuid(學號)	sem(學期)	sub(科目)	score(成績)
104001	1041	CH	95
104001	1041	EN	83
104002	1041	CH	65
104002	1041	EN	96

使用 SQL 語法「SELECT FROM WHERE」，結合學生基本料表與成績表查詢學生成績，學生成績由姓名 (name)、學期 (sem)、科目 (sub) 與成績 (score) 組成，執行結果如下。

預覽結果

[('Claire', '1041', 'CH', 95), ('Claire', '1041', 'EN', 83), ('John', '1041', 'CH', 65), ('John', '1041', 'EN', 96)]

2. 修改學生成績

學生基本資料表與成績表同上題，修改成績表中學號為「104001」，學期為「1041」，科目為「EN」的成績，由 83 改成 89，使用「UPDATE SET WHERE」修改成績，執行結果如下。

預覽結果

[('Claire', '1041', 'CH', 95), ('Claire', '1041', 'EN', 83), ('John', '1041', 'CH', 65), ('John', '1041', 'EN', 96)]
[('Claire', '1041', 'CH', 95), ('Claire', '1041', 'EN', 89), ('John', '1041', 'CH', 65), ('John', '1041', 'EN', 96)]

NOTE

Chapter

14

第三方模組

🔖 Jupyter Notebook 範例檔：ch14\ch14.ipynb

Python 除了內建許多函式庫外，網路上有許多好用的第三方模組 (third-party module)，當需要利用 Python 解決問題時，內建函式庫可能沒有提供對應的功能，可以使用網路上的第三方模組所提供的功能解決問題。

使用第三方模組解決問題的步驟，如下。

STEP 01 搜尋可能的第三方模組。

STEP 02 閱讀第三方模組的說明文件與範例程式。

STEP 03 利用第三方模組製作解決問題的程式。

STEP 04 測試程式是否正確，若測試結果不正確，則回到 STEP 01 搜尋是否有其他模組可以使用，或回到 STEP 02 查看模組說明文件重新撰寫程式。

14-1　推薦的第三方模組

表 14-1　推薦的第三方模組

分類	第三方模組名稱	說明
圖片	Pillow	使用 Python Imaging Library(PIL) 進行圖片處理。
	PyQrcode	可以產生 QR Code 的圖片。
	Wand	使用 ImageMagick 進行圖片處理，需安裝 ImageMagick 的函式庫。
使用者圖形介面 (GUI)	Tkinter	Python 內建於標準函式庫的使用者圖形介面模組，模組 Tkinter 讓 Python 可以使用 Tk 製作出操作介面。
	PyQt	模組 PyQt 讓 Python 可以使用 Qt 製作出操作介面。
	PyGObject	模組 PyGObject 讓 Python 可以使用 GTK+ 製作出操作介面。
科學計算	NumPy	用於科學計算，提供儲存多維陣列的結構，適合用於陣列的運算、線性代數、Fourier transform…等。
	SciPy	用於科學計算，提供更多功能，例如：積分計算、解出微分方程式、線性迴歸、最佳化…等功能。
	Matplotlib	將數值資料轉換成圖片。
	Pandas	用於數據分析，提供容易操作的資料結構與分析工具。

分類	第三方模組名稱	說明
PDF	PDFMiner	從 PDF 檔擷取內容與轉換成其他格式。
	PyPDF2	用於分割與合併 PDF 檔。
自然語言處理	Jieba	將中文句子進行字詞分割。
關聯式資料庫	SQLAlchemy	可以連線與操作各種 SQL 資料庫。
	PyMySQL	模組 PyMySQL 讓 Python 可以操作 MySQL 資料庫。
	psycopg2	模組 psycopg2 讓 Python 可以操作 PostgreSQL 資料庫。
	pymssql	模組 pymssql 讓 Python 可以操作 Microsoft SQL Server 資料庫。
NoSQL	HappyBase	模組 HappyBase 讓 Python 可以操作 Apache HBase 資料庫。
	cassandra-python-driver	模組 cassandra-python-driver 讓 Python 可以操作 Cassandra 資料庫。
	PyMongo	模組 PyMongo 讓 Python 可以操作 MongoDB 資料庫。
	redis-py	模組 redis-py 讓 Python 可以操作 Redis 資料庫。
網頁	Requests	擷取指定網址的網頁資料。
	Scrapy	可以一次抓取整個網站的資料。
	beautifulsoup4	用於分析與修改 HTML 或 XML 格式的資料。
網頁框架	Django	最受歡迎的網頁框架模組之一，功能完整與容易擴充。
遊戲製作	PyGame	製作 2D 遊戲，提供許多專門用來製作遊戲的模組。
	Panda3D	製作 3D 遊戲。

14-2 圖片處理

◇ 14-2-1 Pillow

所需套件	安裝指令
Pillow	pip install Pillow

　　Pillow 專門用於圖片處理，可以一次處理多張圖片，例如：縮放圖片、轉檔、旋轉圖片、裁減圖片、合併圖片、修改圖片顏色、圖片強化、套用濾鏡等功能。

範例 14-2-1a Pillow 範例 (一) 讀取圖檔資訊與顯示圖片

使用套件 PIL 顯示圖片到螢幕上與讀取圖片檔案資訊，例如：格式、大小與色彩模式，需在程式資料夾下準備一張圖片「road.jpg」(範例圖檔請參考檔案 ch14\road.jpg)，也可以選用其他圖片，只要輸入該圖檔檔案名稱，並將圖片移動到程式所在資料夾下。

行號	範例 (🔧 ：ch14\14-2-1a- 使用 Pillow 讀取圖片 .py)	執行結果
1 2 3 4	from PIL import Image im = Image.open('road.jpg') print(im.format, im.size, im.mode) im.show()	JPEG (369, 552) RGB

程式解說

● 第 1 行：匯入套件 PIL 的模組 Image。

● 第 2 行：使用模組 Image 的函式 open 開啟圖片檔「road.jpg」，指定物件名稱為 im。

● 第 3 行：使用函式 print 顯示物件 im 的屬性 format、屬性 size 與屬性 mode 到螢幕上。

● 第 4 行：使用物件 im 的函式 show 將圖片顯示到螢幕上。

範例 14-2-1b Pillow 範例 (二) 讀取資料夾下圖片製作縮圖並轉換圖檔格式

讀取資料夾下圖片製作縮圖，並轉換圖檔格式為 PNG，需在指定資料夾下準備至少一張的 JPG 圖檔。

行號	範例 (💿：ch14\14-2-1b- 使用 Pillow 製作縮圖 .py)
1	import fnmatch
2	import os
3	from PIL import Image
4	path = "f:\\python"
5	matches = []
6	for root, dirs, files in os.walk(path):
7	for file in fnmatch.filter(files, '*.jpg'):
8	matches.append((root, file))
9	for (mdir, mfile) in matches:
10	im = Image.open(mdir+'\\'+mfile)
11	print(mdir+'\\'+mfile, im.format, im.size)
12	im2 = im.resize((int(im.size[0]*0.5), int(im.size[1]*0.5)))
13	outfile = mdir+'\\'+os.path.splitext(mfile)[0]+'.png'
14	im2.save(outfile, 'PNG')

執行結果

```
f:\python\zsg.jpg JPEG (67, 63)
f:\python\zsg2.jpg JPEG (67, 63)
f:\python\ch1\zsg.jpg JPEG (67, 63)
```

程式解說

● 第 1 行：匯入模組 fnmatch。

● 第 2 行：匯入模組 os。

● 第 3 行：匯入套件 PIL 的模組 Image。

● 第 4 行：設定 path 為「f:\\python」。

● 第 5 行：設定 matches 為空串列。

● 第 6 到 8 行：使用 for 迴圈與模組 os 的函式 walk 走訪 path 所有資料夾與檔案，回傳資料夾絕對路徑到物件 root、資料夾內所有子資料夾到物件 dirs 與所有檔案到物件 files，使用 for 迴圈與模組 fnmatch 的函式 filter，過濾 files 只保留附檔名為「jpg」的檔案到物件 file，最後將由物件 root 與物件 file 所組成的 tuple 加入到串列 matches。

- **第 9 到 14 行**：使用 for 迴圈從串列 matches 取出每到元素到物件 mdir 與物件 mfile，使用模組 Image 的函式 open 開啓檔案，該檔案爲物件 mdir 串接「\\」，串接物件 mfile 所指定的檔案，指定給物件 im(第 10 行)。使用函式 print 顯示物件 mdir 串接「\\」，與串接物件 mfile 的結果，與物件 im 的屬性 format、屬性 size 到螢幕上 (第 11 行)。呼叫物件 im 的函式 resize，寬度爲 im.size[0]*0.5 的整數部分，表示寬度約爲原圖寬度的一半，高度爲 im.size[1]*0.5 的整數部分，表示高度約爲原圖高度的一半，指定給物件 im2(第 12 行)，設定 outfile 爲物件 mdir 串接「\\」，串接檔案名稱 (函式「os.path.splitext」以 mfile 爲輸入，表示將 mfile 的檔案名稱部分以「.」進行分割，使用分割結果的第一個元素，表示取出 mfile 的檔案名稱)，最後再串接「.png」(第 13 行)。使用物件 im2 的函式 save，將圖檔以 PNG 格式輸出到檔案 outfile 所指定的絕對檔案路徑下 (第 14 行)。

◇ 14-2-2 使用 PyQRCode 產生 QR Code

所需套件	安裝指令
PyQRCode	pip install pyqrcode
PyPNG	pip install pypng

範例 14-2-2 PyQRCode 範例 ─ 產生 QR Code

使用套件 PyQRCode 產生 Python 網址「https://www.python.org/」的 QR Code 圖片 (本範例產生的 QR Code 圖片可以參考檔案 ch14\url2.png 與 ch14\url3.png)。

行號	範例 (🕐 ：ch14\14-2-2-產生 QR Code.py)	執行結果
1 2 3 4	import pyqrcode url = pyqrcode.QRCode('https://www.python.org/',error='H') url.png('url2.png',scale=2) url.png('url3.png',scale=3)	產生 QR Code 圖片檔 url2.png 與 url3.png。

程式解說

- **第 1 行**：匯入模組 pyqrcode。

- **第 2 行**：使用模組 pyqrcode 的函式 QRCode，使用「https://www.python.org/」爲資料轉換成 QR Code，容錯設定爲「H」，表示 30% 以下的錯誤仍可以正確辨識，指定給物件 url。

- **第 3 行**：使用物件 url 的函式 png，產生 PNG 格式的 QR Code，存檔名稱為「url2. png」，scale 設定為 2，scale 影響圖檔的大小，數值越大圖檔越大。

- **第 4 行**：使用物件 url 的函式 png，產生 PNG 格式的 QR Code，存檔名稱為「url3. png」，scale 設定為 3，scale 影響圖檔的大小，數值越大圖檔越大。

14-3　數學相關

　　數學相關第三方模組非常多，常用模組有 NumPy、SciPy 與 Matplotlib，模組 NumPy 與 SciPy 提供許多科學計算功能，Matplotlib 可以將 NumPy 與 SciPy 的計算結果轉換成圖片，以下單元簡單介紹使用 NumPy 進行矩陣運算、使用 SciPy 計算二維空間的任兩點的距離、使用 Matplotlib 進行繪圖等應用。

◇ 14-3-1　NumPy

所需套件	安裝指令
NumPy	pip install numpy

範例 14-3-1a NumPy 範例 (一) 矩陣運算

使用套件 NumPy 進行矩陣的相加、相減與相乘運算。

行號	範例 (⏱ : ch14\14-3-1a- 使用 NumPy 進行矩陣運算 .py)	執行結果
1	import numpy as np	[[6. 5.]
2	x = np.array([[2,3],[1,4]], dtype=np.float64)	[2. 7.]]
3	y = np.array([[4,2],[1,3]], dtype=np.float64)	[[6. 5.]
4	print(x + y)	[2. 7.]]
5	print(np.add(x, y))	[[-2. 1.]
6	print(x - y)	[0. 1.]]
7	print(np.subtract(x, y))	[[-2. 1.]
8	print(np.dot(x, y))	[0. 1.]]
		[[11. 13.]
		[8. 14.]]

程式解說

● 第 1 行：匯入模組 numpy，重新命名為 np。

● 第 2 行：使用模組 np 的函式 array，以「[[2,3],[1,4]]」建立 2x2 陣列，第一列第一行為 2，第一列第二行為 3，第二列第一行為 1，第二列第二行為 4，將整數資料轉成浮點數，指定給物件 x。

● 第 3 行：使用模組 np 的函式 array，以「[[4,2],[1,3]]」建立 2x2 陣列，第一列第一行為 4，第一列第二行為 2，第二列第一行為 1，第二列第二行為 3，將整數資料轉成浮點數，指定給物件 y。

● 第 4 行：使用函式 print 顯示「x+y」的結果在螢幕上，發現結果為矩陣 x 加矩陣 y。

● 第 5 行：使用函式 print 顯示「np.add(x, y)」的結果在螢幕上，發現結果為矩陣 x 加矩陣 y。

● 第 6 行：使用函式 print 顯示「x-y」的結果在螢幕上，發現結果為矩陣 x 減矩陣 y。

● 第 7 行：使用函式 print 顯示「np. subtract (x, y)」的結果在螢幕上，發現結果為矩陣 x 減矩陣 y。

● 第 8 行：使用函式 print 顯示「np. dot(x, y)」的結果在螢幕上，發現結果為矩陣 x 與矩陣 y 相乘。

範例 14-3-1b NumPy 範例 (二) 產生矩陣與矩陣統計

使用套件 NumPy 產生矩陣資料，並進行統計。

行號	範例 (💿 ：ch14\14-3-1b- 使用 NumPy 產生矩陣 .py)
1	import numpy as np
2	a = np.ones(6, dtype=np.int32)
3	b = np.linspace(0, np.pi, 6)
4	print(a)
5	print(b)
6	print(a+b)
7	a = np.random.random((2, 4))
8	print(a)
9	print(a.sum(), a.max(), a.min(), a.mean())
10	b = np.arange(1, 9, 1).reshape(2, 4)
11	print(b)

執行結果

```
[1 1 1 1 1]
[ 0.          0.62831853  1.25663706  1.88495559  2.51327412  3.14159265]
[ 1.          1.62831853  2.25663706  2.88495559  3.51327412  4.14159265]
[[ 0.83501246  0.44561049  0.59754257  0.75869785]
 [ 0.4564333   0.14607559  0.47735533  0.93379806]]
4.65052563553 0.933798061107 0.146075592067 0.581315704441
[[1 2 3 4]
 [5 6 7 8]]
```

程式解說

- 第 1 行：匯入模組 numpy，重新命名為 np。

- 第 2 行：使用模組 np 的函式 ones，6 個元素都是整數 1，指定給物件 a。

- 第 3 行：使用模組 np 的函式 linspace，將 0 到 π 之間產生 6 個邊界值 (含 0 與 π)
  儲存到串列，0 到 π 之間等分成 5 份，指定給物件 b。

- 第 4 行：使用函式 print 顯示物件 a 到螢幕上。

- 第 5 行：使用函式 print 顯示物件 b 到螢幕上。

- 第 6 行：使用函式 print 顯示物件 a 加上物件 b 的結果到螢幕上。

- 第 7 行：使用函式「np.random.random」產生 2 列 4 行的陣列，每個元素的數值大
  於等於 0 且小於 1，指定給物件 a。

- 第 8 行：使用函式 print 顯示物件 a 到螢幕上。

- 第 9 行：使用函式 print 顯示物件 a 的函式 sum 結果到螢幕上，也就是顯示物件 a
  所有元素的總和，使用函式 print 顯示物件 a 的函式 max 結果到螢幕上，也就顯示
  是物件 a 所有元素的最大值，使用函式 print 顯示物件 a 的函式 min 結果到螢幕上，
  也就顯示是物件 a 所有元素的最小值，使用函式 print 顯示物件 a 的函式 mean 結果
  到螢幕上，也就顯示是物件 a 所有元素的平均值。

- 第 10 行：使用物件 np 的函式 arange，產生 1 到 8 的數字，重新編排成 2 列 4 行的陣列，
  指定給物件 b。

- 第 11 行：使用函式 print 顯示物件 b 到螢幕上。

◆ 14-3-2　SciPy

所需套件	安裝指令
SciPy	pip install scipy

　　若無法正常安裝 SciPy 可以使用 Anaconda 的 Spider 執行本範例，因為 Anaconda 內建 SciPy 與 NumPy，不需要安裝。

範例 14-3-2 SciPy 範例 — 計算任兩點的距離

使用套件 SciPy 計算平面上 4 個點的任兩點距離。

行號	範例 (🕐 ：ch14\14-3-2- 使用 SciPy 計算任兩點的距離 .py)
1	import numpy as np
2	from scipy.spatial.distance import pdist, squareform
3	x = np.array([[0, 0], [3, 5], [5, 2], [5, 5]])
4	print(x)
5	d = squareform(pdist(x, 'euclidean'))
6	print(d)

執行結果

```
[[0 0]
 [3 5]
 [5 2]
 [5 5]]
[[ 0.         5.83095189 5.38516481 7.07106781]
 [ 5.83095189 0.         3.60555128 2.        ]
 [ 5.38516481 3.60555128 0.         3.        ]
 [ 7.07106781 2.         3.         0.        ]]
```

程式解說

● 第 1 行：匯入模組 numpy，重新命名為 np。

● 第 2 行：匯入模組 scipy.spatial.distance 的函式 pdist 與 squareform。

● 第 3 行：使用模組 np 的函式 array，以「[[0, 0], [3, 5], [5, 2], [5, 5]]」為輸入，設定第一個點為 (0,0)，設定第二個點為 (3,5)，設定第三個點為 (5,2)，設定第四個點為 (5,5)。

- 第 4 行：使用函式 print 顯示物件 x 到螢幕上。
- 第 5 行：使用函式 pdist 求 n 維空間的任兩點的距離，輸入「euclidean」表示求歐幾里德 (Euclidean) 距離，接著使用函式 squareform，轉換成二維的矩陣，指定給物件 d。
- 第 6 行：使用函式 print 顯示物件 d 到螢幕上。

◇◆ 14-3-3　使用 Matplotlib 進行繪圖

所需套件	安裝指令
Matplotlib	pip install matplotlib

範例 14-3-3 Matplotlib 範例 — 製作函式 sin 的圖形

使用套件 Matplotlib 繪出函式 sin 的圖形。

行號	範例 (　)：ch14\14-3-3- 使用 Matplotlib 製作函式 sin 的圖形 .py)
1	import numpy as np
2	from matplotlib import pyplot
3	x = np.arange(0, 10, 0.1)
4	y = np.sin(x)
5	pyplot.plot(x, y)
6	pyplot.show()

執行結果

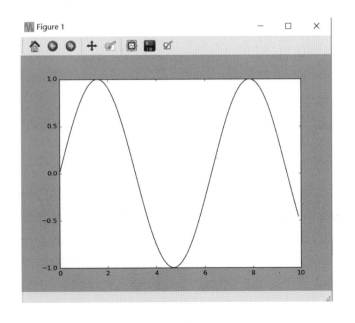

本章習題

實作題

1. 將圖片進行縮圖轉換成 TIF 圖檔

   將指定資料夾下的 JPG 圖檔,將原圖縮圖成寬度的 3/10 與高度的 3/10,並轉換成 TIF 檔。

2. 製作網址 QR Code

   將自訂的網址,例如:https://www.google.com.tw,轉換成 QR Code 的圖片,自行決定 QR Code 圖片的容錯能力與大小。製作出 QR Code 圖片後,可以使用手機或平板掃描看看,是否能還原回原本的網址。(本習題產生的 QR Code 圖片可以參考檔案 ch14\google.png)。

3. 求三角形的邊長

   使用模組 Scipy 與 Numpy 找出二維空間的三個點所形成三角形的三邊長,三個點的座標分別是 (0,0)、(3,5) 與 (5,2),執行結果如下。

預覽結果

```
{5.385164807134504, 3.605551275463989, 5.830951894845301}
```

4. 製作函式 cos 的圖形

   使用模組 Matplotlib 與 Numpy 製作函式 cos 的圖形，執行結果如下。

預覽結果

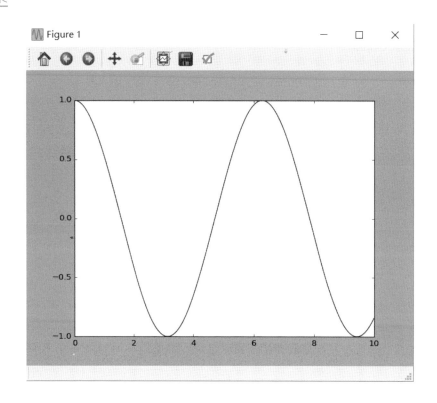

Chapter

15

資料蒐集與分析

🎵 Jupyter Notebook 範例檔：ch15\ch15.ipynb

政府資料開放平台 (data.gov.tw) 提供各種政府的開放資料集，可以讓所有使用者下載使用。以下介紹臺北 YouBike 各站點即時資料集，該連結網址「https://tcgbusfs.blob.core.windows.net/blobyoubike/YouBikeTP.json」每分鐘更新資料一次，可以即時知道臺北每一個 YouBike 站點的現有車輛數與空位數。

臺北 YouBike 各站點即時資料集

本章介紹資料蒐集，資料加入 DataFrame，進行簡單篩選功能，接著將資料儲存到 MySQL 資料庫，可以長時間儲存各 YouBike 站點的資料進行分析，最後使用繪圖功能繪製某個站點隨著時間而變動的剩餘車數與空位數折線圖。

15-1 下載 YouBike 資料與分析

使用網址「https://tcgbusfs.blob.core.windows.net/blobyoubike/YouBikeTP.json」可以下載最新的臺北各 YouBike 站點資料，以 json 格式回傳最近一分鐘的 YouBike 站點資訊，此資料由臺北市政府交通局提供 (此資料說明網址：https://data.gov.tw/dataset/137993)，以下為回傳 json 資料集。

YouBike 2.0 臺北市公共自行車即時資訊

{"retCode":1,
"retVal":{
"0001":{"sno": "0001", "sna": " 捷運市政府站 (3 號出口)", "tot": "180", "sbi": "127", "sarea":
" 信義區 ", "mday": "20200307222524", "lat": "25.0408578889", "lng": "121.567904444",
"ar": " 忠孝東路 / 松仁路 (東南側)", "sareaen": "Xinyi Dist.", "snaen": "MRT Taipei City Hall
Stataion(Exit 3)-2", "aren": "The S.W. side of Road Zhongxiao East Road & Road Chung
Yan.", "bemp": "51", "act": "1"},
"0002":{"sno": "0002", "sna": " 捷運國父紀念館站 (2 號出口)", "tot": "48", "sbi": "2", "sarea": "
大安區 ", "mday": "20200307222529", "lat": "25.041254", "lng": "121.55742", "ar": " 忠孝東路
四段 / 光復南路口 (西南側)", "sareaen": "Daan Dist.", "snaen": "MRT S.Y.S Memorial Hall
Stataion(Exit 2.)", "aren": "Sec,4. Zhongxiao E.Rd/GuangFu S. Rd", "bemp": "44", "act": "1"},
"0003":{"sno": "0003", "sna": " 台北市政府 ", "tot": "40", "sbi": "16", "sarea": " 信義區 ", "mday":
"20200307222517", "lat": "25.0377972222", "lng": "121.565169444", "ar": " 台北市政府東門
(松智路) (鄰近信義商圈 / 台北探索館)", "sareaen": "Xinyi Dist.", "snaen": "Taipei City Hall",
"aren": "Taipei City Government Eastgate (Song Zhi Road)", "bemp": "24", "act": "1"},
...
}
}

　　json 格式可以轉換爲 Python 的字典結構，從上方 json 資料集發現鍵值「retVal」對應的值爲所有 YouBike 站點資料。每一個站點使用四位數編號爲鍵值，例如：鍵值「0001」對應到第一個 YouBike 站點，地點爲「捷運市政府站 (3 號出口)」，每個站點的細部鍵值所對應的屬性如下。

sno：站點代號、 sna：場站名稱 (中文)、 tot：場站總停車格、 sbi：場站目前車輛數量、 sarea：場站區域 (中文)、 mday：資料更新時間、 lat：緯度、 lng：經度、 ar：地 (中文)、 sareaen：場站區域 (英文)、 snaen：場站名稱 (英文)、 aren：地址 (英文)、 bemp：空位數量、 act：全站禁用狀態

解題想法

　　使用 requests.get 擷取 YouBike 的資料，接著使用函式 json 將 json 格式轉換成 Python 的資料結構，每個元素都是字典結構，表示每個 YouBike 站點，呼叫自訂函式 transform 進行格式轉換，並回傳轉換後的結果。函式庫 requests 請參看第 12 章。

行號	範例 (　　)：ch15\15-1 下載 YouBike 資料與分析 .py)
1	import requests
2	import pandas as pd
3	import datetime
4	
5	def get_ubike_history():
6	url = 'https://tcgbusfs.blob.core.windows.net/blobyoubike/YouBikeTP.json'
7	r = requests.get(url)
8	data = r.json()
9	data2 = data["retVal"]
10	return transform(data2) # 進行資料格式轉換

程式說明

● 第 1 到 3 行：匯入函式庫。

● 第 5 到 10 行：自訂函式 get_ubike_history，用於將網址「https://tcgbusfs.blob.core.windows.net/blobyoubike/YouBikeTP.json」的 json 資料集，轉換成 Python 的字典資料結構。設定變數 url 爲資料集網址「https://tcgbusfs.blob.core.windows.net/blobyoubike/YouBikeTP.json」(第 6 行)，使用函式庫 requests 的函式 get，取得指定網址 url 的 json 資料集 (第 7 行)，儲存到變數 r。使用函式 json 轉換成 Python 的字典資料結構指定給變數 data (第 8 行)，取出字典 data 的鍵值「retVal」的值到變數 data2，變數 data2 爲字典結構，儲存所有 YouBike 站點資料 (第 9 行)，回傳呼叫函

式 transform 以變數 data2 輸入的結果，函式 transform 用於資料轉換，下一段程式碼定義函式 transform (第 10 行)。

行號	範例 (🕐：ch15\15-1 下載 YouBike 資料與分析 .py)
12	def transform_date(date): # 轉換日期
13	y, m, d, h, mi, s = date[:4],date[4:6],date[6:8],date[8:10],date[10:12],date[12:14]
14	return y + '/' + m + '/' + d + '/' + h + '/' + mi + '/' + s
15	
16	def transform_data(data):
17	data2 = []
18	data2.append(datetime.datetime.strptime(transform_date(data['mday']), '%Y/%m/%d/%H/%M/%S'))
19	data2.append(data['sno']) #sno：站點代號
20	data2.append(data['sna']) #sna：場站名稱 (中文)
21	data2.append(data['sarea']) #sarea：場站區域 (中文)
22	data2.append(data['ar']) #ar：地 (中文)
23	data2.append(float(data['lat'])) #lat：緯度、
24	data2.append(float(data['lng'])) #lng：經度
25	data2.append(int(data['sbi'])) # 車輛數
26	data2.append(int(data['bemp'])) # 空位數
27	return data2
28	
29	def transform(data):
30	return [transform_data(d) for d in data.values()]

程式說明

● **第 12 到 14 行**：定義函式 transform_date 用於將資料的日期時間字串進行轉換，原來日期時間為「20200307222524」轉換成「2020/03/07/22/25/24」。

● **第 16 到 27 行**：定義函式 transform_data，取出每個站點的細部資料儲存到 data2。建立一個串列物件 data2 (第 17 行)，呼叫函式 transform_date 以資料集 data 的鍵值「mday」的對應值為輸入，再經由函式庫 datetime 的函式 strptime 轉換成 datetime 物件，加入到串列 data2 (第 18 行)；取出資料集 data 的鍵值「sno」的對應值，加入到串列 data2 (第 19 行)；取出資料集 data 的鍵值「sna」的對應值，加入到串列 data2 (第 20 行)；取出資料集 data 的鍵值「sarea」的對應值，加入到串列 data2 (第 21 行)；取出資料集 data 的鍵值「ar」的對應值，加入到串列 data2 (第 22 行)；取出資料集 data 的鍵值「lat」的對應值轉換成浮點數，加入到串列 data2 (第 23 行)

；取出資料集 data 的鍵值「lng」的對應值轉換成浮點數，加入到串列 data2 (第 24 行)
；取出資料集 data 的鍵值「sbi」的對應值轉換成整數，加入到串列 data2 (第 25 行)
；取出資料集 data 的鍵值「bemp」的對應值轉換成整數，加入到串列 data2 (第 26 行)。
最後回傳串列 data2 (第 27 行)。

● **第 29 到 30 行**：定義函式 transform 以參數 data 為輸入，參數 data 為字典結構，使用 for 迴圈與函式 values 取出字典 data 內的每一個值到變數 d，呼叫函式 transform_data 使用變數 d 為輸入，將回傳結果放置於串列中，最後將此串列回傳。

行號	範例 (🕐 : ch15\15-1 下載 YouBike 資料與分析 .py)
32	def create_df():
33	s = pd.DataFrame(get_ubike_history())
34	s.columns = ['datetime', 'sno', 'sna', 'sarea', 'ar', 'lat', 'lng', 'sbi', 'bemp']
35	# 日期時間 , 站點代號 , 場站名稱 (中文), 場站區域 (中文), 地 (中文), 緯度 , 經度 , 車輛數 , 空位數
36	return s

程式說明

● **第 32 到 36 行**：自訂函式 create_df，呼叫 pandas 的 DataFrame 類別，呼叫函式 get_ubike_history 的回傳值為輸入，轉換成 DataFrame 物件，指定給變數 s (第 33 行)。設定 DataFrame 物件 s 的行名稱為「'datetime', 'sno', 'sna', 'sarea', 'ar', 'lat', 'lng', 'sbi', 'bemp'」(第 34 行)，回傳物件 s (第 36 行)。

行號	範例 (🕐 : ch15\15-1 下載 YouBike 資料與分析 .py)
38	result = create_df()
39	print(result)
40	# 台北 101 經緯度 25.03438, 121.56449
41	print(result[(result.lat > 25.032) & (result.lat < 25.036) & (result.lng > 121.562) & (result.lng < 121.566) & (result.sarea == " 信義區 ")])
42	print(result[(result.bemp == 0)	(result.sbi < 3)])

程式說明

● **第 38 行**：呼叫函式 create_df 回傳一個目前所有 YouBike 站點資料的 DataFrame 物件，指定給變數 result。

● **第 39 行**：使用函式 print 顯示變數 result 的值。

- **第 41 行**：使用 DataFrame 的篩選功能，根據經緯度數值與信義區，找出台北 101 附近的 Youbike 站點資料，並使用函式 print 顯示結果在螢幕上。
- **第 42 行**：找出空位數 (bemp) 等於 0，或剩餘車數 (sbi) 小於 3 的站點，並使用函式 print 顯示結果在螢幕上。

執行結果

程式碼「print(result)」的執行結果如下，根據編號 0 到 398 可以推斷全台北有 399 個 YouBike 站點。

	datetime	sno	sna	sarea	ar	lat	lng	sbi	bemp
0	2022-01-17 22:58:16	0001	捷運市政府站 (3 號出口)	信義區	忠孝東路 / 松仁路 (東南側)	25.040858	121.567904	26	154
1	2022-01-17 22:58:17	0002	捷運國父紀念館站 (2 號出口)	大安區	忠孝東路四段 / 光復南路口 (西南側)	25.041254	121.557420	4	28
2	2022-01-17 22:58:38	0003	台北市政府	信義區	台北市政府東門 (松智路)(鄰近信義商圈 / 台北探索館)	25.037797	121.565169	32	7
3	2022-01-17 22:58:18	0004	市民廣場	信義區	市府路 / 松壽路 (西北側)(鄰近台北 101/ 台北世界貿易中心 / 台北探索館)	25.036036	121.562325	52	8
⋮									
398	2022-01-17 22:58:40	0405	捷運科技大樓站 (台北教育大學)	大安區	和平東路二段 134 號 (前方)	25.024685	121.544156	26	36

程式碼「print(result[(result.lat > 25.032) & (result.lat < 25.036) & (result.lng > 121.562) & (result.lng < 121.566) & (result.sarea == " 信義區 ")]」的執行結果如下，發現有三個 YouBike 站點 (站點編號 0006、0007 與 0008) 很接近台北 101。

	datetime	sno	sna	sarea	ar	lat	lng	sbi	bemp
5	2022-01-17 22:58:34	0006	臺北南山廣場	信義區	松智路 / 松廉路 (東北側)(鄰近台北 101/ 信義商圈 / 台北信義威秀影城)	25.034047	121.565973	34	46
6	2022-01-17 22:58:23	0007	信義廣場 (台北 101)	信義區	松智路 / 信義路 (東北側)(鄰近台北 101)	25.033039	121.565619	15	64
7	2022-01-17 22:58:30	0008	世貿三館	信義區	市府路 / 松壽路 (東南側)(鄰近台北 101/ 台北世界貿易中心 / 台北探索館)	25.035214	121.563689	33	25

程式碼「print(result[(result.bemp == 0) | (result.sbi < 3)])」的執行結果如下，發現有多個 YouBike 站點空位數為 0 或剩餘車數小於 3。

```
     datetime    sno    sna    sarea   ...   lat   lng   sbi   bemp
31   2022-01-17 23:10:38   0034   捷運行天宮站 (1 號出口 )    中山區   ...   25.058369
121.532934   1   18
32   2022-01-17 23:10:33   0035   捷運行天宮站 (3 號出口 )    中山區   ...   25.059978
121.533302   1   19
34   2021-12-28 09:10:17   0037   捷運東門站 (4 號出口 )    大安區   ...   25.033700
121.528988   0   6
46   2022-01-17 23:10:27   0049   龍門廣場   大安區   ...   25.040901   121.548252   1
48
⋮
```

15-2 資料儲存到 MySQL 資料庫

若要長期蒐集 YouBike 站點資料就需要使用資料庫儲存每個時間點的資料集，本書使用 MySQL 資料庫儲存每個時間點的 YouBike 站點資料，MySQL 資料庫相關說明請參考第 13 章。

在 MySQL 資料庫新增資料庫 ubike，在資料庫 ubike 下新增資料表 ubike 欄位如下。每一個站點的資料會放入資料表 ubike 內，每一列資料表示某個時間某個站點的資料。

```
CREATE TABLE `ubike` (
  `datetime` datetime NOT NULL,
  `sno` text NOT NULL,
  `sna` varchar(50) NOT NULL,
  `sarea` varchar(20) NOT NULL,
  `ar` varchar(100) NOT NULL,
  `lat` text NOT NULL,
  `lng` text NOT NULL,
  `sbi` int(11) NOT NULL,
  `bemp` int(11) NOT NULL
) ENGINE=InnoDB DEFAULT CHARSET=utf8;
```

行號	範例 (⏱ ：ch15\15-2 資料儲存到 Mysql 資料庫 .py)
1	import requests
2	import pandas as pd
3	import datetime
4	import pymysql
5	MYSQL_HOST = 'localhost'
6	MYSQL_DB = 'ubike'
7	MYSQL_USER = 'root'
8	MYSQL_PASS = ''
9	
10	def connect_mysql(): # 連線資料庫
11	global connect, cursor
12	connect = pymysql.connect(host = MYSQL_HOST, db = MYSQL_DB, user =
13	MYSQL_USER, password = MYSQL_PASS,charset = 'utf8', use_unicode = True)
14	cursor = connect.cursor()

程式說明

● 第 1 到 4 行：匯入函式庫。

● 第 5 到 8 行：設定資料庫連線的主機、資料庫名稱、帳號與密碼。

● 第 10 到 14 行：定義函式 connect_mysql 連線資料庫，宣告變數 connect 與 cursor 為
廣域變數 (第 11 行)。使用函式庫 pymysql 的函式 connect 使用帳號密碼連線本機
的 Mysql 的資料庫 ubike，預設使用 utf8 編碼 (第 12 到 13 行)，設定變數 cursor 指
向物件 connect 的方法 cursor 回傳值 (第 14 行)。

行號	範例 (⏱ ：ch15\15-2 資料儲存到 Mysql 資料庫 .py)
16	def get_ubike_history():
17	url = 'https://tcgbusfs.blob.core.windows.net/blobyoubike/YouBikeTP.json'
18	r = requests.get(url)
19	data = r.json()
20	data2 = data["retVal"]
21	return transform(data2) # 進行資料格式轉換

程式說明

● 第 16 到 21 行：自訂函式 get_ubike_history，用於將網址「https://tcgbusfs.blob.
core.windows.net/blobyoubike/YouBikeTP.json」的 json 資料集，轉換成 Python 的
字典資料結構。設定變數 url 為資料集網址「https://tcgbusfs.blob.core.windows.net/

blobyoubike/YouBikeTP.json」(第 17 行)，使用函式庫 requests 的函式 get，取得指
定網址 url 的 json 資料集 (第 18 行)。使用函式 json 轉換成 Python 的字典資料結
構指定給變數 data (第 19 行)，取出字典 data 的鍵值「retVal」的值到變數 data2，
變數 data2 為字典結構，儲存所有 YouBike 站點資料 (第 20 行)，回傳呼叫函式
transform 以變數 data2 輸入的結果，函式 transform 用於資料轉換，下一段程式碼定
義此函式 (第 21 行)。

行號	範例 (⏱ ：ch15\15-2 資料儲存到 Mysql 資料庫 .py)
23	def transform_date(date): # 轉換日期
24	y, m, d, h, mi, s = date[:4],date[4:6],date[6:8],date[8:10],date[10:12],date[12:14]
25	return y + '/' + m + '/' + d + '/' + h + '/' + mi + '/' + s
26	
27	def transform_data(data):
28	data2 = []
29	data2.append(datetime.datetime.strptime(transform_date(data['mday']), '%Y/%m/%d/%H/%M/%S'))
30	data2.append(data['sno'])　　　#sno：站點代號
31	data2.append(data['sna'])　　　#sna：場站名稱 (中文)
32	data2.append(data['sarea'])　　#sarea：場站區域 (中文)
33	data2.append(data['ar'])　　　#ar：地 (中文)
34	data2.append(float(data['lat'])) #lat：緯度、
35	data2.append(float(data['lng'])) #lng：經度
36	data2.append(int(data['sbi']))　# 車輛數
37	data2.append(int(data['bemp']))　# 空位數
38	return data2
39	
40	def transform(data):
41	list1 = ['0006', '0007', '0008']　# 只取台北 101 附近 YouBike 站點
42	return [transform_data(data[d]) for d in list1]

程式說明

● **第 23 到 25 行**：定義函式 transform_date 用於將回傳資料的日期時間字串進行轉換，
原來日期時間為「20200307222524」轉換成「2020/03/07/22/25/24」。

● **第 27 到 38 行**：定義函式 transform_data，用於取出每個站點的細部資料。建立一
個串列物件 data2 (第 28 行)，呼叫函式 transform_date 以資料集 data 的鍵值「mday」
的對應值為輸入，再經由函式庫 datetime 的函式 strptime 轉換成 datetime 物件，加

入到串列 data2 (第 29 行)；取出資料集 data 的鍵值「sno」的對應值，加入到串列 data2 (第 30 行)；取出資料集 data 的鍵值「sna」的對應值，加入到串列 data2 (第 31 行)；取出資料集 data 的鍵值「sarea」的對應值，加入到串列 data2 (第 32 行)；取出資料集 data 的鍵值「ar」的對應值，加入到串列 data2 (第 33 行)；取出資料集 data 的鍵值「lat」的對應值轉換成浮點數，加入到串列 data2 (第 34 行)；取出資料集 data 的鍵值「lng」的對應值轉換成浮點數，加入到串列 data2 (第 35 行)；取出資料集 data 的鍵值「sbi」的對應值轉換成整數，加入到串列 data2 (第 36 行)；取出資料集 data 的鍵值「bemp」的對應值轉換成整數，加入到串列 data2 (第 37 行)。最後回傳串列 data2 (第 38 行)。

- **第 40 到 42 行**：定義函式 transform 以參數 data 為輸入，參數 data 為字典結構。設定串列 list1 為「'0006', '0007', '0008'」為台北 101 附近站點的編號 (第 41 行)，使用 for 迴圈依序取出串列 list1 內的每一個值到變數 d，呼叫函式 transform_data 使用變數 data 的鍵值 d 為輸入，將回傳結果放置於串列中，最後將此串列回傳。

行號	範例 (🕐 ：ch15\15-2 資料儲存到 Mysql 資料庫 .py)
44	def fetch_data():
45	data = get_ubike_history()
46	for item in data: # 取出每一個測站的資料
47	selectsql = "select * from ubike where datetime = '%s' and sno = '%s'" % (item[0], item[1])
48	print(selectsql)
49	cursor.execute(selectsql) # 執行查詢的 SQL
50	ret = cursor.fetchone() # 如果有取出第一筆資料
51	if not ret: # 不在資料庫
52	insertsql = "INSERT INTO ubike (datetime, sno, sna, sarea, ar, lat, lng, sbi, bemp) \
53	VALUES ('%s', '%s', '%s', '%s', '%s', '%s', '%s', '%d', '%d')" % (item[0], item[1], item[2], item[3], item[4], item[5], item[6], item[7], item[8]) # 插入資料庫的 SQL
54	print(insertsql)
55	cursor.execute(insertsql) # 插入資料庫
56	connect.commit()　 # 插入時需要呼叫 commit，才會修改資料庫
57	
58	connect_mysql()
59	fetch_data()

程式說明

- 第 44 到 56 行：定義函式 fetch_data，呼叫函式 get_ubike_history 回傳資料集指定給變數 data。使用 for 迴圈取出變數 data 的每一個站點資料到變數 item（第 46 到 56 行），建立一個資料庫查詢的 SQL 指令到變數 selectsql（第 47 行），顯示變數 selectsql 到螢幕上（第 48 行）。使用物件 cursor 的函式 execute 執行變數 selectsql 的 SQL 指令（第 49 行），使用物件 cursor 的函式 fetchone 讀取查詢結果的第一筆資料到變數 ret（第 50 行）。若變數 ret 等於 NULL，表示資料庫找不到此資料（第 51 行），則插入此資料到資料庫，建立插入的 SQL 指令到變數 insertsql（第 52 到 53 行），顯示變數 insertsql 到螢幕上（第 54 行），使用物件 cursor 的函式 execute 執行變數 insertsql 的 SQL 指令（第 55 行），使用物件 connect 的函式 commit 將資料插入資料庫（第 56 行）。

- 第 58 行：呼叫自訂函式 connect_mysql 連線資料庫。

- 第 59 行：呼叫自訂函式 fetch_data 下載資料，並將資料插入資料庫。

執行結果

　　程式碼「fetch_data()」的執行結果如下，顯示查詢與插入的 SQL 指令。

```
select * from ubike where datetime = '2022-01-17 23:29:35' and sno = '0006'
INSERT INTO ubike (datetime, sno, sna, sarea, ar, lat, lng, sbi, bemp)          VALUES
('2022-01-17 23:29:35', '0006', ' 臺北南山
廣場 ', ' 信義區 ', ' 松智路 / 松廉路 ( 東北側 ) ( 鄰近台北 101/ 信義商圈 / 台北信義威秀影城 )',
'25.034047', '121.565973', '34', '46')
select * from ubike where datetime = '2022-01-17 23:29:22' and sno = '0007'
INSERT INTO ubike (datetime, sno, sna, sarea, ar, lat, lng, sbi, bemp)          VALUES
('2022-01-17 23:29:22', '0007', ' 信義廣場 ( 台北 101)', ' 信義區 ', ' 松智路 / 信義路 ( 東北側 )
( 鄰近台北 101)', '25.0330388889', '121.565619444', '13', '66')
select * from ubike where datetime = '2022-01-17 23:29:30' and sno = '0008'
INSERT INTO ubike (datetime, sno, sna, sarea, ar, lat, lng, sbi, bemp)          VALUES
('2022-01-17 23:29:30', '0008', ' 世貿三館 ', ' 信義區 ', ' 市府路 / 松壽路 ( 東南側 ) ( 鄰近台
北 101/ 台北世界貿易中心 / 台北探索館 )', '25.0352138889', '121.563688889', '34', '24')
```

　　可以使用 phpmyadmin 檢查 ubike 資料表是否有新增資料，如下圖。

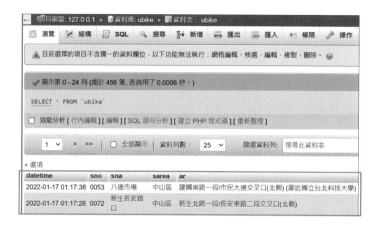

15-3 製作 YouBike 剩餘車位數與可用車輛數圖表

從資料庫讀取某個站點多個時間點的剩餘車位數與可用車輛數，製作圖表可以知道某個站點隨著時間，剩餘車位數與可用車輛數的變化情形。

行號	範例 (✎ ：ch15\15-3 製作 YouBike 剩餘車位數與可用車輛數圖表 .py)
1	import pandas as pd
2	import matplotlib.pyplot as plt
3	import pymysql
4	from pylab import mpl
5	MYSQL_HOST = 'localhost'
6	MYSQL_DB = 'ubike'
7	MYSQL_USER = 'root'
8	MYSQL_PASS = ''
9	mpl.rcParams['font.sans-serif'] = ['SimSun']　　# 設定字型
10	
11	def connect_mysql(): # 連線資料庫
12	global connect, cursor
13	connect = pymysql.connect(host = MYSQL_HOST, db = MYSQL_DB, user =
14	MYSQL_USER, password = MYSQL_PASS, charset = 'utf8', use_unicode = True)
15	cursor = connect.cursor()

程式說明

● **第 1 到 4 行**：匯入函式庫。

● **第 5 到 8 行**：設定資料庫連線的主機、資料庫名稱、帳號與密碼。

● **第 9 行**：設定圖表的中文字型。

● **第 11 到 15 行**：定義函式 connect_mysql 連線資料庫，宣告變數 connect 與 cursor 為廣域變數 (第 12 行)。使用函式庫 pymysql 的函式 connect 使用帳號密碼連線本機的 Mysql 的資料庫 ubike，預設使用 utf8 編碼 (第 13 到 14 行)，設定變數 cursor 指向物件 connect 的方法 cursor 回傳值 (第 15 行)。

行號	範例 (🔗 ：ch15\15-3 製作 YouBike 剩餘車位數與可用車輛數圖表 .py)
17	def fetch_data(): #
18	selectsql = "select sno, sna, sbi, bemp from ubike where sno = '0006' order by datetime"
19	cursor.execute(selectsql) # 執行查詢的 SQL
20	ret = cursor.fetchall() # 如果有取出第一筆資料
21	s = pd.DataFrame(list(ret), columns=[' 編號 ', ' 站名 ', ' 剩餘車數 ', ' 空位數 '])
22	s[' 流水號 '] = [x for x in range(len(s))]
23	ax = s.plot.line(x =' 流水號 ', y=' 剩餘車數 ',color='DarkBlue',label=' 剩餘車數 ')
24	s.plot.line(x =' 流水號 ', y=' 空位數 ',color='LightGreen',label=' 空位數 ',ax=ax)
25	plt.show()
26	
27	connect_mysql()
28	fetch_data()

程式說明

● **第 17 到 25 行**：自訂函式 fetch_data，建立一個資料庫查詢的 SQL 指令到變數 selectsql，該 SQL 指令查詢編號 0006 所有資料 (第 18 行)，使用物件 cursor 的方法 execute 執行變數 selectsql 的 SQL 指令 (第 19 行)。使用物件 cursor 的函式 fetchall 取出所有資料到變數 ret (第 20 行)，設定 DataFrame 物件的行名稱為「' 編號 ', ' 站名 ', ' 剩餘車數 ', ' 空位數 '」(第 21 行)，使用串列生成式建立「流水號」欄位 (第 22 行)，使用 DataFrame 的函式 plot 建立剩餘車數與空位數的折線圖，剩餘車數以深藍色表示，空位數以淡綠色表示 (第 23 到 24 行)，最後顯示圖片到螢幕上 (第 25 行)。

● **第 27 行**：呼叫自訂函式 connect_mysql 連線資料庫。

● 第 28 行：呼叫自訂函式 fetch_data 從資料庫讀取資料，並製作圖表。

執行結果

產生編號 0006 站點的空位數與剩餘車數的折線圖。

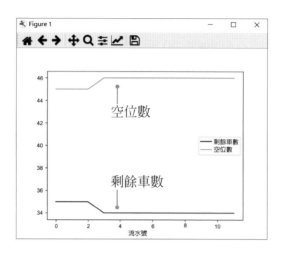

NOTE

NOTE

國家圖書館出版品預行編目資料

Python 程式設計：從入門到進階應用/黃建庭編著. --
四版. -- 新北市：全華圖書股份有限公司, 2022.03
　　面；　　公分
ISBN 978-626-328-087-8(平裝附光碟片)

1.CST: Python(電腦程式語言)

312.32P97　　　　　　　　　　111002201

Python 程式設計：從入門到進階應用(第四版)

(附範例光碟)

作者／黃建庭

發行人／陳本源

執行編輯／王詩蕙

封面設計／戴巧耘

出版者／全華圖書股份有限公司

郵政帳號／0100836-1 號

圖書編號／06392037

四版五刷／2024 年 9 月

定價／新台幣 490 元

ISBN／978-626-328-087-8 (平裝附光碟片)

ISBN／978-626-328-089-2 (PDF)

全華圖書／www.chwa.com.tw

全華網路書店 Open Tech／www.opentech.com.tw

若您對書籍內容、排版印刷有任何問題，歡迎來信指導 book@chwa.com.tw

臺北總公司(北區營業處)
地址：23671 新北市土城區忠義路 21 號
電話：(02) 2262-5666
傳真：(02) 6637-3695、6637-3696

南區營業處
地址：80769 高雄市三民區應安街 12 號
電話：(07) 381-1377
傳真：(07) 862-5562

中區營業處
地址：40256 臺中市南區樹義一巷 26 號
電話：(04) 2261-8485
傳真：(04) 3600-9806(高中職)
　　　(04) 3601-8600(大專)

歡迎加入 全華會員

● 會員獨享

會員享購書折扣、紅利積點、生日禮金、不定期優惠活動…等。

● 如何加入會員

掃 QRcode 或填妥讀者回函卡直接傳真 (02) 2262-0900 或寄回，將由專人協助登入會員資料，待收到 E-MAIL 通知後即可成為會員。

如何購買 全華書籍

1. 網路購書

全華網路書店「http://www.opentech.com.tw」，加入會員購書更便利，並享有紅利積點回饋等各式優惠。

2. 實體門市

歡迎至全華門市（新北市土城區忠義路 21 號）或各大書局選購。

3. 來電訂購

(1) 訂購專線：(02) 2262-5666 轉 321-324
(2) 傳真專線：(02) 6637-3696
(3) 郵局劃撥（帳號：0100836-1　戶名：全華圖書股份有限公司）
※ 購書未滿 990 元者，酌收運費 80 元。

OpenTech.com.tw 全華網路書店

全華網路書店 www.opentech.com.tw
E-mail: service@chwa.com.tw

※ 本會員制如有變更則以最新修訂制度為準，造成不便請見諒。
